뉴턴의
프린키피아

뉴턴의 **프린키피아**

© 안상현, 2015, Printed in Seoul, Korea

초판 1쇄 펴낸날 2015년 12월 9일
초판 9쇄 펴낸날 2023년 5월 17일
지은이 안상현
펴낸이 한성봉
편집 안상준·강태영·박소현
책임편집 조서영
디자인 유지연
마케팅 박신용·오주형·강은혜·박민지·이예지
경영지원 국지연·강지선
펴낸곳 도서출판 동아시아
등록 1998년 3월 5일 제1998-000243호
주소 서울시 중구 퇴계로30길 15-8 [필동1가 26]
페이스북 www.facebook.com/dongasiabooks
전자우편 dongasiabook@naver.com
블로그 blog.naver.com/dongasia1998
인스타그램 www.instagram.com/dongasiabook
전화 02) 757-9724, 5
팩스 02) 757-9726

ISBN 978-89-6262-125-9 93420
이 도서의 국립중앙도서관 출판예정도서목록(CIP)은 서지정보유통지원시스템 홈페이지(http://seoji.nl.go.kr)와
국가자료공동목록시스템(http://www.nl.go.kr/kolisnet)에서 이용하실 수 있습니다.
(CIP제어번호: CIP2015032448)

뉴턴의
프린키피아

안상현 지음

세상에서 가장 아름다운 기하학

동아시아

이 책에 쏟아진 찬사들

안상현 박사가 저술한 『뉴턴의 프린키피아』는 현대 과학의 바탕에 대해 간결하지만 중요한 핵심을 지적하고 있는 매우 흥미로운 책이다. 뉴턴이 쓴 『프린키피아』의 주요 내용을 다루고 있지만, 실제로는 뉴턴 이전의 지적 유산이 어떻게 활용되어 중력법칙을 발견하게 되었는지 매우 흥미롭게 설명하고 있다.

현대 과학은 관측된 현상을 보편적인 법칙으로 설명하고 더 나아가 아직 관측되지 않은 현상을 예측하고자 한다. 예측된 현상은 다시 관측이나 실험을 통해 증명되어야 하고 만약 실패할 경우 새로운 이론을 찾아내야만 한다. 우리가 지금 잘 알고 있는 중요한 자연법칙에는 여러 가지가 있지만 가장 먼저 알려졌으면서 아직도 굳건하게 남아있는 것이 뉴턴의 운동 및 중력법칙이다. 물론 19세기 말부터 알려진 뉴턴 역학의 모순은 아인슈타인의 일반상대론이 보완해주었으나 아직도 중력이 약한 상황에서는 뉴턴 법칙을 사용하고 있다.

과연 뉴턴은 어떻게 중력법칙을 발견하게 되었을까? 이 책에서는 기원전 3세기에 유클리드가 확립한 몇 개의 단순한 공리로부터 새로운 사실인 '명제'들을 수없이 많이 찾아내는 공리 체계가 그 근간이었다는 점을 강조한다. 즉, 관성의 법칙과 힘의 법칙이라는 두 개의 공리를 바탕으로, 행성의 궤도는 태양이 한 초점인 타원이라는 케플러의 제1법칙은 물체 사이의 거리의 제곱에 반비례하는 힘으로 설명 가능하다는 것이다.

단순히 책을 '읽는' 것이 아니고 여러 명제들을 직접 증명하면서 같이 호흡할 수 있도록 한 것은 독자에게 지식을 전달하기보다 새로운 과학적 발견에 이르는 과정을 짜릿하게 체험할 수 있게 해주는 배려라고 생각한다. 더군다나 면적속도는 일정하고 주기의 제곱은 궤도 장반경의 세제곱에 비례한다는 케플러의 나머지 법칙 역시 뉴턴이 제시한 공리에 새롭게 발견된 명제인 중력법칙을 이용함으로써 자연스럽게 증명할 수 있다는 사실에 이르면, 공리 체계의 공고함과 확장성을 새삼스럽게 깨달을 수 있을 것이다.

과학에 관한 책이라면 번역서를 떠올리게 하는 우리나라에서 스스로의 목소리와 색깔을 가진 책을 발견하면 반가움을 금할 수 없다. 특히 유명하지만 읽어본 일이 거의 없는 『프린키피아』의 정수를 이렇게 명료하게 보여준 책이 나왔다는 사실이 놀라울 뿐이다. 이 책을 읽어나가면서 현대 과학의 기반과 인간이 가진 논리적 사유 능력이 가진 힘을 다시 한 번 되돌아보는 즐거움을 누렸다. 많은 분들이 이러한 내 의견에 동의할 것으로 생각한다.

_이형목(서울대학교 물리천문학부 교수, 한국천문학회 회장, 국가과학자)

몇 년 전 저자를 우리 학과 콜로퀴움에 초대했었다. 거기서 유클리드의 『원론』이 서구 문명의 전통에서 어떻게 빛나고 있는지 역설하던 것을 기억한다. 『프린키피아』는 유클리드의 전통을 잇고 있는 책이면서 과학의 역사에서 가장 눈부신 걸작이다. 이 책 이전의 세계와 이후의 세계는 더 이상 같을 수가 없게 되었다. 『프린키피아』의 깊은 맛을 음미하는 기회를 놓치고 싶지 않다.

_이강영(경상대학교 물리교육학과 교수, 『LHC, 현대 물리학의 최전선』 저자)

불안과 액운의 상징이던 일식과 혜성과 같은 천문 현상은, 그것을 이해하고 예측할 수 있게 되자 반가움과 탄성의 대상이 되었다. 보편성을 강조하는 사상은 인류의 삶에서 두려움을 없애고 자유로움을 선사했다. 뉴턴의『프린키피아』는 기하학적 논리 체계에 따라 우주 삼라만상의 운동을 이해하는 기초를 제공했다. 어렵고 딱딱할 것이라는 선입견을 배제하고 논리를 밟으며 천천히 따라가면 기하학적 보편성이 보여주는 형언할 수 없는 아름다움과 우아함을 찾을 것이다.

_이희원(세종대학교 천문우주학과 교수, 캘리포니아 과학기술대학 박사)

이 책의 저자는 소년 시절부터 한문에 능해 동양고전들을 원문으로 독해할 줄 아는 다재다능한 천문학자이자 역사학자이다. 이 책은 그런 저자가 근대 문명의 시발점이라 할 수 있는 서양의 대표적 고전, 뉴턴의『프린키피아』를 쉽게 풀어 쓴 책이다. 평소에 공리에 바탕을 둔 연역적 사고의 중요성을 역설하곤 하던 저자가 하고자 하는 말에 귀를 한번 기울여보길 바란다.

_박정혁(서강대학교 물리학과 교수, 케임브리지대학교 물리학 박사)

저자는 천생 학자다. 그렇지 않다면 어떻게 이런 책을 내겠다는 생각을 했겠는가! 뉴턴의『프린키피아』는 과학의 고전이자 인류문명의 고전이다. 물리학자라면 누구나 한국말로 해제하는 작업을 한 번은 꿈꾸었을 것이다. 나는 저자의『뉴턴의 프린키피아』가 원효의『대승기신론소』나 이황의『주자서절요』를 잇는 우리 지성의 보고가 되리라 확신한다.

_이종필(고려대학교 연구교수, 『이종필의 아주 특별한 상대성이론 강의』 저자)

내가 조금 더 앞을 볼 수 있었던 것은 거인들의 어깨 위에 서 있었기 때문이다.

_뉴턴이 로버트 훅에게 보낸 답신 중에서

물리학에서 아인슈타인은 뉴턴에 견줄 수 있는 유일한 존재다. 뉴턴은 "거인의 어깨 위에 서 있어서 좀 더 앞을 볼 수 있었다"라는 말을 했다고 하는데, 이 말은 아인슈타인에게 더 맞는 말이다. 왜냐하면 아인슈타인은 뉴턴의 어깨 위에 서 있었기 때문이다. 아인슈타인도 뉴턴도 역학이론과 중력이론을 내놓았지만, 아인슈타인은 그의 일반상대성이론을 리만이 개발한 기하학 위에다 건설할 수 있었음에 비해 뉴턴은 스스로 그 수학을 개발해야 했다. 그러므로 수리물리학에서는 뉴턴이 가장 위대한 인물이고, 뉴턴의『프린키피아』는 그의 가장 위대한 업적이라고 해도 과언이 아니다.

_스티븐 호킹, 베르너 이즈라엘, 『중력 300년』 중에서

뉴턴의『프린키피아』는 그가 발견한 중력에 관한 일반 법칙을 일관되고 연역적으로 서술한 것이다. 『프린키피아』는 사실 모든 수리물리학의 모범이다.

_찬드라세카르, 『일반인을 위한 뉴턴의 프린키피아』 서문 중에서

아이작 뉴턴은 만유인력의 법칙을 발견하여 과학의 역사에 큰 발자국을 남겼다. 이 말을 들으면 '도대체 뉴턴이라는 사람이 무엇을 발견했기에 그리들 호들갑이야?'라는 의문이 들 것이다. 뉴턴은 『프린키피아』라는 책에 만유인력과 행성의 운동에 대해 설명했다. 그렇지만 현대인들 중에 이 책을 읽는 사람은 거의 없을 것이다. 물론 고등학교 물리 시간에 만유인력을 조금 다루기는 한다. 그러나 이는 뉴턴이 원래 풀이한 방식과는 다르다. 뉴턴의 『프린키피아』는 기하학이라는 언어로 서술되어 있다. 반면에 우리가 고등학교 물리 시간에 배우는 만유인력 법칙은 미적분학과 대수학의 언어로 서술되어 있다. 미적분학을 창시한 뉴턴은 왜 고리타분하게 기하학을 사용했을까? 그것은 뉴턴이 독자를 배려했기 때문이다. 뉴턴의 미적분학을 다른 학자들이 이해하고 여러 가지로 응용하기 시작한 것은 한참 후의 일이다. 그러므로 뉴턴 당대에 미적분학으로 『프린키피아』를 썼다면 아무도 알아듣지 못했을 것이다.

뉴턴은 기하학 중에도 낯설고 어려운 원뿔곡선의 기하학을 사용했다. 행성의 궤도가 원, 타원, 포물선, 쌍곡선 등 원뿔곡선 모양이기 때문이다. 그런데 우리나라 교육 과정에서는 원뿔곡선의 기하학을 정통 방식으로 배울 기회가 없다. 우리는 중학교 때 유클리드 기하학을 배우고 고등학교 때 데카르트의 해석기하학을 배운다. 중학교 때는 원에 관한 것만 조금 배우고, 고등학교 때는 타원, 포물선, 쌍곡선 등을 배우지만 해석기하학적으로 다루기 때문에 원뿔곡선을 기하학적으로 공부할 기회가 없는 것이다.

이 책은 뉴턴이 『프린키피아』에서 만유인력을 어떻게 다루었는지를 소개하려고 썼다. 그래서 이 책은 기하학 천지이다. 독자들이 지레 겁을 먹을 수도 있지만 그럴 필요는 없다. 이 책에서 다루는 기하학 수준은 중학교 때 배운 유클리드의 평면기하학에다 고등학교 때 배운 데카르트의 해석기하학을 약간 보탠 정도이기 때문이다. 나는 우리나라 학생들의 수학 수준을 믿는다. 그렇지만 수학 공부를 포기한 학생들도 매우 많다고 들어서 조금은 걱정된다. 알고 보면 정말 재미있고 중요한 지식인데, 미리 겁먹을까 봐 그렇다. 그래서 아무래도 수학에 흥미를 갖고 있는 고등학생 이상의 독자들이나 과학고등학교나 영재학교 학생들이 먼저 이 책을 읽어주었으면 좋겠다. 그리고 좀 더 많은 학생들과 시민들이 이 책을 이해했으면 좋겠다. 뉴턴의 만유인력 법칙을 프린키피아의 기하학적 방식으로 유도해본 한국인이 10만 명, 20만 명 생긴다면 우리나라의 과학 문명이 좀 더 발전하지 않겠는가! 그런 수준 높은 나라가 세계에 또 어디 있겠는가?

이 책을 읽다 보면 우리는 이름만 겨우 들어본 몇몇 천재들을 만나게 된다. 평면기하학을 다룬 『기하원론』의 저자 유클리드를 만나게 될 것이고, 원뿔곡선에 대한 아름다운 책을 저술한 아폴로니우스를 만나게 된다. 목욕하다가 유레카를 외친 아르키메데스와 해석기하학을 창시한 르네 데카르트를 만나게 된다. 갈릴레오 갈릴레이와 요하네스 케플러가 발견한 자연의 법칙으로부터 어떻게 뉴턴이 만유인력을 발견하고 증명했는지 독자들이 직접 이해하고 느낄 수 있었으면 한다. 이 책을 읽고 나면 이 모든 사람들이 그리 멀게 느껴지지 않을 것이다. 낯설기 때문에 어려운 것이다.

이 책은 1~6장에서 원뿔곡선과 관련된 기하학을 설명하고 이 지식을 바탕으로 마지막 7장에서 뉴턴의 만유인력이 역제곱의 법칙을 따름을 증명한다. 특히 기하학 부분에서는 작도를 자세히 다루는데 이는 다음과 같은 두 가지 목표 때문이다. 첫째는 작도와 관련된 기하학 정리를 공부하다 보면 원뿔곡선의 구체적인 성질을 자연스럽게 이해할 수 있기 때문이고, 둘째는 작도를 해보면 그러한 지식을 확실하게 체득할 수 있기 때문이다. 그러므로 이 책을 제대로 읽고 싶으면 여러 증명 과정을 잘 이해하면서 한 줄이라도 스스로 증명을 써봐야 한다. 그리고 자와 컴퍼스를 가지고 직접 작도해봐야 한다. 또한 인터넷과 컴퓨터가 발달한 시대에 독자 여러분의 흥미를 더하고 편리하게 접근할 수 있도록 기하학 작도를 도와주는 앱을 소개했다. 그런 앱을 사용해서 여러 가지 재미있는 작도를 직접 해보라고 강력하게 권한다.

이 책에서 가장 강조하고 싶은 것은 공리 체계이다. 공리라는 매우 탄탄한 주춧돌 위에 여러 보조정리, 정리, 따름정리라는 벽돌을 쌓아서 이론이라는 건물을 건축하는 매우 합리적이고 탄탄한 지식 건축술이 바로 공리 체계이다. 공리 체계는 1910년에 출간된 『수학의 원리』에서 앨프리드 화이트헤드와 버트런드 러셀이 주목한 것이다. 학문의 역사에서 공리 체계를 맨 처음 구사한 것은 유클리드였다. 그는 공리 체계에 따라 기하학의 집을 지었다. 이것이 전범이되어 톨레미는 천문학을 공리 체계로 집대성하여 『알마게스트』를 저술했다. 그리고 수학자 데카르트는 "생각한다. 그러므로 존재한다"라는 공리를 찾아내고 그것을 바탕으로 『철학의 원리』를 저술했다. 이 책을 우리는 '데카르트의 프린키피아'라고 부른다. 뉴턴은 데카르트의 영향을 받아서 물리학을 공리 체계로 서술했다. 그 지식이 담긴 책을 우리는 뉴턴의 『프린키피아』라고 부르는데, 그 전체 제목이데카르트의 책 제목에서 비롯된 『자연 철학의 수학적 원리』이다. 그이후로 바뤼흐 스피노자의 『윤리학』, 애덤 스미스의 『국부론』 등이줄줄이 공리 체계로 각자의 학문 분야를 근대적으로 재정립했다. 공리 체계로 학문을 재정립함으로써 수많은 학學과 과학科學이 발생한것이다.

공리 체계를 받아들여 여러 근대 학문들이 생겨나는 가운데 17세기 영국에서는 경험론이라는 철학 사조가 생겨났다. 경험론은 영국의 프랜시스 베이컨에서 비롯되었고 유럽 대륙의 르네 데카르트에서 비롯한 합리론과 비견된다. 그다음 세대로 경험론의 토마스 홉스와 합리론의 바뤼흐 스피노자가 이어받는다. 18세기 계몽주의 시대에 경험론을 대표하는 학자들은 존 로크(1632~1704), 조지 버클리(1685~1753), 데이비드 흄(1711~1776) 등이 있으며, 통상 존 로크를경험론의 기초를 세운 사람으로 인식하고 있다. 존 로크는 '(합리론이 주장하는 바와는 다르게) 인간은 경험에 근거한 후천적인 지식만을 가질 수 있다'라는 관점을 제시했다. 영국의 경험론자들은 일반적이고 재현될 수 있는 보편적 경험도 공리가 될 수 있음을 깨달은 것이다. 기존의 경험적 공리와 어긋나는 새로운 경험이 나타나면 그 기존의 공리는 보다 보편적이고 포괄적인 새로운 공리로 대체된다. 자연 현상도 경험이고 사회 현상도 경험이다. 자연 현상이라는 경험을 포괄하는 보편적 공리를 찾아내는 것이 가능하다는 것을 영국인들이 발견하면서 경험 과학이 탄생하게 된 것이다. 현대의 과학은 대부분 경험 과학을 바탕으로 하고 있다.

'수학은 과학의 언어다'라는 말이 있다. 이 말은 대수학, 해석학, 미적분학, 기하학, 미분기하학, 미분방정식, 위상수학, 군론과 같은 수학으로 과학이 서술된다는 말이라기 보다 과학은 공리 체계로 서술된다는 말이다. 수학이 공리 체계의 모습을 대표하기 때문에 수학을 거론한 것이다. 그러므로 우리가 학교에서 수학을 열심히 배우는 이유는 바로 이 공리 체계에 따라 좀 더 합리적이고 체계적으로 생각하는 힘을 기르려함이다.

사람들은 자연이나 사회에서 발견되는 현상을 연구하여 일반적인 공리를 찾아내고, 그 공리에서 나오는 명제를 증명하여 정리를 찾아내거나 공리 자체를 추가적으로 끊임없이 검증해나간다. 공리 체계에서는 객관적인 공리와 명제를 사고의 대상으로 삼기 때문에 사람들은 사실을 공유하면서 다투지 않고 대화와 토론을 할 수 있게 되었다. 그러면서 민주주의의 기초인 대화와 토론이 생산성을 갖게 되었다. 우리가 학창 시절에 어려운 수학이나 과학을 배우는 까닭은 바로 민주주의의 토대인 합리적인 사고방식을 익히기 위해서가 아닐까?

나는 이 책을 쓰면서 『프린키피아』가 한국어로도 번역되어 있다는 사실을 알고 있었다. 수학자 이무현 신생과 천문학자 고故 조경철 박사님이 각각 『프린키피아』와 『프린시피아』라는 제목으로 1998년과 1999년에 출간하셨다. 이무현 선생의 번역본은 그나마 시중에서 구할 수 있었지만, 조경철 박사님의 번역본은 구하기 힘들었다. 우리나라에는 좋은 책들이 빛도 제대로 보지 못하고 사라지는 일이 비일비재하다. 2015년 가을에 한국천문학회 가을 학술대회가 강원도 홍천에서 개최되는 틈을 타서 나는 화천에 있는 화천 조경철 천문대를 방문했다. 그런데 그곳에는 놀랍게도 조경철 박사님의 서재에 있던 책들이 고스란히 옮겨져 있었다. 천문대장의 배려로 책장에서 조경철 박사님의 손때가 묻은 수택본을 만져볼 수 있었다. 그때 내 눈에 들어온 책 한 권은 영어 번역본 『프린키피아』였다! 그 책의 안쪽 제목 부분에 적혀 있는 조경철 박사님이 친필이 눈에 확 들어왔다.

　　"1997年 3月, 나는 이 Newton의 Principia를 完譯,
　　都合, 解說 原稿(5500枚)를 4年 걸려 드디어 끝냈다."

　책은 1999년에 출간되었으나 무려 4년이 걸려서 번역하셨던 것이다. 일본어 번역본 『프린키피아』를 보니 그 안에 조경철 박사님이 직접 메모를 적어가며 일본어 오역을 퇴고해놓으셨다. 나중에 조경철 박사님은 자서전에 이 책의 한국어 번역이 당신에게 "무한한 성취감을 느끼게 해준, 내 노력의 결정판"이라고 언급하셨다. 2010년 3월에 조경철 박사님은 유명을 달리하셨다. 조경철 박사님이 지금도 살아 계셨더라면 나는 분명히 박사님께 이 책의 서문이나 추천사를

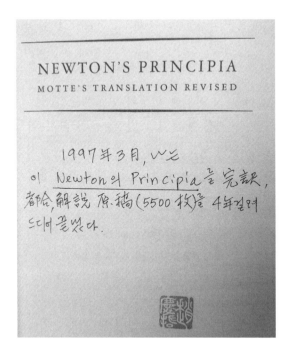

NEWTON'S PRINCIPIA
MOTTE'S TRANSLATION REVISED

1997年 3月, 나는
이 Newton의 Principia를 完譯,
참合, 解說 原稿(5500 枚)를 4年걸려
드디어 끝냈다.

부탁드렸을 것이다.

　이 책을 저술하면서 감사의 말씀을 전해야 하는 분들이 있다. 먼저 나의 아내는 '복잡해서 복잡한 기하학Complex Geometry'을(농담이다. 진짜 학술 용어는 복소기하학이다.) 공부하고 있는 수학자이다. 더군다나 유클리드 평면기하학의 다섯 번째 공준을 깨버린 코시−리만 기하학이 전공이다. 바쁜 와중에도 무척 귀찮았을 텐데 내가 이 책을 쓰는 데 말벗이 되어 조언을 아끼지 않았다.

　또한 이런 종류의 물리학과 수학에 관한 교양서는 상당히 큰 위험을 감수해야 함에도 불구하고 이렇게 책으로 나올 수 있었던 것은 동아시아 출판사의 한성봉 사장의 결단 덕분이었다고 생각한다. 어떤 책의 편집자는 그 책의 첫 독자이다. 이 책에 가득한 기하학 문제를 전부 풀어보고 잘못된 곳을 찾아줄 정도면 그 독자는 내 책의 광팬일 것이다. 뉴턴에게 에드먼드 핼리가 있었다면, 나에게는 조서영 편집자가 있다.

2015년 12월 대전 과학기술연구단지 꽃바위 아래에서

안상현

* 이 책에서는 먼저 원뿔곡선의 기하학을 익힌 다음 뉴턴의 프린키피아의 핵심 내용을 살펴보게 됩니다. 뉴턴이 어떻게 역제곱의 중력 법칙을 증명했는지 궁금한 분은 1~4장을 읽고 나서, 곧바로 7장 타원궤도의 경우로 건너뛰어도 됩니다. 그러나 쌍곡선과 포물선 궤도의 경우는 앞의 해당 기하학 부분을 먼저 읽으시면 됩니다.

차례

제 1 장

◇

기하학

『기하원론』과 공리 체계

기하학은 도형의 모양, 크기, 위치, 그리고 공간의 성질을 연구하는 수학 분야입니다. 영어로는 땅을 뜻하는 지오geo와 자로 잰다는 뜻의 메트리metry를 합쳐서 지오메트리geometry라고 부릅니다. 고대 이집트 문명의 요람인 나일강은 주기적으로 범람했는데, 그럴 때마다 농경지의 넓이를 다시 측량해야 해서 기하학이 탄생하게 되었다지요? 토지 측량이라는 실용적인 동기에서 기하학이 생겨난 것은 동양도 마찬가지였습니다. 우리 역사에서는 밭의 넓이를 측정하는 것을 양전量田이라고 합니다. 세종대왕 때는 밭의 넓이와 토질에 따라서 세금을 정했다고 역사 시간에 배웠을 것입니다. 그때도 논밭의 넓이를 정확하게 재는 일은 중요했습니다. 그래서 젊고 총명한 관리들이 산학算學을 공부하기도 하였습니다. 세종 13년(1431년) 3월 2일자 『조선왕조실록』을 보면 세종대왕이 천문 역법의 교정을 맡은 정초鄭招에게 다음과 같이 언급하였습니다. "역법을 정비하여 일식과 월식을 제대로 계산해야 하는데 방원술方圓術 즉 호시할원법弧矢割圓法

(오늘날 구면삼각법에 해당)이라는 수학을 잘모르고 있으니, 중국어를 잘하는 사람을 중국에 보내어 배우게 하자. 수학은 단지 역법에만 쓰는 게 아니다. 병력을 동원하거나 토지를 측량하는 일에는 수학 말고 다른 방법이 없다."

우리가 중학교 수학 시간에 배우는 평면기하학은 기원전 300년경 알렉산드리아의 수학자 유클리드Euclid(B.C.330~B.C.275)가 저술한 『기하원론The Elements』이라는 책을 바탕으로 한 것입니다. 『기하원론』은 논리학을 수학에 적용한 걸작이라고 평가됩니다. 이 책에 깊이 영향을 받은 니콜라우스 코페르니쿠스Nicolaus Copernicus, 요하네스 케플러Johannes Kepler, 갈릴레오 갈릴레이Galileo Galilei, 아이작 뉴턴Isaac Newton과 같은 과학자들은 이 책의 내용을 자신의 저서에 적용하기도 했습니다. 바뤼흐 스피노자Baruch Spinoza, 버트런드 러셀Bertrand Russell, 앨프리드 화이트헤드Alfred Whitehead와 같은 철학자들은 이 책의 공리 체계를 따라 자신들의 연구 분야에 맞는 『원론』을 만들어 냈습니다.

미국의 대통령 에이브러햄 링컨Abraham Lincoln은 말안장 주머니에 『기하원론』을 넣고 다녔고 밤늦게까지 이 책을 탐독했습니다. 그는 "증명이라는 것이 무엇인지 이해하지 못한다면 결코 법률가가 될 수 없다"라는 말을 하기도 했습니다. "어렸을 때 받은 선물 중에서 『기하원론』과 나침반이 내게 가장 큰 영향을 끼쳤다"라고 아인슈타인은 회상하였습니다. 케임브리지 대학에 들어가기 전까지는 기하학을 접한 적이 없던 뉴턴도 우연히 『기하원론』을 구해서 읽고 새로운 세상을 열게 되었지요.

『기하원론』은 오래된 책인 만큼 판본도 다양하게 전해내려 왔습니다. 서기 4세기에 알렉산드리아의 테온Theon이라는 학자가 만든 판본이 널리 사용되다가, 1808년에 프랑수아 페야르François Peyrard가 로마의 바티칸 문서 보관소에서 다른 판본을 찾았습니다. '헤이베르 Heiberg 필사본'이라고 부르는 이 필사본은 테온의 판본과는 다른 것 이며 서기 900년경에 비잔틴 제국의 공방에서 제작된 것입니다. 이 판본이 현대 판본의 원본이 되었습니다.

서기 5, 6세기경에 보이티우스Boethius가 라틴어로 번역하였는 데, 그 전에는 이 텍스트가 라틴어로 번역되었다는 기록은 없습니 다. 아랍 세계는 760년경에 비잔틴 제국에서 이 책을 입수하였습니 다. 이것을 800년경에 하룬 알 라시드Harun Al Rashid가 아랍어로 번역 하였습니다. 9세기에 비잔틴의 학자인 아레타스Arethas가 유클리드의 필사본을 대량으로 베낀 적도 있었습니다. 『기하원론』은 이와 같이 동유럽 비잔틴 세계에는 알려져 있었지만, 서유럽 세계에 소개된 것 은 훨씬 나중의 일입니다. 1120년에 영국의 수도승인 바스의 애덜 라드Adelard of Bath가 아랍어 판본을 라틴어로 번역함으로써 비로소 서유럽에 전해지게 되었던 것입니다. 『기하원론』이 최초로 인쇄본 으로 출간된 것은 1482년이고 그 후에 여러 언어로 번역되어 다양 한 판본으로 출간되었습니다.

『기하원론』이 동아시아에 전해진 것은 16세기 말의 일입니다. 당시 중국 명나라에서 활동하던 이탈리아 출신 예수회 선교사인 마 테오 리치Matteo Ricci는 명나라의 학자이자 관료인 서광계徐光啓와 더 불어 유클리드의 『원론』을 중국어로 번역하였습니다. 이때 번역된 『원론』은 크리스토퍼 클라비우스Christopher Clavius(1538~1612)의 『Co mmentaria in Euclidis Elementa Geometria』, 우리말로는 『기하원론주해』라는 15권의 책 중 1권부터 6권까지였습니다. 옛날 중국 수학서에는 '얼마냐?'라는 뜻의 중국 말인 '지허幾何'라는 말이 자주 나옵니다. 마테오 리치와 서광계는 이것에서 착안하여 산술arithmetica과 기하geometria를 아우르는 수학이라는 뜻의 마테마티카mathematica에 기하幾何라고 이름을 붙였습니다. 그리고 조금 후대에 예수회 선교사 아담 샬Adam Schall(1591~1666)이 중국에서 활약하던 무렵부터는 기하를 수학의 한 분야인 지오메트리아geometria를 뜻하는 것으로 인식하기 시작하였습니다. 발음이 비슷하다는 데 착안하여 지오메트리아를 기하학幾何學이라고 번역한 것은 아니라고 합니다.[1]

알렉산드로스 대왕(B.C.356~B.C.323)은 그리스 북부의 마케도니아에서 태어나 그리스의 폴리스들, 오늘날 터키 지역, 페르시아, 이집트 등을 정복하여 대제국을 건설했습니다. 그가 정복한 땅에는 그의 이름을 따서 '알렉산드리아'라는 도시들이 세워졌지요. 이집트의 알렉산드리아도 그런 도시들 가운데 하나였습니다. 유클리드는 바로 그 이집트의 알렉산드리아에 살았습니다. 알렉산드리아를 다스리던 프톨레마이오스 1세가 유클리드에게 물었습니다. "기하학을 공부하는 데 『기하원론』보다 쉽고 빠른 길은 없소?" 그러자 유클리드가 대답했습니다. "전하, 기하학에 왕도王道는 없습니다." 『기하원론』이 사실 읽기 쉬운 책은 아닙니다. 우리가 중학교 수학 시간에 기하학 배울 때 어려워했던 일을 떠올려보면 알 수 있을 것입니다.

『기하원론』은 동양 사람들에게도 무척 어려운 책이었습니다. 청나라의 제4대 황제인 강희제가 12세로 매우 어렸던 강희 5년(1666년)

---

1 안대옥, 2010, 「만문滿文 『산법원본算法原本』과 유클리드 초등정수론의 동전東傳」, 《중국사연구》, 제69집(12월호), 382-383쪽.; 안대옥, 2007, 『明末西洋科學東傳史』(東京: 知泉書館), 98-100쪽.

에, 흠천감에서 일하던 중국인 천문학자들이 아담 샬 등의 예수회 선교사들을 탄핵한 일이 일어났습니다. "(그 냉시 내기 이렸는데) 하루는 양광선과 탕약망이 오문午門 밖에서 신하들을 모아 놓고 해를 관측하며 역법을 설명했다. 신하들 가운데 그 이치를 아는 자가 하나도 없어 시비를 가릴 수가 없었다. 짐은 그때 매우 화가 나서 산술을 배우기 시작했노라." 강희제는 정확한 판단을 내리기 위해 기하학을 배우기로 결심합니다. 그래서 1670년대에 벨기에 출신의 예수회 선교사였던 페르디난트 페르비스트Ferdinand Verbiest(1623~1688)에게 기하학을 배우기 시작했습니다. 이때 사용된 교재는 1607년에 마테오 리치와 서광계가 중국어로 번역한 『기하원본』을 다시 만주어로 번역한 것이었습니다. 그러나 1688년에 페르비스트가 죽자 기하학 수업은 다른 예수회 선교사들에게 맡겨졌습니다. 바로 '왕의 수학자들'이라는 별명을 갖고 있는 장 프랑수아 제르비용Jean Francois Gerbillon(1654~1707)과 조아심 부베Joachim Bouvet(1656~1730)였습니다.

제르비용의 일기에 따르면 1690년 3월 8일에 『기하원본』의 명제 I.1부터 수업을 시작했다고 합니다. 그들은 처음에 직접 『기하원론』을 만주어로 번역하여 강의 노트를 만들었습니다. 그러나 만주어에 익숙하지 못한 그들에게는 무척 어려운 작업이었습니다. 이때 어전시위御前侍衛였던 조창趙昌이 마테오 리치와 서광계가 중국어로 번역한 『기하원본』을 만주어로 번역한 것이 이미 있다고 알려주었습니다. 그래서 그것을 교재로 사용하였으나, 강희제는 수업이 굉장히 어렵다고 불평을 토로했습니다. "이 책보다 짧고 쉬운 책은 없는가?" 그래서 3월 13일 여섯 번째 수업부터 선교사들은 보다 현대적인 교재로 바꿀 것을 건의했습니다. 선교사들이 제안한 교재는 이

냐스 가스통 파르디Ignace Gaston Pardies(1636~1673)라는 프랑스 예수
회 학자가『기하원론』을 요약하여 서술식으로 설명해 놓은『엘레망
드 지오메트리Éléments de Géométrie』, 우리말로는『기하학 원론』이라는
책이었습니다. 게다가 이 책은 프랑스어로 쓰여 프랑스 출신 선교사
들에게 안성맞춤이었습니다. 강희제는 그냥 예전 책으로 하면 좋겠
다고 말했으나, 그 내용을 조금 배워보더니 며칠 뒤인 3월 24일에
그 책으로 교재를 바꿀 것을 허락했지요. 새로운 교재가 간결하고
이해하기도 쉬웠기 때문이었습니다.

　유클리드의『기하원론』은 명제를 증명하는 방식이 매우 치밀하
고 논리 정연했으나 장황한 면이 있었습니다. 프랑스에서는 기하학
을 배우는 사람이 일반 귀족 자제들까지 확대되었으므로 대중적이
고 현대적인 기하학 교재가 필요했습니다. 그래서 파르디가 분량을
줄이고 서술식으로『기하학 원론』을 저술했던 것입니다. 마테오 리
치가 논리 정연함으로 고집 센 중국의 유학자들을 굴복시키려했다
면, 제르비용과 부베는 짧고 쉬운 설명을 장점으로 내세워 중국인을
설득하려 한 것입니다. 파르디의 책은 짧고 쉬우며 현대적이기는 하
였으나 유클리드『기하원론』의 가장 큰 장점인 공리 체계를 따르지
않았으므로 중국에 그 정수를 전하지는 못했습니다. 이 만주어 번역
본은 나중에 중국어로 번역되어 1722년에 발간된 총 53권의『수리
정온數理精蘊』이라는 책의 일부로 수록됩니다.

　마테오 리치가 번역한『기하원본』과 강희제 때의『수리정온』본
『기하원본』은 조선에도 들어왔습니다. 마테오 리치가 번역한『기하
원본』은 몇몇 학자들이 읽어보기는 하였으나 어찌된 영문인지 인기
를 끌지 못하였습니다. 18세기에서 19세기에 조선의 지식인들 사이

에는 기하학을 공부하는 바람이 불었습니다. 그러나 이때 조선 학자들이 읽은 책은 마테오 리치의 『기하원본』이 이니라 『수리정온』본 『기하원본』이었습니다. 조선의 학자인 이규경李圭景은 『오주연문장전산고五洲衍文長箋散稿』에 "『기하원본』에는 두 가지가 있다. 하나는 마테오 리치와 서광계가 번역한 것이고 나머지 하나는 『수리정온』본인데, 마테오 리치의 것은 매우 귀하다"라고 썼습니다. 조선 학자들은 그 정수인 공리 체계가 빠진 『기하원본』을 읽었던 것이지요. 그래서 아마도 조선 학자들이 공리 체계라는 멋진 학문의 방법에 깊은 감동을 받지 못했던 것 같습니다.

조선 사람들도 기하학을 매우 어려워했습니다. 이규경도 『기하원본』이 매우 어려운 책이라고 평가했습니다. 그는 "무릇 이 책을 읽는 데는 세 가지 등급이 있으니, 우수한 사람은 석 달이면 통달할 수 있고, 평범한 사람은 여섯 달이면 이해할 수 있고, 수준이 낮은 사람은 아홉 달이면 통할 수 있다. 그 나머지는 혹 삼 년이면 통할 수 있고, 또한 평생이 걸려도 통달하지 못하는 사람도 있다. 수학을 배우려는 사람은 먼저 이 책을 이해하고 난 다음에야 다른 이치에 통할 수 있다"라고 하였습니다.

유럽의 기하학은 17세기에 들어 새로운 방향으로 발전하였습니다. 1637년에 르네 데카르트René Descartes(1596~1650)가 좌표계를 발명함으로써 해석기하학이라는 새로운 기하학 분야가 성립된 것입니다. 해석기하학은 현대의 대수기하학, 미분기하학, 전산기하학 등의 기초가 된 매우 중요한 발명이었습니다. 좌표기하학 또는 데카르트 기하학이라고도 하며, 우리는 고등학교 수학 시간에 배웁니다. 흔히 해석기하학을 발명한 공로가 오로지 데카르트에게만 돌아가는 경우가 많지만, 사실은 뛰어난 수학자였던 피에르 드 페르마Pierre de Fermat (1601~1665)도 거의 동시에 발명했다고 합니다. '페르마의 마지막 정리'로 유명한 바로 그 페르마입니다. 1637년에 데카르트는 『방법서설方法敍說』(원제 『Discours de la méthode』)을 서론으로 하여 『굴절광학』, 『기상학』, 『기하학』 등 세 편의 에세이를 출간했습니다. 『방법서설』의 원래 제목은 『이성理性을 바로 이끌어 여러 학문에서 진리를 구하기 위한 방법의 서설』로 그가 철학의 공리를 찾는 방법으로 제시한 '방편적 의심'을 다루고 있는 철학서입니다. 이 중 『기하학』이 바로 해석기하학을 다룬 글입니다. 우리는 흔히 데카르트를 근대 철학의 아버지로만 알고 있지만, 사실 그는 철학자이기 이전에 수학자입니다. 그렇기 때문에 데카르트의 수학을 이해하는 사람이 그의 철학도 잘 이해할 수 있지 않을까요?

공리란 증명이 필요 없거나 증명할 수 없지만 항상 참인 명제를 말합니다. 공리 체계란 이러한 공리를 기초로 삼아 여러 명제를 증명하여 정리를 찾아내고 그 정리들을 벽돌로 삼아 이론이라는 집을 짓는 것을 말합니다. 조금 뒤에 유클리드의 『기하원론』을 설명하면 더 확실하게 이해가 될 것입니다. 데카르트가 철학의 공리를 찾아내는 데 창안한 방법이 바로 '방편적 의심'입니다. 어떤 철학적 명제를 화두로 그것이 공리인지 아닌지를 끊임없이 철저하게 의심해보는 것이지요. 방편적 의심으로 그가 찾아낸 철학의 공리는 무엇이었을까요? 그것은 바로 "생각한다. 그러므로 존재한다"라는 것입니다. 이 세상의 모든 생각은 그것이 참인지 거짓인지를 의심할 수 있으나, 그러한 의심을 하는 순간에도 그런 생각을 하는 주체인 나는 반드시 존재하고 있다는 사실은 증명할 필요도 없이 반드시 참이라는 공리를 발견한 것이지요. 데카르트는 바로 이 공리를 주춧돌 삼아 우주 만물을 연역적으로 서술했습니다. 그렇게 지술한 것이 『철학의 원리』라는 책입니다. 이 책은『프린키피아 필로소피애Principia Philosophiae』라는 라틴어 제목을 갖고 있습니다. 그래서 이 책을 흔히 '데카르트의 프린키피아'라고 부릅니다. 이 책은 두 부분으로 나뉘어 있습니다. 1부는 '인간 지식의 원리'에 대해 다루고 있고, 2부는 '물질의 원리'에 대해 서술하고 있습니다. 그중에서 1부의 첫머리에는 다음과 같은 항목이 서술되어 있습니다.

[1] 진실을 추구하는 사람은 누구나 생애에 한번은 모든 것에 대해 가능한 최대로 의심해볼 필요가 있다.
[2] 우리는 또한 의심스러운 것을 모두 거짓으로 간주해야 한다.
　　　　　　　　　　　(…)
[4] 왜 우리는 감각을 의심할 수 있는가.
[5] 왜 우리는 또한 수학의 증명조차 의심할 수 있는가.
[6] 우리는 자유의지를 가지고 있으며 자유의지를 통해 우리가 의심하는 것을 스스로 인정하지 않음으로써 오류를 피할 수 있다.
[7] 우리가 의심하는 동안은 우리가 존재한다는 것을 의심할 수 없다. 이것은 우리가 올바른 순서로 철학을 했을 때 알게 되는 첫 번째 지식이다. (…) 따라서 "생각한다. 그러므로 존재한다"라는 지식은 첫 번째로 가장 확실한 지식이다.
[8] 그래서 우리는 정신과 육체의 차이 또는 사고와 물질의 차이를 구별한다.
[9] 생각한다는 것은 무엇인가.
　　　　　　　　　　(이하 생략)

여기서 보듯이 『철학의 원리』는 유클리드의 『기하원론』과 같은 형식을 따르고 있습니다. 모든 사고의 시작점이 되는 확실한 지식을 찾아서 그것을 공리로 놓고 그 위에 이론을 건설하는 형식입니다. 또한 모든 주장에 하나씩 번호를 매기고 그 각각에 대해 유클리드가 명제를 기하학으로 증명한 것처럼 논증하였습니다.

데카르트는 우주 삼라만상을 정신 세계와 물질 세계로 나누었습니다. 그러나 둘 사이를 연결해주는 확고한 증거를 발견할 수 없었으므로, 두 세계는 서로 직접적인 영향이 없다고 생각했습니다. 정신 세계는 목적을 가지지만, 물질 세계는 목적을 가질 수 없으므로 정연한 역학(물리학) 법칙을 따른다고 생각했습니다. 고대 그리스의 철학자인 아리스토텔레스Aristoteles(B.C.384~B.C.322)는 모든 물체는 목적을 가지고 움직인다고 주장했는데, 데카르트의 학설은 이와 매우 달랐습니다. "사과가 왜 땅으로 떨어지는가?"라는 질문에 대해 아리스토텔레스는 사과가 원래 땅에서 기인한 물체이므로 원래 자기가 있었던 곳으로 돌아가려고 하는 목적이 있다고 설명합니다. 반면에 데카르트는 물체에는 그러한 목적이 들어 있지 않으며, 단지 물리 법칙에 따라 운동할 뿐이라고 생각한 것입니다. 『철학의 원리』 2부는 물질 세계를 다루고 있습니다. 자연에 대한 데카르트의 생각을 좀 더 자세히 알아보기 위해 『철학의 원리』 2부에 나오는 공리 몇 개를 살펴보겠습니다.

[36] 하나님이 모든 운동의 주요 원인이며, 그는 우주 안의 운동량을 항상 보존한다.
[37] 자연의 첫 번째 법칙은 '각각의 물체는 그것을 그대로 내버

려두는 한 계속 같은 상태를 유지한다'라는 것이다. 그래서 어떤 움직이는 물체는 무언가가 그것은 멈출 때까지 계속 움직인다.(이 것은 '관성의 법칙'입니다. 고대 철학자들은 '화살이 왜 날아가는가?'라는 질 문에 대한 답을 찾아야 했습니다. '왜?' 그런지 이유를 제시해야 했던 것이 지요. 그러나 데카르트는 자연계에 나타나는 운동이 왜 그런 운동을 하는지 설명할 필요는 없으며 다만 어떤 물리 법칙을 따라 운동을 하는지를 설명하 면 된다고 보았습니다. 자연에서 운동은 당연하고 자연스러운 현상이라는 것입니다. ─지은이)

[39] 자연의 두 번째 법칙은 '물체를 그대로 내버려두면 하나의 직선 위에서 움직인다. 그래서 원 위를 움직이는 어떤 물체는 항 상 그 원의 중심으로부터 달아나려고 한다'라는 것이다.(실제로 원 위를 움직이는 물체는 항상 접선 방향으로 떨어져 나가려고 합니다. 그러므 로 원운동은 (달아나려는 경향을 막을 힘의) 근원 즉 구심력을 필요로 합니 다. ─지은이)

[40] 자연의 세 번째 법칙은 '(가) 어떤 물체가 자기보다 센 물체 와 충돌하면 그 물체는 운동에서 잃는 것이 아무것도 없다. (나) 어떤 물체가 자기보다 약한 물체와 충돌하면 그 물체는 다른 물 체에 준 것과 같은 양의 운동을 잃는다'라는 것이다.

『철학의 원리』에 나오는 명제들은 현대 물리학자의 눈으로 보 면 약간 어설프게 보이기도 합니다만 공리를 찾고 그것을 기초로 증명과 추론을 통해 이론을 건설해가는 방식을 택하고 있다는 것이 중요합니다. 당시 여러 학자들이 데카르트의 영향을 받았는데, 영국 의 뉴턴도 그중 하나입니다. 뉴턴은 그의 위대한 저작인 『자연 철학 의 수학적 원리Philosophiae Naturalis Principia Mathematica』의 제목을 데카르 트의 『철학의 원리』에서 따올 정도였습니다. 이 두 저서가 닮은 점 은 제목뿐만이 아닙니다. 뉴턴은 데카르트의 『철학의 원리』에 도입된 '공리 체계'와 같은 방식으로 '물체의 운동에 관한 세 가지 법칙'을 공리로 세운 다음, 그것을 기초로 하여 우주 삼라만상의 운동을 다룬 『자연 철학의 수학적 원리』를 저술한 것입니다.

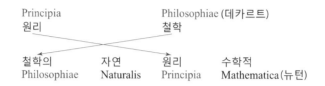

공리 체계로 학문을 서술하고 전개해가는 것은 아주 튼튼한 기초를 다지고 그 위에 벽돌을 쌓아가는 일에 비유할 수 있습니다. 이것은 과거에 고대 그리스의 수학자인 유클리드가 『기하원론』에서 사용한 방식이었고, 그 이후 톨레미Ptolemy가 천문학 저서인 『알마게스트Almagest』에 사용한 방식이었습니다. 공리 체계에 의해 학문을 전개함에 따라 고대로부터 내려오던 기하학, 천문학, 철학, 운동역학 등은 비로소 근대 학문으로 재탄생합니다. 곧이어 경제학, 윤리학, 언어학, 심리학 등 여러 학문 분야에서도 공리 체계를 받아들여 근대 학문으로 탈바꿈합니다.

바로 여기에 우리가 학교에서 수학을 배우는 근본적인 이유가 있습니다. 공리 체계를 사용하여 사고하는 방법을 연습하는 것입니다.(물론 수학은 그 자체만으로도 순수하게 재미있는 학문입니다.) 따라서 수학을 '과학의 언어'라고 하는 과학자도 있습니다. 이는 수학이나 수학 부호가 자연과학이나 공학에서 사용하는 표현 수단에 불과하다는 좁은 뜻이 아닙니다. 생물학, 의학, 화학, 동물학, 식물학, 고고학 등 고등수학을 사용하지 않는 과학 분야가 많으니까요. 수학을

'과학의 언어'라고 하는 까닭은, 수학이 갖고 있는 '공리 체계'가 바로 자연과학이나 공학은 물론이고 사회과학에 이르기까지 우리의 지식을 체계화하는 강력한 수단이기 때문입니다. 중고등학교에서 수학을 배울 때는 이러한 깊은 의미를 제대로 깨닫지 못한 것 같습니다. 시험을 위해 문제만 열심히 풀었지 가장 중요한 점은 간과한 것이지요. 그래서 원래 재미있는 수학을 지겨워했던 것은 아닐까요? 그러나 단언하건대 수학은 정말 재미있는 학문입니다. 수학을 제대로 즐기려면 먼저 공리(약속)에 익숙해져야 합니다. 약속과 관련된 법치주의나 준법정신처럼 생각해도 좋습니다. 여러 사람들이 공리를 공유하면서 명제의 참과 거짓을 따지며 토론할 수 있다면 쓸데없는 다툼을 피할 수 있고 해결책을 찾아 공유할 수 있게 됩니다. 이는 민주주의의 바탕이 될 것입니다. 우리가 수학을 배우는 것은 이런 이유들 때문이 아닐까요?

유클리드 『기하원론』의 체계

우리가 중학교 수학 시간에 배우는 평면기하학은 유클리드의 『기하원론』에서 요점만 추린 것이라고 할 수 있습니다. 『기하원론』 앞부분의 꽃은 '피타고라스의 정리'입니다. 중학교 수학에서 가장 멋진 부분은 바로 피타고라스의 정리를 증명하는 것일 겁니다. 물론 중학생은 이 부분을 가장 어렵게 느낄 수도 있습니다. 우리가 유클리드의 기하학을 공부할 때 여러 가지 도형들의 신기한 성질을 이해하는 것도 중요하지만, 가장 중요한 점은 바로 '공리 체계'의 아름다움을 깨닫는 것입니다. 앞에서 이야기했듯 공리란 참과 거짓을 증명할 수 없지만 항상 참인 언명을 말합니다. 공리에는 정의, 상식, 공준이 있습니다. 정의는 어떤 개념을 정의한 언명이고, 상식은 우리가 일반적으로 참임을 확신하는 언명이며, 공준은 수많은 관찰과 직관을 통해 얻어진 언명으로 증명할 수는 없으나 참인 것을 말합니다. 유클리드가 『기하원론』에 제시한 공리들을 살펴보면 이러한 공리들이 각각 어떤 것을 뜻하는지 알 수 있을 것입니다. 평면기하학을 다루고 있는 『기하원론』의 맨 앞부분에 있는 스물세 가지의 정의 중 몇 가지를 소개하겠습니다.

[정의 1] 점이란 부분이 없는 것이다.
[정의 2] 선이란 폭이 없는 길이이다.
[정의 3] 선의 양 끝은 점이다.
[정의 4] 직선이란 그 안의 점들이 나란히 놓여 있는 선이다.
[정의 5] 면이란 길이와 너비만 가진 것이다.
[정의 6] 면의 모서리는 선이다.
[정의 7] 평면이란 그 안에 직선들이 나란히 놓여 있는 면이다.
(…)
[정의 15] 원이란 평면 위의 한 점에서 거리가 일정한 선으로 둘러싸인 평면도형이다.
[정의 16] 그 한 점을 원의 중심이라고 한다.
[정의 17] 원의 지름이란 원의 중심을 지나고 양 끝이 모두 원 둘레에서 끝나는 직선이다. 지름은 원을 이등분한다.
(…)
[정의 20] 정삼각형은 세 변이 모두 같은 삼각형이다. 이등변삼각형은 두 변이 같은 삼각형이다. 부등변삼각형은 세 변이 모두 다른 삼각형이다.
(…)

[정의 23] 평행선이란 같은 평면 안에 있고 양쪽으로 무한히 늘여도 서로 만나지 않는 직선들이다.

또한 『기하원론』의 맨 앞부분에는 다섯 가지 상식이 제시되어 있습니다.

[상식 1] 같은 것과 같은 것들끼리는 서로 같다. ($A = C$이고 $B = C$이면, $A = B$이다.)
[상식 2] 같은 것들에 같은 것을 더하면 전체는 같다. ($A = B$이면, $A + C = B + C$이다.)
[상식 3] 같은 것들에서 같은 것을 빼면 그 나머지는 같다. ($A = B$이면, $A - C = B - C$이다.)
[상식 4] 서로 일치하는 것들은 서로 같다.
[상식 5] 전체는 부분보다 크다.

마지막으로 공준은 다섯 가지가 있습니다.

[공준 1] 두 점을 잇는 하나의 직선을 그릴 수 있다.
[공준 2] 하나의 직선 안에서 연속적으로 유한한 직선을 그릴 수 있다.
[공준 3] 어떤 중심과 반지름을 가진 하나의 원을 그릴 수 있다.
[공준 4] 모든 직각은 서로 같다.
[공준 5] 한 직선이 두 직선을 만날 때 같은 방향에 놓인 두 내각의 합이 두 개의 직각($180°$)보다 작으면, 그 두 직선을 무한히 연장할 경우 그 방향에서 만난다.(평행선 공리)

[공준 5]를 이해하기 위해 다음 그림을 살펴봅시다.

직선 *c*와 직선 *d*, 직선 *f*가 교차할 때, 그 한쪽 내각을 ∠A, ∠B 라고 합시다. 그 두 내각의 합이 ∠A + ∠B < 180°이면 두 직선 *d*와 *f*는 그 방향에 있는 한 점 C에서 만납니다. 만일 ∠A + ∠B = 180° 이면, 두 직선은 평행합니다. 이것이 [공준 5]가 뜻하는 것입니다.

이와 같은 공리가 제시된 후 나오는 첫 번째 명제는 다음과 같습니다.

『기하원론』 1권의 첫 번째 명제 [명제 Ⅰ-1] 주어진 유한한 직선 위에 정삼각형을 작도한다.

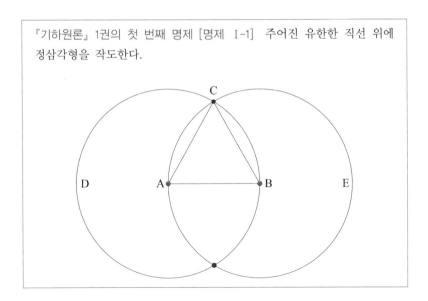

증명

유한한 직선인 선분 AB가 주어졌다고 하자.

선분 AB의 양 끝은 점 A와 점 B이다. [『기하원론』 1권 정의 3]

점 A를 중심으로 하고 선분 AB의 길이를 반지름으로 하는 원을 작도한다. [『기하원론』 1권 공준 3]

점 B를 중심으로 하고 선분 AB의 길이를 반지름으로 하는 원을 작도한다. [『기하원론』 1권 공준 3]

두 원의 교점 중 하나를 점 C라고 하자.

점 C와 점 A를 잇는 직선을 긋는다. [『기하원론』 1권 공준 1]

점 C와 점 B를 잇는 직선을 긋는다. [『기하원론』 1권 공준 1]

$\overline{AC}$와 $\overline{AB}$는 모두 점 A를 원점으로 하는 원 BCD의 반지름이므로 $\overline{AC} = \overline{AB}$ 이다. [『기하원론』 1권 정의 15]

$\overline{BC}$와 $\overline{AB}$는 모두 점 B를 원점으로 하는 원 ACE의 반지름이므로 $\overline{BC} = \overline{AB}$이다. [『기하원론』 1권 정의 15]

$\overline{AC} = \overline{AB}$이고 $\overline{BC} = \overline{AB}$이면, $\overline{AC} = \overline{BC}$ 이다. [『기하원론』 1권 상식 1]

따라서 $\overline{AC} = \overline{AB} = \overline{BC}$ 이다.

그러므로 △ABC는 정삼각형이다. [『기하원론』 1권 정의 20]   Q.E.D.

Q.E.D.의 뜻

수학에서는 증명을 마친 뒤 끄트머리에 Q.E.D.라고 적습니다. 우리는 이것을 흔히 '증명 끝'이라고 적습니다. Q.E.D.는 본디 라틴어로 'Quod Erat Demonstrandum'의 머리글자를 약자로 적어 놓은 것입니다. 우리말로는 '이 것이 보여져야 할 것이었다'라는 뜻입니다. 예전에는 Q.E.F.라고도 적었는데 그것은 'Quod Erat Faciendum' 즉 '이렇게 되었다'라는 말의 약자입니다. 이 표시 대신에 W^5라고 쓰기도 합니다. 이것은 영어로 'Which Was What Was Wanted' 즉 '원했던 그것'이라는 뜻을 약자로 쓴 것입니다. W 가 다섯 번 나오니까요. 그런데 요즘은 수학 증명에서 흔히 Q.E.D. 대신

그냥 ■ 부호나 □ 부호를 씁니다. 그게 간편하니까요. 그래서 앞으로 이 책에서는 ■로 표시하겠습니다.

　　이와 같이 어떤 명제가 참인지 거짓인지 추론하는 과정을 '증명'이라고 하고, 참으로 증명된 명제를 '정리'라고 합니다. 『기하원론』은 그 다음에 나오는 명제들에 대해서도 같은 방식으로 맨 앞에서 규정한 공리들과 앞에서 이미 참으로 증명한 정의들을 근거로 추론하여 그 명제가 참인지 증명을 시도합니다. 『기하원론』의 나머지 부분은 직접 읽어보면 좋을 것 같습니다. 여기서는 앞으로 원뿔곡선을 공부할 때, 꼭 필요한 정리 두 개를 소개하면서 공리 체계의 아름다움을 함께 느껴보겠습니다.

[정리 I-1] 삼각형에서 각의 이등분선

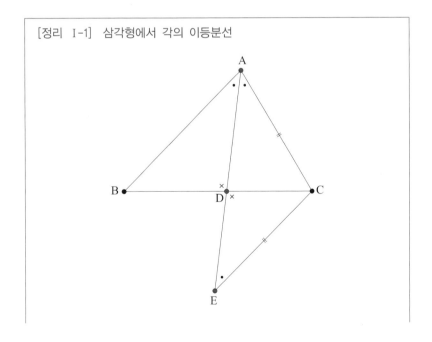

△ABC에서 ∠A를 이등분하는 직선이 변 BC와 만나는 점을 D라고 하면

$$\overline{AB} : \overline{AC} = \overline{BD} : \overline{CD}$$

이다.

증명

$\overline{AD}$의 연장선 위에 $\overline{AC} = \overline{CE}$가 되도록 점 E를 잡고 선분 DE와 CE를 긋는다. [『기하원론』 1권 공준 1]

△AEC는 이등변삼각형이다. [『기하원론』 1권 정의 20]

따라서 ∠DAC = ∠DEC이다. [『기하원론』 1권 명제 5]

또한 맞꼭지각은 같으므로 ∠ADB = ∠EDC이다. [『기하원론』 1권 명제 15]

두 각이 같으므로 △ABD∽△ECD이다. [『기하원론』 6권 명제 4]

따라서 닮은 삼각형의 변의 길이 비는 $\overline{AB} : \overline{EC} = \overline{BD} : \overline{CD}$이다. [『기하원론』 6권 명제 5]

처음에 $\overline{AC} = \overline{EC}$로 하였으므로 $\overline{AB} : \overline{AC} = \overline{BD} : \overline{CD}$이다. ∎

이 정리는 중학교 2학년 수학 시간에 배우는 유클리드 평면기하학의 일부입니다. 여기서 △ABD∽△ECD는 '꼭지점이 점 A, 점 B, 점 D로 이루어진 삼각형과 꼭지점이 점 E, 점 C, 점 D로 이루어진 삼각형이 서로 닮았다'라는 뜻입니다. 또한 ∠ADB라는 기호는 '선분 DA와 선분 DB 사이에 끼인 각'을 뜻합니다. 이 정리는 고등학교 때 배우는 사인 법칙으로도 쉽게 증명됩니다. 독자 여러분이 한번 해보기 바랍니다.

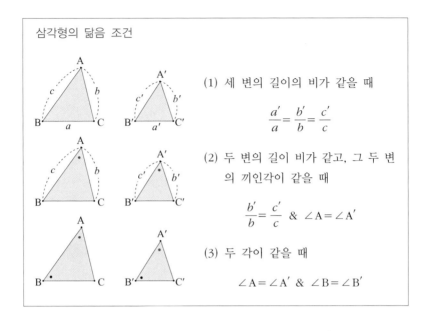

삼각형의 닮음 조건

(1) 세 변의 길이의 비가 같을 때

$$\frac{a'}{a} = \frac{b'}{b} = \frac{c'}{c}$$

(2) 두 변의 길이 비가 같고, 그 두 변의 끼인각이 같을 때

$$\frac{b'}{b} = \frac{c'}{c} \quad \& \quad \angle A = \angle A'$$

(3) 두 각이 같을 때

$$\angle A = \angle A' \quad \& \quad \angle B = \angle B'$$

여기서 매우 간단하면서도 자주 사용되는 '삼각형의 닮음 조건'을 알아볼까요?

첫째, 세 변의 길이 비가 일정할 때, 두 삼각형은 닮은 삼각형입니다. 닮은 도형은 각 변의 길이를 같은 비율로 확대하거나 축소한 것이라고 생각하면 됩니다. 예를 들어 모든 변의 길이를 m배로 만들었다고 하면 $a'=ma$, $b'=mb$, $c'=mc$가 됩니다. 그러므로 $a:a'=a:ma=1:m$이고, $b:b'=b:mb=1:m$입니다. 따라서 $a:a'=b:b'$입니다. 한편 길이의 비를 분수로 표현하기도 합니다. $a:b$는 b에 대한 a의 크기를 뜻합니다. 다시 말해서 a가 b에 비해서 몇 배냐 하는 것이 $a:b$이지요. 이런 뜻으로 정의했다면 $a:b=\frac{a}{b}$가 되는 것이 자명하지요? 우리는 이 분수 값을 닮음비라고 합니다. 둘째, 두 변의 길이 비가 같고 그 두 변 사이에 끼인 각의 크기가 같으면 두 삼각형은 닮음입니다. 셋째, 두 각의 크기가 같은 두 삼각형은 서로 닮음입니다. 서로 닮은 삼각형의 변의 닮음비를 따질 때 $c : b = c' : b'$과 $c : c' = b : b'$이 성립한다는 사실에 주목하기 바랍니다. 이 비율을 분수로 나타내볼까요? $c : b = c' : b'$은 $\frac{c'}{b'} = \frac{mc}{mb} = \frac{c}{b}$ 이므로 참입니다. $c : c' = b : b'$은 $\frac{c}{c'} = \frac{c}{mc} = \frac{1}{m}$이고 $\frac{b}{b'} = \frac{b}{mb} = \frac{1}{m}$이므로 $\frac{c}{c'} = \frac{b}{b'}$가 되어 참입니다. $c : b = c' : b'$과 $c : c' = b : b'$은 둘 다 내항의 곱이 bc', 외항의 곱이 $b'c$로 같습니다. 두 삼각형이 닮음인 경우 '∽'라는 기호를 사용합니다.

(문제) 앞에서 설명한 삼각형의 닮은 조건을 응용하여 직각삼각형의 닮음 조건을 생각해봅시다.

삼각형의 합동 조건

(1) 대응하는 세 변의 길이가 각각 같을 때 → SSS합동

(2) 대응하는 두 변의 길이가 각각 같고, 그 끼인각의 크기가 같을 때
    → SAS합동

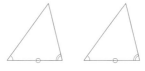

(3) 대응하는 한 변의 길이가 같고, 그 양 끝각의 크기가 각각 같을 때
　　→ ASA합동

　　한편 두 삼각형을 그대로 포개거나 그중 하나를 뒤집어서 포갰을 때 정확하게 맞으면 합동이라고 합니다. 첫째, 두 삼각형에서 서로 대응하는 세 변의 길이가 각각 같을 때, 두 삼각형은 합동입니다. 이것을 변을 뜻하는 Side의 머리글자를 따서 SSS합동이라고 합니다. 둘째, 두 삼각형에서 서로 대응하는 두 변의 길이가 같고 그 끼인 각의 크기가 같을 때, 두 삼각형은 합동입니다. 각도를 뜻하는 Angle의 머리글자를 따서 SAS합동이라고 합니다. 여기서는 반드시 끼인각이 같아야 합니다. 셋째, 두 삼각형에서 대응하는 한 변의 길이가 같고 그 양 끝각의 크기가 같을 때, 두 삼각형은 합동입니다. 이것을 ASA합동이라고 합니다. 두 삼각형이 합동인 경우 '≡'라는 기호를 사용합니다.

(문제) 앞에서 살펴본 두 삼각형의 합동 조건을 응용하여 직각삼각형의 합동 조건을 생각해봅시다.

[정리 I-2] 삼각형의 내심과 내접원
삼각형의 세 각을 각각 이등분하는 직선을 그었을 때 이들이 만나는 점이 '삼각형의 내심'이다.

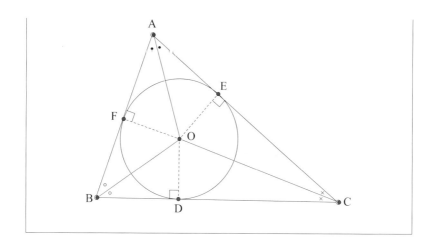

증명

∠A를 이등분하는 직선과 ∠B를 이등분하는 직선은 한 점에서 만난다. 그 교점을 O라고 하자. 점 O에서 $\overline{AB}$와 $\overline{AC}$에 각각 내린 수선의 발을 점 F와 점 E라고 하자. 그러면 △OAE와 △OAF는 모두 직각삼각형이고 $\overline{OA}$가 공통이며 ∠OAE = ∠OAF이다. 그러므로 △OAE≡△OAF이다. 따라서 $\overline{OE} = \overline{OF}$이다.

마찬가지로 △OBF와 △OBD는 모두 직각삼각형이고 $\overline{OB}$가 공통이며 ∠OBF = ∠OBD이다. 그러므로 △OBF≡△OBD이다. 따라서 $\overline{OF} = \overline{OD}$이다. 결론적으로 $\overline{OE} = \overline{OF} = \overline{OD}$이다.

이제 $\overline{OC}$를 그으면 △OCD와 △OCE에서 두 삼각형은 모두 ∠ODC = ∠OEC = 90° 인 직각삼각형이고 $\overline{OD} = \overline{OE}$이며 $\overline{OC}$는 공통이다. 그러므로 △OCD≡△OCE이다. 따라서 ∠OCD = ∠OCE이다. 즉 $\overline{OC}$는 각 C의 이등분선이다. 결론적으로 삼각형의 세 각의 이등분선은 한 점에서 만난다. ■

또한 $\overline{OD} = \overline{OE} = \overline{OF}$이고 ∠OFA = ∠ODB = ∠OEC = 90° 이므

로 점 O를 중심으로 하고 점 D, E, F를 지나는 원을 그리면, △ABC
의 변 BC, AC, AB는 모두 그 원에 접합니다. 이 원을 삼각형의 내
접원이라고 하고, 점 O를 내심이라고 합니다. 중학교 수학 시간에
배웠던 기억을 되살려보면, 삼각형에는 무게중심, 외심, 내심, 수심,
방심이 있습니다. 무게중심은 삼각형의 각 변의 중점과 그 맞은편
꼭지점을 이은 선분들의 교점입니다. 그 점에서 삼각형의 무게가 균
형을 이루기 때문에 무게중심이라고 부릅니다. 외심은 삼각형의 세
변의 수직이등분선들이 만나는 점입니다. 삼각형의 세 꼭지점을 모
두 지나는 원을 외접원이라고 하는데, 그 외접원의 중심이기 때문에
외심이라는 이름을 얻었습니다. 앞에서 살펴보았듯이, 내심은 삼각
형의 내부에 꼭 들어차는 원의 중심입니다. 이 원을 내접원이라고
부릅니다. 수심은 삼각형의 각 꼭지점에서 마주보는 변에 수직인 직

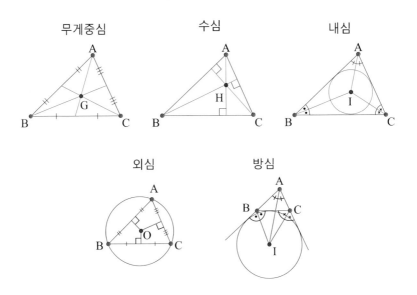

선들의 교점입니다. 방심은 삼각형의 한 내각의 이등분선과 그 각을 제외한 나머지 내각들이 이가의 이등분선이 만나는 교점입니다. 삼각형의 한 변과 다른 두 변의 연장선들에 접하는 원을 그릴 수 있는데, 이것을 방접원이라고 합니다. 오심에 대한 여러 가지 흥미로운 성질은 모두 유클리드의 『기하원론』에 나오는 내용입니다.

　뒤에 나올 이야기의 기초가 될 평면기하학의 정리를 살펴보았습니다. 더 자세한 내용은 중학교 수학 교과서를 다시 읽어보는 것도 좋겠습니다. 중학교에서 기하학을 배울 때 소홀히 여기기 쉬운 지식이 바로 작도입니다. 작도란 눈금이 없는 자와 컴퍼스만 가지고 점, 선, 면, 각도, 도형 등을 그리는 작업을 말합니다. 작도법은 앞으로 이야기할 내용을 이해하는 데 기본이 될 뿐만이 아니라 작도를 하면 기하학 지식을 확실히 깨달을 수 있습니다. 잘 익혀두기 바랍니다.

작도의 기본

　요즘은 컴퓨터와 인터넷이 발달하면서 직접 자와 컴퍼스를 가지고 종이 위에 연필로 작도할 필요가 없어졌습니다. 여기서는 두 가지 소프트웨어를 추천하겠습니다. 먼저 소개할 것은 지오지브라 GeoGebra라는 앱입니다. 이 앱은 사용자가 컴퓨터 그래픽을 활용하여 기하학, 대수, 통계, 미적분을 공부하거나 가르칠 때 안성맞춤입니다. 초등학교부터 대학 수준의 수학과 과학을 가르치고 배울 수 있습니다. 이 앱은 윈도우, 맥 OS, 리눅스로 작동하는 개인용 컴퓨터에서 사용할 수 있으며, 또한 안드로이드, 윈도우 등으로 작동하는 태블릿 PC에서도 쓸 수 있습니다. 이 앱이 가장 좋은 점은 인터넷으로 접속하여 사용할 수 있다는 것입니다. 주소는 https://www.geogebra.org입니다.

(1) 이 주소로 접속하면 다음과 같은 화면이 뜹니다. 다운로드 항목을 클릭하고 들어갑니다.

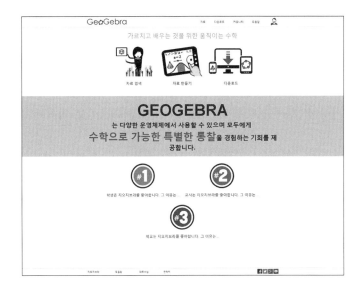

(2) 사용자가 갖고 있는 장치와 운영체제 OS에 맞는 프로그램을 내려받아 설치합니다.

(3) 필자는 크롬 앱을 선택하여 설치하였습니다. 설치하고 나
서, 크롬의 상단에 있는 메뉴바의 맨 왼쪽에 있는 Apps를
클릭합니다. 그러면 GeoGebra 앱이 목록에 올라와 있는

것을 확인할 수 있습니다. 그 항목을 클릭하면 다음과 같이 지오지브라가 시작됩니다.

(4) 여러 항목이 있지만 우리는 주로 평면기하학을 공부할 것이므로 '기하'를 클릭합니다.

(5) (1)의 그림을 보면 상단에 '도움말'이 있습니다. 이것을 클릭하면 지오지브라의 사용법(매뉴얼)과 학습자료(튜토리얼)가 있습니다. 한글로 되어 있으므로 찬찬히 읽으면서 사용법을 잘 익혀두기 바랍니다.

(6) 이 책에 있는 대부분의 그림들은 지오지브라를 사용하여 그린 것입니다. 그중 하나를 보여드리겠습니다.

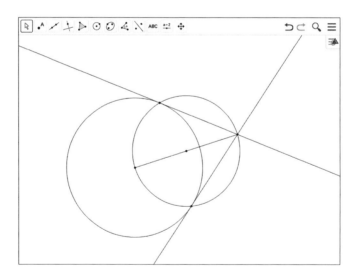

다음으로 소개하고 싶은 앱은 graph.tk입니다. 이 앱은 온라인으로 연결하여 사용하는 공개 소프트웨어입니다. 어떤 함수의 그래프를 그리거나 미분 방정식을 수치 계산으로 풀 수 있게 해줍니다.

오른쪽에 있는 창에 함수를 써 넣으면 다음 그림과 같이 함수의 그래프가 그려집니다. 인터넷 브라우저 주소창에 http://graph.tk를 치고 엔터를 누르면 바로 앱이 가동됩니다. 기능이 다양하고 정교한 앱은 아니지만 기본적인 함수의 그래프를 그릴 때 쓸모가 많습니다. 해석기하학 문제를 풀고 그림을 그려볼 때 안성맞춤입니다. 이러한 도구들을 잘 쓸 수 있도록 연습을 마쳤으면, 이제 몇 가지 기본적인 작도를 연습하며 기하학의 세계로 출발해볼까요?

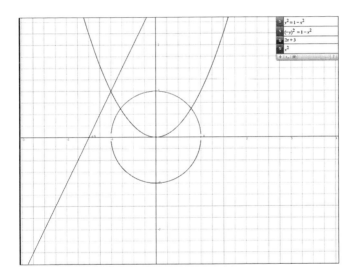

[작도 I-1] 각의 이등분선

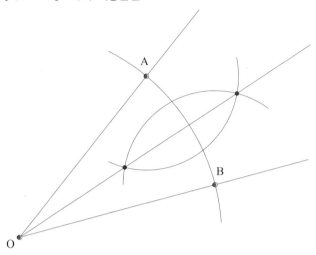

(1) ∠AOB를 이등분하는 직선을 작도해봅시다.

(2) 꼭지점 O를 중심으로 하는 임의의 원을 그립니다. 그 원과 변이 만나는 점을 A, B라고 합시다.

(3) A와 B를 각각 중심으로 하며 반지름이 같은 원을 두 개 그립니다. 두 원의 교점을 잇는 직선을 그으면 그 직선이 각을 이등분합니다.

[작도 I-2] 어떤 점을 지나는 수직선

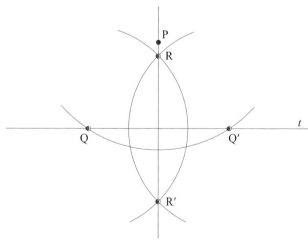

(1) 주어진 직선 t에 수직하고 점 P를 지나는 선을 작도하려면 다음과 같이 합니다.
(2) 컴퍼스로 점 P를 중심으로 하고 직선 t와 두 점 Q, Q′에서 만나는 원을 하나 그립니다.
(3) Q와 Q′을 중심으로 하고 각각 반지름이 같은 원을 그립니다.
(4) 이 두 원의 교점 R, R′을 이으면 그 직선이 점 P를 지나고 주어진 직선 t에 수직인 직선입니다.
(5) 점 P가 직선 t 위에 있는 점이어도 방법은 같습니다.

[작도 I-3]　선분의 수직이등분선

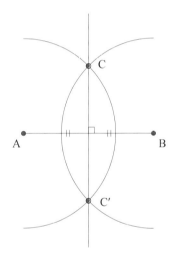

(1) 주어진 선분 AB의 수직이등분선을 작도하려면 다음과 같이 합니다.
(2) 선분의 끝점 A와 B를 중심으로 하고 각각 반지름이 같은 원을 그립니다. 이때 두 원이 교점을 두 개 갖도록 반지름을 정합니다. 두 원이 만나는 교점을 C와 C′이라고 합시다.
(3) C와 C′을 관통하는 직선을 그리면, 이것이 선분 AB의 수직이등분선입니다.

[작도 Ⅰ-4] 직선 바깥에 있는 한 점을 지나고 그 직선에 평행한 직선 (1)

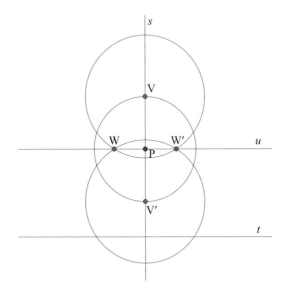

(1) [작도 Ⅰ-2]를 적용하여 점 P를 지나고 주어진 직선 t에 수직인 직선 s를 작도합니다.

(2) 마찬가지로 [작도 Ⅰ-2]를 적용하여 점 P를 지나고 직선 s에 수직인 직선 u를 작도합니다. 먼저 점 P를 중심으로 하는 원을 그리고, 그 원과 직선 s의 교점을 V와 V′이라고 합시다. [작도 Ⅰ-3]을 적용하여 점 V와 점 V′에서 각각 반지름이 같은 원을 그립니다. 이때 반지름의 크기는 두 원이 두 점에서 만나도록 정합니다. 그 교점 W와 W′을 관통하는 직선 u를 그립니다.

(3) 이렇게 작도한 직선 u는 처음에 주어진 직선 t와 평행이고 주어진 점 P를 지나는 직선입니다.

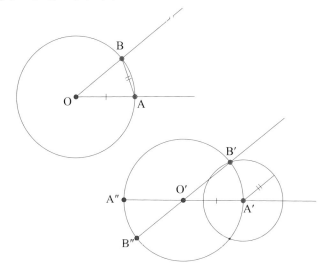

(1) ∠AOB를 그대로 옮기는 작도를 해봅시다. 이것은 ∠AOB와 합동인 각이나 동위각을 작도하는 방법과 같습니다.

(2) 꼭지점 O를 중심으로 하고 임의의 반지름을 갖는 원을 그립니다. 그 원이 두 변과 만나는 점을 각각 A, B라고 합시다.

(3) 임의의 점 O′을 지나는 직선이 있다고 했을 때, O′을 중심으로 하고 반지름이 $\overline{OA}$와 같은 원을 그립니다. 이 원과 직선의 교점을 A′과 A″이라고 합시다.

(4) 컴퍼스로 $\overline{AB}$의 길이를 잽니다.

(5) A′을 중심으로 하고 $\overline{AB}$의 길이를 반지름으로 하는 원을 그립니다. 이 원과 (2)에서 그린 원의 교점들 중에서 ∠AOB와 방향orientation 이 같은 교점을 B′이라고 합니다. 방향이 같다는 말은 $\overline{OB}$가 $\overline{OA}$에 대해 시계 반대 방향에 있다면, 두 교점 중에서 $\overline{O′B′}$도 $\overline{O′A′}$에 대해 시계 반대 방향에 있도록 한다는 것입니다.

(6) 점 O′과 점 B′을 잇는 직선을 그으면 ∠AOB = ∠A′O′B′가 됩니다.

[작도 Ⅰ-6] 직선 바깥에 있는 한 점을 지나고 그 직선에 평행한 직선 (2)

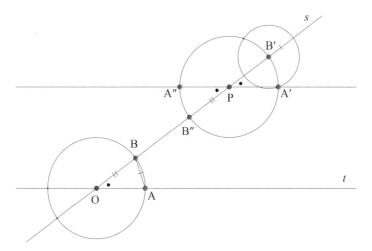

(1) 평행선에서 엇각(또는 동위각)이 같다는 성질을 이용하면, [작도 Ⅰ-5]를 적용하여 주어진 직선 *t*에 평행하고 점 P를 지나는 직선을 작도할 수 있습니다.

(2) 주어진 점 P를 지나고 직선 *t*에 대해 기울어진 임의의 직선 *s*를 긋습니다.

(3) 직선 *t*와 직선 *s*가 만나는 점을 O라고 하고, 점 O를 중심으로 임의의 반지름을 갖는 원을 그립니다. 이 원과 직선 *t*가 만나는 점을 A라고 하고, 이 원과 직선 *s*가 만나는 점을 B라고 합시다.

(4) 점 P를 중심으로 반지름이 $\overline{OA}$인 원을 그립니다. 이 원과 직선 *s*가 만나는 교점을 각각 B′과 B″이라고 합시다.

(5) 컴퍼스로 선분 AB의 길이를 잽니다. 그 길이를 반지름으로 하고 점 B′을 중심으로 하는 원을 그립니다. 그 원과 (4)에서 그린 원이 만나는 점을 A′이라고 합시다.

(6) 점 P와 점 A′을 지나는 직선을 그으면 이 직선이 처음에 주어진 직선 *t*와 평행인 직선이 됩니다.

⑺ 지금까지는 동위각이 같음을 이용하였습니다. (5)에서 B′ 대신 그 맞은편에 있는 교점 B″에서 위욱 그리고 점 P와 점 A″을 지나는 직선을 그리면 엇각이 같다는 사실을 이용하는 것입니다.

지금까지 중학교 수학에서 배우는 정리와 기본적인 여러 가지 작도법을 알아보았습니다. 특히 선분이나 각의 이등분선, 수직선, 수직이등분선, 평행선, 각의 복사 등에 대한 작도는 앞으로 계속 나오는 기본적인 지식이기 때문에 익숙해지도록 직접 그려보고 그 원리를 잘 따져보기 바랍니다.

제2장

◇

원뿔곡선

원뿔곡선의 정의

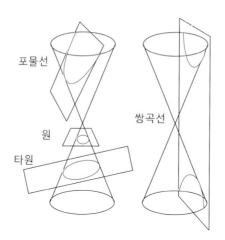

이제 본격적으로 원뿔곡선에 대한 기하학을 공부해보겠습니다. 원뿔곡선은 수준이 높아서인지 중학교 유클리드 기하학 시간에 원만 다룹니다. 고등학교 때는 해석기하학으로 배우기 때문에 기하학적으로 접근하는 것이 낯설지도 모릅니다. 태양계 천체들의 궤도가 원뿔곡선이기 때문에 뉴턴의 『프린키피아』를 이해하기 위해서는 원뿔곡선과 관련된 기하학을 잘 이해하고 있어야 합니다.

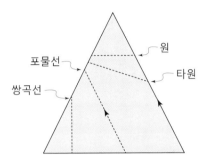

원뿔은 밑면이 원인 뿔을 말하는데, 특히 직각삼각형의 빗변이 아닌 한 변을 축으로 하여 회전시킬 때 생기는 입체도형을 원뿔이라고 합니다. 원뿔을 자른 단면의 가장자리를 보면 여러 가지 곡선이 나옵니다. 이 곡선들을 원뿔곡선이라고 합니다. 원뿔을 자른 면을 옆에서 보았을 때의 기울기와 원뿔 모서리의 기울기의 상대적인 차이가 단면의 모양을 결정합니다. 먼저 원뿔을 자르는 면이 원뿔의 축과 수직이면 단면은 원이 됩니다. 그림에서처럼 원뿔을 자른 면을 옆에서 보았을 때, 점선으로 나타낸 단면의 기울기가 원뿔 모서리의 기울기보다 작으면 단면은 타원이 되고, 원뿔 모서리의 기울기와 같으면 단면은 포물선이 됩니다. 그리고 원뿔 모서리의 기울기보다 가파르면 단면은 쌍곡선이 됩니다. 이렇게 만들어진 원, 타원, 포물선, 쌍곡선 등을 원뿔곡선이라고 부르는 것이지요. 영어로는 원뿔을 콘cone이라고 하고, 원뿔을 절단하여 생기는 도형을 코닉스conics라고 합니다.

원뿔곡선의 역사

고대 그리스에는 원뿔곡선의 아름다움에 대한 저술을 남긴 페르가의 아폴로니우스Apollonius of Perga(B.C.262?~B.C.190?)라는 수학자가 있었습니다. 그가 쓴 『원뿔곡선』은 고대의 고등수학을 대표하는 걸작 중 하나로 원뿔곡선에 대한 명제를 오로지 기하학적으로 증명하고 있습니다. 이 책은 여덟 권인데 그중 네 권은 고대 그리스어 원본으로 전해내려 오고 있고, 세 권은 아랍어로 전해내려 오고 있습니다. 한 권은 어디로 사라진 걸까요? 아랍어로 번역될 무렵에 이미 이 한 권은 사라진 것으로 알려져 있습니다. 그러다 1710년에 옥스포드 대학에서 교수로 있던 에드먼드 핼리Edmond Halley(1656~1742)가 『원뿔곡선』의 제1~4권은 그리스어로, 제5~7권은 아랍어를 라틴어로 번역하고, 나머지 제8권은 그가 나름대로 복원해서 출간하였습니다. 태양계 천체의 공전 궤도가 원뿔곡선이기 때문에 핼리는 『원뿔곡선』에 대해 잘 알고 싶었던 것 같습니다.

이 책의 내용은 너무나 훌륭하여 후대에 톨레미, 케플러, 뉴턴, 데카르트 등에게 큰 영향을 주었습니다. 그러나 요즘 우리나라 수학 교과 과정에서는 이 책을 거의 다루지 않습니다. 이 책의 내용을 이해하려면 굉장한 노력이 필요하기 때문인 것 같습니다. 우리 고등학교 수학 교과 과정에서는 원뿔곡선을 해석기하학으로 가르칩니다.

16세기 중국 명나라에는 마테오 리치를 비롯하여 예수회 선교사들이 파견되어 있었습니다. 그들은 중국에 가톨릭을 포교하기 위한 수단으로 수학과 천문학을 소개하였습니다. 이러한 노력으로 원

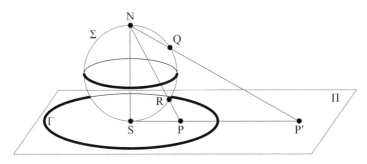

그림 Ⅱ-1. 평사도법의 원리.   전구를 구의 북극 N에 두고 빛을 비추어 구면 Σ에 있는 점을 평면 Ⅱ에 투영하자. 평면은 남극 S에 접한다고 생각하자. 그러면 북반구의 한 점 Q는 평면 위의 점 P′으로 투영되고, 남반구에 있는 한 점 R은 평면 위의 점 P로 투영된다. 구면의 적도인 굵은 선은 평면 위의 원 Γ로 투영된다. 평사도법에서는 구면 위의 어떤 모양이 일그러지지 않은 채로 그대로 평면에 투영된다.

뿔곡선이 동양에도 조금 알려졌습니다. 천문도나 지도를 제작할 때 평사도법이라는 도법을 사용하는데, 이 도법의 기하학적 원리를 소개하면서 원뿔곡선에 대한 기하학을 전했던 것입니다.

　　평사도법이란 〈그림 Ⅱ-1〉과 같이 구의 북극 N에서 전구가 비추고 구의 남극 S가 평면 Ⅱ에 접해 있을 때, 그 전구의 빛으로 구의 표면에 있는 지도나 천구도를 평면 Ⅱ에 투영하는 도법입니다. 이때 평면은 구의 남극에 접하게 해도 되고, 적도면을 통과하게 두어도 됩니다. 평면이 적도면을 통과하는 경우, 전구가 북극에 있을 때는 남반구가 적도 원 안으로 투영되고, 반대로 전구가 남극에 있을 때는 북반구가 적도 원 안으로 투영됩니다. 평면이 〈그림 Ⅱ-1〉과 같이 남극에 접해 있을 때는, 북반구 구면 위의 한 점 Q는 평면의 적도 원 바깥에 있는 P′으로 투영되고, 남반구 구면 위의 한 점 R은 적도 원 안쪽에 P로 투영됩니다. 일반적으로 구를 남반구와 북반구로 나누고는 전구와 평면의 위치를 바꾸어서 투영하여 동그란

지도나 천체도를 두 개 그립니다.

　수박을 칼로 가를 때, 어떤 방향으로 잘라도 단면은 원이 되듯이 구의 단면은 모두 원입니다. 원을 평사도법으로 투영시키면 크기는 달라져도 평면에 원으로 그려집니다. 이 말에는 굉장히 중요한 의미가 있습니다. 구면 위에 있는 어떤 모양이든 뒤틀리지 않고 원래 모양 그대로 평면에 그려진다는 것을 뜻하거든요. 이것은 지도를 그리는 데 상당한 장점이 됩니다. 한반도의 땅 모양이나 어떤 별자리의 모양도 뒤틀리지 않고 그대로 평면인 지도나 천체도로 그릴 수 있으니까요. 선교사들이 지은 책은 이 원리를 설명하기 위해 원뿔곡선에 관한 기하학 지식을 담고 있습니다.

　아담 샬은 독일 출신 예수회 선교사로 중국 명나라 말기에서 청나라 초기에 천문학자로 활약했습니다. 그는 명나라의 역법을 개량하여 『숭정역서』를 편찬하는 일에 주도적으로 참여하였습니다. 『숭정역서』에는 천문도 제작법과 관련된 원뿔곡선의 기하학 지식과 작도법이 자세하게 설명되어 있습니다. 아담 샬은 자신이 만든 천문도가 정식으로 출간되기도 전인 1631년에 마침 명나라에 사신으로 갔던 정두원鄭斗源을 통해 조선국왕에게 선물로 드립니다. 정두원은 이때 『치력연기』, 『천문략』, 『원경설』, 『직방외기』와 같은 서양 지식을 담은 서적과 『서양공헌신위대총소』라는 상소문, 그리고 세계지도, 천문도, 망원경, 기계식 추시계, 부싯돌 점화식 소총 등을 받아왔습니다.

　『치력연기』는 『숭정역서』의 편찬 과정을 적은 문서들을 모아놓은 책이고, 『천문략』은 유럽 천문학 학설을 설명한 책이며, 『원경설』은 망원경의 원리와 만드는 방법과 사용법 및 갈릴레이가 발견한 우주의 모습을 설명한 책이며, 『직방외기』는 세계 여러 지역의 풍습을 적은 책입니다. 이때 들어온 『천문략』과 『직방외기』는 극히 일부의 학자들만 읽어볼 수 있었던 것으로 보이며, 『치력연기』는 강화도에 있던 외규장각에 보관되다가 1866년에 프랑스 해군이 강화도를 침략했을 때 불타버렸습니다. 또한 『서양공헌신위대총소』라는 문서도 역시 『서양통령공사효충기』라는 제목으로 강화도 외규장각에 보관되었다가 1791년에 천주교도 윤지충이 신주를 불살라버린 사건으로 촉발된 신해년 천주교 박해 때 외규장각에 보관 중이던 다른 가톨릭 종교 서적들과 함께 불태워졌습니다. 『서양통령공사효충기』는 '서양에서 온 사령관 곤살베스 테이세이라(중국 이름으로 공사적서노公沙的西勞입니다.)가 황제에게 충성을 바친 기록'이라는 뜻의 보고서로 마카오의 포르투갈 사람들이 명나라 조정에 홍이포를 배달한 과정을 적은 것입니다. 홍이포는 사정거리가 길고 조준 사격이 가능한 컬버린이라는 신형 대포였습니다. 이 무기는 명과 후금의 전투 결과를 좌우할 정도의 전략 무기라고 볼 수 있었고, 병자호란 때 후금군이 강화도에 상륙할 수 있게 해준 결정적인 무기였습니다. 그럼에도 불구하고 조선 조정은 이러한 신무기에 대해 큰 관심을 기울일 처지가 못되었습니다. 당시 화약이 절대적으로 부족했고 화약이 없으면 대포는 물론이고 소총도 쓸모없었기 때문이었습니다. 한편 정두원이 기계 시계의 작동법을 배워오지 못하는 바람에 여러 관료들 앞에서 웃음거리가 되었다는 기록이 김육의 『잠곡필담』에 전해집니다. 이와 같이 정두원이 가져온 여러 가지 신문물은 결국 조선의 지식 재산이 되지 못하였습니다. 멸망한 명나라에서 받아온 황제의 선물 또한 이단 종교와 관련된 불온한 도서들이라는 이유로 강화도라는 궁벽한 곳에 남몰래 유폐되어 지식인 사이에 전파되지 못하고 있다가 사라져버리고 만 것입니다.

한편 1644년에 청나라가 산해관을 돌파하여 명나라의 수도였던 북경에 입성함으로써 명나라가 망하였습니다. 명나라가 망하고 청나라가 들어서는 바람에 아담 샬이 개발한 『숭정역서』는 시행되지도 못하고 버려질 처지에 놓였습니다. 그래서 아담 샬은 청나라 황제에게 이 역법을 시행할 것을 건의하였고, 황제의 허락을 얻어 그 이름을 『서양신법역서』로 고쳐서 그것으로 계산한 책력을 1645년부터 간행하였습니다. 그 무렵 청나라에서 볼모 생활을 하고 있던 조선의 왕세자인 소현세자가 청나라의 왕족들과 함께 북경에 입성하였습니다. 거기서 그는 아담 샬을 만나 천문학과 수학과 종교에 관해 많은 이야기를 나누었다고 합니다. 그때 조선의 학자들과 아담 샬이 주고받은 대화나 편지 내용의 일부가 지금도 전해지고 있습니

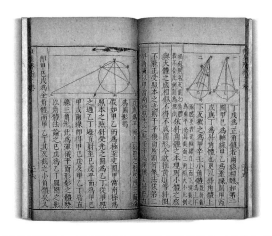

그림 Ⅱ-2. 『서양신법역서』. 평사도법과 관련된 원뿔곡선의 기하학을 설명하고 있다.

다. 소현세자는 선교사들로부터 직접 유럽의 새로운 지식을 받아들이려 한 것으로 보입니다. 우리 역사에도 매우 이른 시기에 유럽의 신지식이 들어와 퍼질 수 있는 좋은 기회가 있었던 것입니다. 그러나 소현세자가 귀국하자마자 금세 세상을 떠나는 바람에 이러한 천문학과 수학 지식의 전파는 이루어지지 못했습니다.

그러나 18세기가 되면서 청나라가 안정되자 청나라가 점차 문호를 개방하면서 조선에도 유럽의 신지식이 많이 흘러들어 왔습니다. 조선은 북경에 사신단을 파견하여 특히 천문학과 역법에 관한 도서와 물품을 들여왔고 천문학자가 직접 서양인을 만나 지식을 습득하려고 했습니다. 18세기 말에는 책력을 만드는 데 필요한 천문학과 역법에 관한 지식을 어느 정도 익힌 것으로 보입니다. 조선 시대의 책력에는 크게 두 가지가 있었는데, 하나는 날마다 일상생활에서 사용하는 일과력日課曆이라는 것이고, 나머지 하나는 국왕이나 관상감에서 사용하는 칠정력七政曆이라는 것입니다. 조선 후기에는 이두 가지 책력을 오류 없이 작성할 수 있을 정도로 새로운 천문학과 역법 지식을 습득했습니다.

그것을 증명하는 다른 예를 하나 들어볼까요? 해가 지평선 아래로 진 후나 지평선 위로 떠오르기 전에 하늘이 부옇게 밝아서 낮과 비슷한 상태가 되는데, 이것을 천문학에서는 박명薄明이라고 합니다. 그래서 옛 천문학자들은 밤을 정의할 때 박명 시간을 빼기 위해 혼효각이라는 것을 도입했습니다. 원래 동아시아에서는 하루를 100각으로 나누었는데, 17세기에 유럽 천문학이 들어오자 96각이 되었습니다. 하루를 100각으로 나눌 때, 해 지고 난 뒤 2.5각, 현대 시간으로는 36분에 해당하는 시간이 지난 시각을 혼각昏刻이라고 하며, 해 뜨기 전 2.5각인 시각을 효각曉刻이라고 불렀습니다. 그리고 그 사이의 시간을 '밤'이라고 정의했던 것입니다. 북반구 중위도 지역에서는 여름에 박명 시간이 길고 겨울에 박명 시간이 짧습니다. 그래서 새로 도입된 유럽의 천문학에다 이러한 현상을 고려하여 예전의 2.5각에 해당하는 '몽영한朦影限'이라는 개념을 적용합니다. 몽영한을 몽영분朦影分 또는 몽영각朦影刻이라고도 합니다.

몽영한이란 해가 지평선에 있을 때(고도 0°)와 지평선 아래에 수직으로 18° 내려간 위치에 있을 때(고도 −18°) 사이의 시간을 말합니다. 몽영한을 계산하려면 구면삼각법을 사용해야 하는데 공식을 유도하는 과정이 이 책에서 다루기에는 어려운 내용이므로 공식은 주어진 것으로 하고 몽영한을 어떻게 계산하는지 함께 살펴보겠습니다.

해의 적위를 δ, 관측자가 있는 곳의 위도를 ϕ라고 했을 때, 구면삼각법을 이용하면 어떤 시간각 H에 해의 고도 A를 다음과 같은 방정식으로 구할 수 있습니다.

(식 Ⅱ-1) $\sin A = \sin \delta \sin \phi + \cos \delta \cos \phi \cos H$

어떤 천체와 천구의 북극을 잇는 대원을 '시권'이라고 합니다. 시권 중에서도 천구의 북극과 우리 정수리 방향인 천정을 지나고 정남쪽을 지나는 대원을 '자오선'이라고 합니다. '시간각'이란 자오선으로 기준으로 시권이 서쪽으로 얼마나 떨어져 있는지를 시간으로 나타낸 것입니다. 또한 어떤 천체의 고도는 지평선에서 수직으로 측정한 각입니다. 지구의 경도 및 위도와 일치하는 좌표계를 천구에 그려 놓은 것을 적도좌표계라고 합니다. 이때 경도에 해당하는 적도

경도 즉 적경의 기준선은 춘분점을 지나는 적경선으로 잡습니다. 지구의 자전축이 지구의 공전면에 대해 $23.5°$ 기울어져 있기 때문에 여름에는 정오 때 해의 고도가 높아지고 겨울에는 해의 고도가 낮아집니다. 그래서 하지 때 해의 적위가 $\delta = +23.5°$가 되고, 춘분과 추분 때 $\delta = 0°$이고, 동지 때는 $\delta = -23.5°$가 되는 것이지요.

관측자가 한양에 있다고 합시다. 한양의 위도는 그 당시 만든 신법지평일구라는 해시계에 $37°\,39'$이라고 적혀 있고, 『국조역상고』라는 책에 따르면 숙종 39년인 1713년에 한양의 북극 고도 즉 위도가 $37°\,39'15''$로 정밀하게 측정되었다고 합니다. 그러므로 $\phi = 37°\,39'15'' = \left(37 + \dfrac{39}{60} + \dfrac{15}{60 \times 60}\right)° = 37.654°$입니다.

이제 이 각도값에 대해 (식 Ⅱ-1)에 나오는 사인, 코사인 등의 삼각함수 값을 구해야 합니다. 옛날 천문학자들은 삼각함수를 각도에 따라 미리 계산해 놓고 표를 만들어 사용했습니다. 몇 가지 삼각함수표가 있었는데, 『수리정온』의 삼각함수표에는 놀랍게도 $0° \sim 45°$까지 매 $10''$마다 소수점 이하 열한 번째 자리까지의 여덟 가지 삼각함수 관련 값들을 수록하고 있습니다. 여덟 가지 함숫값을 적어 놓았다고 해서 『팔선표八線表』라고 합니다. 여러분도 그 숫자들이 정확한지 전자계산기를 사용해서 직접 확인해볼 수 있습니다. 전자계산기로 계산한 값과 비교해보면, 소수점 이하 열두 번째 자리에서 반올림한 값과 정확하게 일치합니다. 컴퓨터도 없던 때에 어떻게 이렇게 방대하고 정확한 계산을 할 수 있었을까요?

팔선표를 검색해서 $\sin \delta = \sin 23.5° = \sin 23°\,30' = 0.399$임을 찾고, $\sin \phi = \sin 37.654° = \sin 37°\,39'15'' = 0.611$임을 찾습니다. 마찬가지로 $\cos \delta = 0.917$과 $\cos \phi = 0.792$를 구합니다. 여기서는 편의

分	秒	線割正	線切正	弦正	秒	分
三〇	〇	一二六〇四七二四	七六七三二七〇	六〇八七六一四	〇	三〇
	五〇	一二六〇五〇四〇	七六七四〇四〇	六〇八七九九九	一〇	
二九	四〇	一二六〇五六六二	七六七四八一一	六〇八八三四四	二〇	
	三〇	一二六〇六一三一	七六七五五八一	六〇八八七六八	三〇	
	二〇	一二六〇六三五一	七六七六三五一	六〇八九一五三	四〇	
	一〇	一二六〇七〇六九	七六七七一二二	六〇八九五三七	五〇	
	〇	一二六〇七五三九	七六七七八九三	六〇八九九二一	〇	三一
二八	五〇	一二六〇八〇〇八	七六七八六六三	六〇九〇三〇六	一〇	
	四〇	一二六〇八四七十	七六七九四三四	六〇九〇六九一	二〇	
	三〇	一二六〇八九四七	七六八〇二〇五	六〇九一〇七五	三〇	
	二〇	一二六〇九四一六	七六八〇九七五	六〇九一四六〇	四〇	
	一〇	一二六〇九八八六	七六八一七四六	六〇九一八四四	五〇	
	〇	一二六一〇三五六	七六八二五一七	六〇九二二二九	〇	三二
二七	五〇	一二六一〇八二五	七六八三二八七	六〇九二六一三	一〇	
	四〇	一二六一一二九五	七六八四〇五九	六〇九二九九八	二〇	
	三〇	一二六一一七六五	七六八四八三〇	六〇九三三八二	三〇	
	二〇	一二六一二二三五	七六八五六〇〇	六〇九三七六七	四〇	
	一〇	一二六一二七〇五	七六八六三七二	六〇九四一五一	五〇	
	〇	一二六一三一七五	七六八七一四二	六〇九四五三五	〇	三三
二六	五〇	一二六一三六四五	七六八八一一五	六〇九四九二〇	一〇	
	四〇	一二六一四一一五	七六八八六八七	六〇九五三〇四	二〇	
	三〇	一二六一四五八五	七六八九四五八	六〇九五六八八	三〇	
	二〇	一二六一五〇五六	七六九〇二三〇	六〇九六〇七三	四〇	
	一〇	一二六一五五二六	七六九一〇〇一	六〇九六四五七	五〇	
	〇	一二六一五九九七	七六九一七七三	六〇九六八四一	〇	三四
二五	五〇	一二六一六四六七	七六九二五四五	六〇九七二二五	一〇	
	四〇	一二六一六九三八	七六九三三一六	六〇九七六一〇	二〇	
	三〇	一二六一七四〇八	七六九四〇八八	六〇九七九九四	三〇	
	二〇	一二六一七八七九	七六九四八六〇	六〇九八三七八	四〇	
	一〇	一二六一八三五〇	七六九五六三二	六〇九八七六二	五〇	
	〇	一二六一八八二〇	七六九六四〇四	六〇九九一四六	〇	三五
二四	五〇	一二六一九二九一	七六九七一七六	六〇九九五三〇	一〇	
	四〇	一二六一九七六二	七六九七九四八	六〇九九九一五	二〇	
	三〇	一二六二〇二三三	七六九八七二〇	六一〇〇二九九	三〇	
	二〇	一二六二〇七〇四	七六九九四九二	六一〇〇六八三	四〇	
	一〇	一二六二一一七六	七七〇〇二六四	六一〇一〇六七	五〇	
	〇	一二六二一六四七	七七〇一〇三七	六一〇一四五一	〇	三六
二三	五〇	一二六二二一一八	七七〇一八〇九	六一〇一八三五	一〇	
	四〇	一二六二二五八九	七七〇二五八一	六一〇二二一九	二〇	
	三〇	一二六二三〇六一	七七〇三三五四	六一〇二六〇三	三〇	
	二〇	一二六二三五三二	七七〇四一二七	六一〇二九八七	四〇	
	一〇	一二六二四〇〇四	七七〇四八九九	六一〇三三七一	五〇	
	〇	一二六二四五五五	七七〇五六七二	六一〇三七五六	〇	三七
二二	五〇	一二六二四九四七	七七〇六四四四	六一〇四一四〇	一〇	
	四〇	一二六二五四一九	七七〇七二一七	六一〇四五二四	二〇	
	三〇	一二六二五八九一	七七〇七九九〇	六一〇四九〇八	三〇	
	二〇	一二六二六三六二	七七〇八七六三	六一〇五二九二	四〇	
	一〇	一二六二六八三四	七七〇九五三六	六一〇五六七六	五〇	
	〇	一二六二七三〇六	七七一〇三〇六	六一〇六〇六〇	〇	三八
二一	五〇	一二六二七七七八	七七一一〇八一	六一〇六四四四	一〇	
	四〇	一二六二八二五〇	七七一一八五五	六一〇六八二八	二〇	
	三〇	一二六二八七二三	七七一一三四〇二	六一〇七二一二	三〇	
	二〇	一二六二八九六七	七七一一四七五	六一〇七五九六	四〇	
	一〇	一二六二九〇四〇	七七一一四九四	六一〇七九八三	五〇	
	〇	一二六三〇六一二	七七一五七二二	六一〇八三六三	〇	三九
二〇	五〇	一二六三一〇八四	七七一六四九五	六一〇八七四七	一〇	
	四〇	一二六三一五五七	七七一六七六七	六一〇九一三一	二〇	
	三〇	一二六三二〇三〇	七七一八〇四二	六一〇九八九九	四〇	
	二〇	一二六三二五〇二	七七一八八一六	六一一〇八二	五〇	
	〇	一二六三三九七五	七七一九五八九	六一一〇六六六	〇	四〇

| 五二 | | 線割餘 | 線切餘 | 弦餘 | 秒 | 分 |

그림 Ⅱ-3. 『수리정온』에 들어 있는 『팔선표』의 일부. 여기서 정현正弦은 사인 함수 (sin θ), 정절선正切線은 탄젠트 함수(tan θ), 정할선正割線은 시컨트 함수(sec θ)를 뜻한다. 또한 이에 대해 여현餘弦은 코사인 함수(cos θ), 여절선餘切線은 코탄젠트 함수 (cot θ), 여할餘割은 코시컨트 함수(cosec θ)를 뜻한다. 여기에 정시正矢 즉 '1 - cos θ' 와 여시餘矢 즉 '1 - sin θ'를 합쳐서, 모두 여덟 가지 삼각함수를 팔선八線이라고 한다. 이 표에서 한양의 위도에 해당하는 사인 함숫값을 찾으려면, 먼저 오른쪽 위에 三七이라고 되어 있는 페이지를 찾고, 그 다음으로 맨 오른쪽 줄에 三九로 되어 있는 줄을 찾은 다음, 마지막으로 그 바로 옆줄에서 一〇과 二〇으로 되어 있는 줄을 찾는다. 그러면 사인의 옛말인 正弦의 값을 수록한 줄에서 sin 37° 39′10″ = 0.6108747, sin 37° 39′20″ = 0.6109131 이라는 함숫값을 읽을 수 있다. 두 값의 평균을 내면 sin 37° 39′15″ = 0.6108939로 대략적인 값이 구해진다.

상 소수점 아래 넷째 자리에서 반올림하기로 합시다. 먼저 태양이 뜨거나 질 때는 고도 $\alpha = 0°$ 이므로 $\sin \alpha = \sin 0° = 0$입니다. (식 Ⅱ-1)에 대입하면

$$\cos H = -\frac{\sin \delta \times \sin \phi}{\cos \delta \times \cos \phi} = -\frac{0.399 \times 0.611}{0.917 \times 0.792} = -0.336$$

입니다. 그런데 $\cos H$의 값이 음수입니다. 전자계산기를 사용하면 H = 109.6°임을 단번에 구할 수 있지만, 조선 시대에 사용하던 삼각함수표에는 음수인 경우가 없습니다. 이럴 경우는 어떻게 해야 할까요? 먼저 조선 시대에 사용하던 삼각함수표에 $0° \sim 45°$ 사이의 값만 주어져 있는 까닭은 여각과 보각에 대한 삼각함수 사이의 관계를 적당히 이용해서 나머지 $45° \sim 360°$ 사이의 함숫값도 모두 구할 수 있기 때문입니다. 좀 더 자세히 설명하면 두 각의 합이 $90°$ 이면 두 각을 여각이라고 합니다. 즉 두 각 A와 B가 있을 때, $A + B = 90°$ 이면 각 A와 각 B는 여각입니다. $B = 90° - A$이므로 $\sin B = \sin(90° - A)$인데, 삼각함수의 여각 공식에는 $\sin(90° - A) = \cos A$의 관계가 있습니다. 따라서 예를 들어 $\sin 70°$ 의 값을 구하고 싶으면 $\sin 70° = \sin(90° - 20°) = \cos 20°$ 이므로 $\cos 20°$ 값을 팔선표에서 찾으면 됩니다.

여각 공식	
$\sin(90° - A) = \cos A$	$\sin(90° + A) = \cos A$
$\cos(90° - A) = \sin A$	$\cos(90° + A) = -\sin A$
$\tan(90° - A) = \cot A$	$\tan(90° + A) = -\cot A$

두 각을 더했을 때 $180°$ 가 되면 두 각은 서로 보각이라고 합니다. 즉 두 각 A와 B의 합이 $A + B = 180°$ 일 때, 각 A와 각 B를 보각

이라고 합니다. 서로 보각인 두 각의 삼각함수 값 사이에는 다음 표
와 같은 관계가 성립합니다.

보각 공식	
$\sin(180° - A) = \sin A$	$\sin(180° + A) = -\sin A$
$\cos(180° - A) = -\cos A$	$\cos(180° + A) = -\cos A$
$\tan(180° - A) = -\tan A$	$\tan(180° + A) = \tan A$

앞에서 $\cos H$의 값이 음수가 나왔는데, 이 음수 값을 만족하는 각
도 H는 어떻게 찾을까요? 이 경우 $\cos H = -\sin(H-90°)$의 관계를 이
용하면 됩니다. 이 관계식은 사인 함수의 음각 공식인 $\sin(H-90°) =$
$-\sin(90° - H)$와 사인 함수의 여각 공식인 $\sin(90° - H) = \cos H$에
의해 구해집니다.

$$-\sin(H-90°) = -0.336$$
$$\sin(H-90°) = 0.336$$

이므로 삼각함수표에서 사인 값이 0.336이 되는 각도를 찾은 다음
그 각도에 $90°$를 더하면 우리가 원하는 시간각 H를 얻게 됩니다.
이와 같이 음수 각에 대한 삼각함수 값에는 다음과 같이 음각 공식
이 성립합니다.

음각 공식
$\sin(-A) = -\sin A$
$\cos(-A) = \cos A$
$\tan(-A) = -\tan A$

사인 함수와 탄젠트 함수는 원점에 대해 점대칭인 기함수이기

때문에 $\sin(-A) = -\sin A$, $\tan(-A) = -\tan A$와 같은 꼴이 성립하고, 코사인 함수는 y축에 대해 좌우 대칭인 우함수이기 때문에 $\cos(-A) = \cos A$와 같은 꼴이 성립하는 것입니다. 또는 코사인에 대한 보각 공식을 활용해도 됩니다.

$$\cos H = \cos(180° - A) = -\cos A = -0.336$$

이므로

$$-\cos A = -0.336$$

에서 각 A를 구한 다음

$$H = 180° - A$$

에서 H를 구하면 됩니다.(독자 여러분은 전자계산기로 $\cos^{-1}(-0.336)$을 구하면 되니까 이런 조금 번잡한 과정을 따라 계산할 필요는 없습니다. 그러나 이러한 계산 과정을 이해해두는 것은 중요한 일입니다.) $H = 109.6°$가 나옵니다.

그 다음으로 태양의 고도가 $\alpha = -18°$일 때 태양의 시간각을 같은 방법으로 구해봅시다. 각도가 음수일 때 사인 함수 값은 어떻게 구한다고 했지요? 예, 그렇지요. 음각 공식 중 $\sin(-\alpha) = -\sin\alpha$를 이용하면 됩니다. 삼각함수표에서 $18°$에 해당하는 함숫값을 찾은 다음, 거기에 음수를 곱하면 됩니다. $\sin\alpha = \sin(-18°) = -\sin 18° = -0.309$입니다. 이제 이 값을 (식 II-1)에 대입하면

$$\cos H' = \frac{\sin A - \sin\delta\sin\phi}{\cos\delta\cos\phi} = \frac{-0.309 - 0.399 \times 0.611}{0.917 \times 0.792} = -0.761$$

이 됩니다. 앞에서 어떤 각의 코사인 함숫값이 음수일 때는 그 각도를 구할 때 사인함수의 음각 공식과 여각 공식을 이용했습니다. 앞에서와 마찬가지로 삼각함수표에서 그 각도를 찾으면 $H' = 139.6°$ 가 됩니다.

몽영한은 해의 고도가 $-18°$ 일 때의 시간각과 해가 질 때 즉 해의 고도가 $0°$ 일 때의 시간각의 차이로 정의되므로 $\Delta H = H' - H = 139.6° - 109.6° = 30°$ 입니다. 천구가 하루에 $360°$ 돌고, 조선 후기에는 하루를 96각으로 나누었으므로

$$\Delta H = 30° \times \left(\frac{96각}{360°} \right) = 8각$$

입니다.

1789년에 김영金泳이 작성한 『신법중성기』와 『누주통의』는 1796년에 출간된 『국조역상고』에 실려 있습니다. 『신법중성기』에는 한양의 몽영한이 수록되어 있는데, 하지 때 몽영한은 8각이라고 적혀 있습니다. 우리가 계산한 값과 정확히 일치하지요? 다른 절기의 몽영한도 모두 잘 일치합니다. 몽영한에 대한 지식이 조선에 들어온 것은 김영 시대보다도 한참 전이었습니다. 그러나 새로운 수학에 익숙하지 못했던 조선의 천문학자들은 계산을 하지 못했습니다. 몽영한은 관측지의 위도에 따라 달라지기 때문에 청나라 북경 기준의 몽영한을 한양의 위도에 맞게 다시 계산해야 했습니다. 그러다가 김영이라는 천재가 혜성처럼 나타나 그 계산을 해낸 것이지요. 덕분에 조선이 청나라로부터 천문 역법을 도입하는 일이 일단락되었습니다. 그런데 이것을 완성한 김영이라는 천문학자는 우리에게 잘 알려져 있지 않습니다. 이제는 그가 무슨 일을 했는지 알았으니 그의 이

름을 꼭 기억해주기 바랍니다.

런던의 박명 시각

해의 고도가 $-18°$ 일 때, 즉 해가 지평선에서 수직으로 $18°$ 아래에 있을 때를 '천문 박명'이라고 합니다. 이것은 우리가 알아본 몽영한과 일치하는 개념이지요? 저녁 천문 박명 이후와 새벽 천문 박명 이전은 하늘이 충분히 어두워서 천문 관측을 할 수 있는 시간입니다. 또한 해의 고도가 $-12°$ 일 때를 '항해 박명'이라고 합니다. 바다에서 항해할 때 수평선의 배가 구분되지 않을 정도로 어두워진 상태가 되는 시간이지요. 또한 해의 고도가 $-6°$ 일 때를 '시민 박명'이라고 합니다. 저녁 시민 박명이 되면 너무 어두워서 자동차 운전과 같은 일상생활에 지장을 받습니다.

이제 문제를 내겠습니다. (식 Ⅱ-1)을 이용하여 위도가 약 $52°$ 인 영국 런던의 그리니치 천문대에서 하지와 동지의 박명 시각을 계산해보시오.

풀이 시민 박명, 항해 박명, 천문 박명일 때 각각 $\alpha = -6°$, $-12°$, $-18°$ 이고, 하지 때 태양의 적위 $\delta = +23.5°$ 이고, 동지 때 $\delta = -23.5°$ 이며 런던 그리니치의 위도는 $\phi = 52°$ 입니다. (식 Ⅱ-1)에서 시간각 H는 자오선으로부터 서쪽으로 몇 도가 돌아갔는지를 나타냅니다. 지구에서 볼 때 하늘은 1시간에 $15°$ 돌기 때문에, 태양이 자오선을 지나는 정오를 지나 $\dfrac{H}{15°}$ 시 만큼 지나는 시점이 박명 시간입니다.

답

하지 때는 $\delta = +23.5°$

$\alpha = 0°$ (해 지는 시각)

$\cos H = -0.557$

$H_0 = 123.8°$

$\dfrac{H_0}{15°} = \dfrac{123.8°}{15°} = 8.25$시간 $= 8 : 15$

$t_0 = 12 : 00 + 8 : 15 = 20 : 15$

하짓날 런던의 해 지는 시각은 20 : 15입니다

$\alpha = -6°$ (시민 박명)

$\cos H = -0.742$

$H = 137.9°$

$\Delta H = H - H_0 = 137.9° - 123.8° = 14.1°$

$\dfrac{\Delta H}{15°} = \dfrac{14.1°}{15°} = 0.94$시간 $= 0 : 56$

$t_{시민} = t_0 + 0 : 56 = 20 : 15 + 0 : 56 = 21 : 11$

$\alpha = -12°$ (항해 박명)

$\cos H = -0.925$

$H = 157.7°$

$\Delta H = H - H_0 = 157.7° - 123.8° = 33.9°$

$\dfrac{\Delta H}{15°} = \dfrac{33.9°}{15°} = 2.26$시간 $= 2 : 16$

$t_{항해} = t_0 + 2 : 16 = 20 : 15 + 2 : 16 = 22 : 31$

$\alpha = -18°$ (천문 박명)

$\cos H = -1.103$

$\cos H < -1$이므로 이것을 만족하는 해는 없습니다.

영국 런던의 하지에는 천문 박명이 없습니다.

동지 때는 $\delta = -23.5°$

$\alpha = 0°$ (해 지는 시각)

$\cos H = 0.557$

$H_0 = 56.2°$

$$\frac{H_0}{15°} = \frac{56.2°}{15°} = 3.75시간 = 3:45$$

$$t_0 = 12:00 + 3:45 = 15:45$$

동짓날 런던의 해 지는 시각은 15 : 45입니다.

$\alpha = -6°$ (시민 박명)

$\cos H = 0.371$

$H = 68.2°$

$\Delta H = H - H_0 = 68.2° - 56.2° = 12.0°$

$$\frac{\Delta H}{15°} = \frac{12.0°}{15°} = 0.80시간 = 0:48$$

$t_{시민} = t_0 + 0:48 = 15:45 + 0:48 = 16:33$

$\alpha = -12°$ (항해 박명)

$\cos H = 0.188$

$H = 79.2°$

$\Delta H = H - H_0 = 79.2° - 56.2° = 23.0°$

$$\frac{\Delta H}{15°} = \frac{23.0°}{15°} = 1.53시간 = 1:32$$

$t_{항해} = t_0 + 1:32 = 15:45 + 1:32 = 17:17$

$\alpha = -18°$ (천문 박명)

$\cos H = 0.009$

$H = 89.5°$

$\Delta H = H - H_0 = 89.5° - 56.2° = 33.3°$

$$\frac{\Delta H}{15°} = \frac{33.3°}{15°} = 2.22시간 = 2:13$$

$t_{천문} = t_0 + 2:13 = 15:45 + 2:13 = 17:58$

역사 이야기가 재미있어서 너무 길어진 것 같습니다. 다음 장부터는 원뿔곡선에 대한 흥미로운 사실을 알아보겠습니다. 앞에서 배운 평면 도형과 작도법 등은 원뿔곡선을 이해하기 위한 기초가 됩니다. 기본적으로는 기하학으로 이야기를 풀어가지만 우리에게 좀 더 익숙한 해석기하학적인 접근도 하겠습니다. 그렇게 어려운 내용이 아니기 때문에 찬찬히 생각하면 깨달을 수 있을 것입니다. 이 책의 목적은 수학 정리를 전달하려는 것이 아니라 정리를 증명하는 과정을 함께 해보는 데에 있습니다. 그러므로 증명 과정을 잘 이해하려고 노력하는 자세가 필요합니다. 스스로 증명 과정을 적어보고 논리적으로 미흡한 부분이 있으면 고쳐보고 하는 과정에서 많은 깨달음을 얻을 수 있을 것입니다.

또한 이 책은 작도법을 중요하게 다루었습니다. 요즘은 컴퓨터 그래픽을 통해 그림을 그리기 때문에 작도가 그리 중요하게 여겨지지 않습니다만, 옛날 기술자들에게는 눈금이 없는 자와 컴퍼스만을 가지고 여러 가지 도형을 정교하게 그려내는 일이 무척 중요하고 실용적인 일이었습니다. 작도를 직접 해보면서 옛날 과학자와 기술자들의 마음을 함께 느낀다면, 이 책을 읽은 보람이 있을 것입니다.

제3장

원

원의 정의

유클리드는 『기하원론』에서 "원이란 그 도형의 내부에 있는 한 정점으로부터 곡선에 이르는 거리가 똑같은 하나의 곡선에 의해 둘러싸인 평면도형이다"라고 정의합니다.

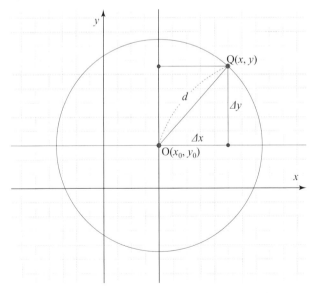

고등학교 수학 시간에 배우는 해석기하학에서는 원의 방정식을 다음과 같이 구합니다. 주어진 점 O의 좌표를 $O(x_0, y_0)$라고 하고 점 Q의 좌표를 $Q(x, y)$라고 합시다. 그러면 두 점 사이의 거리 d는 피타고라스의 정리에 의해

$$d = \sqrt{(\Delta x^2 + \Delta y^2)} = \sqrt{(x - x_0)^2 + (y - y_0)^2}$$

가 됩니다. 양변을 제곱하면

(식 III-1) $(x - x_0)^2 + (y - y_0)^2 = d^2$

입니다. 원을 부를 때는 보통 원의 중심을 붙여서 말합니다. 이 경우는 '원 O'라고 합니다. (식 III-1)이 바로 원의 방정식입니다. 편의상 $O(x_0, y_0) = O(0, 0)$라고 합시다. 그러면 원의 방정식은

(식 III-2) $x^2 + y^2 = d^2$

입니다.

이 원의 한 점 $P(x_1, y_1)$에서의 접선의 방정식을 구해봅시다. 우리가 구하려는 접선은 원의 반지름 OP와 수직이고, 점 P를 지나는 직선입니다. 먼저 점 $P(x_1, y_1)$가 원 위의 한 점이므로 (식 III-2)를 만족합니다.

(식 III-3) $x_1^2 + y_1^2 = d^2$

또한 직선 OP의 방정식은 원점을 지나고 점 $P(x_1, y_1)$를 지나므로

$$y = \frac{y_1}{x_1} x$$

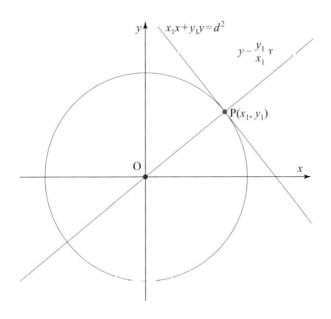

입니다. 이 직선의 기울기를 m이라고 하면 $m = \dfrac{y_1}{x_1}$ 입니다. 또한 그것과 수직인 직선 즉 접선의 기울기 m'에는 $mm' = -1$의 관계가 성립합니다. 따라서 접선의 기울기 $m' = -\dfrac{x_1}{y_1}$ 입니다. 기울기가 m'이고 점 $\mathrm{P}(x_1,\ y_1)$를 지나는 직선의 방정식은

$$y = -\frac{x_1}{y_1}(x - x_1) + y_1$$

입니다. 이 식의 양변에 y_1을 곱하고 (식 Ⅲ-3)을 대입하면, 점 $\mathrm{P}(x_1,\ y_1)$에서 원에 접하는 직선의 방정식은

(식 Ⅲ-4) $\qquad\qquad\qquad x_1 x + y_1 y = d^2$

입니다. 앞으로 배울 타원이나 포물선에 대한 접선의 방정식과 형태가 어떻게 다른지 비교해보기 바랍니다. 고등학교 수학 시간에 배우는 미분을 사용해도 접선의 기울기를 구할 수 있습니다. (식 Ⅲ-2)를 x에 대해 미분하면

$$2x + 2y \frac{dy}{dx} = 0$$

입니다. 즉

$$\frac{dy}{dx} = -\frac{x}{y}$$

입니다. 접점 $P(x_1, y_1)$에서 접선의 기울기는

$$\left[\frac{dy}{dx} \right]_{(x_1, y_1)} = -\frac{x_1}{y_1}$$

입니다.

중학교 수학 시간에 배우는 원주각의 정리는 매우 유용하고 중요한 정리입니다. 다음의 그림에서 선분 AB를 영어로는 코드chord라고 하고 동양에서는 현弦이라고 합니다. 弦이라는 글자는 그 부수가 활을 뜻하는 궁弓이고, 발음은 현玄인 형성자입니다. 화살의 시위를 뜻하지요. A에서 B까지의 원주는 활을 닮았다고 해서 호弧라고 하고, $\overset{\frown}{AB}$라고 표시합니다. 영어로는 아크arc라고 합니다. 사실 현 AB에 의해 생기는 호는 두 개입니다. 그중에서 짧은 것을 열호라고 하고, 긴 것을 우호라고 합니다. 길이로 우열을 따져서 붙인 이름입니다. 보통은 현 AB에 의해 생기는 호는 열호를 말합니다. 현 AB와 호 AB로 둘러싸인 모양을 활꼴이라고 합니다. 영어로는 세그먼트segment라고 합니다. 한편 현 AB가 있을 때, 반지름 OA와 OB, 그리

고 호 AB로 둘러싸인 모양을 부채꼴이라고 합니다. 모양이 부채를 닮아서 붙여진 이름으로 영어로는 섹터sector라고 합니다

호 AB 또는 현 AB에 해당하는 부채꼴의 중심에서 생기는 각을 중심각이라고 합니다. 그림에서는 ∠AOB가 현 AB나 호 AB에 해당하는 중심각이 됩니다. 또한 ∠APB와 같이 호 AB의 끝점과 원주 위에 있는 한 점이 이루는 각을 원주각이라고 합니다. 원주각과 중심각 사이에는 중요한 관계가 성립합니다.

$$원주각 = \frac{1}{2}\,중심각$$

[성리 Ⅲ-1] 원주각의 정리

원주각은 중심각의 $\frac{1}{2}$배이다.

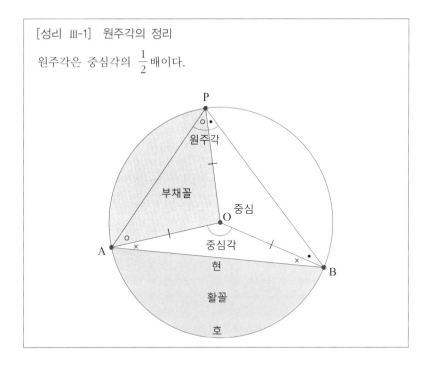

해설

원의 중심 O가 ∠APB의 안에 있을 때, 바깥에 있을 때, 그리고 원의 중심 O가 선분 AP나 선분 BP의 위에 있을 때로 나누어 증명합니다. 외접원의 중심 O에서 삼각형의 꼭지점까지의 거리가 모두 같으므로 △OAB, △OAP, △OBP는 모두 이등변삼각형이며 두 밑각이 같습니다. 삼각형의 내각의 합은 180°입니다. 이 두 가지 사실을 이용하여 쉽게 증명할 수 있습니다. 독자 여러분이 직접 해보기 바랍니다.

[따름정리 Ⅲ-1] 원의 지름에 해당하는 원주각은 90°이다.

증명

원주각 정리에 의해 중심각이 180°이면, 원주각은 90°가 된다. 즉 삼각형의 한 변 위에 외접원의 중심이 있으면, 그 삼각형은 직각삼각형이다. 따라서 직각을 작도하고 싶을 때 앞에서 배운 수직이등분선을 그리는 방법도 있지만, 원의 지름에 대한 원주각이 90°임을 이용해도 된다. ∎

원의 접선

이제 원에 접하는 접선에 대해 알아보고 간단한 작도를 해봅시다.

[정리 III-2]   원의 접선과 접점을 지나는 (반)지름은 접점에서 직교한다.

해설

이 정리는 귀류법으로 증명할 수 있습니다. 귀류법은 모순법이라고도 하며, 한자로는 歸謬法 즉 '오류로 돌아감을 증명하는 방법'이라는 뜻입니다. 라틴어로는 Reductio ad Absurdum라고 하며 영어로는 Reduction to Absurdity라고 합니다. '터무니없음으로 줄여간다'라는 뜻입니다.

증명

그림에서 직선 ABP는 점 A에서 원에 접하는 접선이고, $\overline{\text{OA}}$는 원 O의 반지름이다.

접점 A에서 $\overline{\text{PA}} \perp \overline{\text{OA}}$가 아니라 직선 위의 다른 점 B에서 $\overline{\text{PB}} \perp \overline{\text{OB}}$이고 $\angle \text{PBO} = 90°$라고 가정해보자.

그러면 △OBA는 $\angle \text{OBA} = 90°$인 직각삼각형이고, $\overline{\text{OA}}$는 빗변이다. 따라서 $\overline{\text{OA}} > \overline{\text{OB}}$이다.

그런데 $\overline{\text{OB}} = \overline{\text{OA}'} + \overline{\text{A}'\text{B}}$이므로 $\overline{\text{OA}} > \overline{\text{OB}} = \overline{\text{OA}'} + \overline{\text{A}'\text{B}}$이다.

그런데 $\overline{\text{OA}'}$와 $\overline{\text{OA}}$는 모두 원의 반지름으로 $\overline{\text{OA}'} = \overline{\text{OA}}$이다.

$\overline{\text{OA}} > \overline{\text{OA}}' + \overline{\text{A}'\text{B}}$의 양변에서 $\overline{\text{OA}}'$을 똑같이 빼면 $\overline{\text{OA}} - \overline{\text{OA}}' > \overline{\text{A}'\text{B}}$이므로 $\overline{\text{A}'\text{B}} < 0$이다.

이 결론은 모순이다. $\overline{\text{A}'\text{B}}$는 길이이므로 음수가 될 수 없다.

그러므로 가정은 거짓이다.

즉 ∠PAO는 수직이다. ■

[정리 Ⅲ-3] 원 위의 한 점에서 그 점을 지나는 원의 반지름과 직교하는 직선은 접선이다.

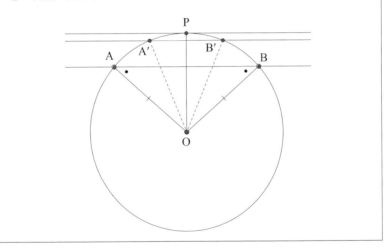

그림과 같이 원과 두 점에서 만나는 직선을 그리면, △AOB는 $\overline{\text{OA}} = \overline{\text{OB}}$이므로 이등변삼각형이다. 따라서 ∠OAB = ∠OBA이다. △AOB의 내각의 합은 180°이므로

$$\angle\text{OAB} + \angle\text{OBA} + \angle\text{AOB} = 180°$$
$$2\angle\text{OAB} + \angle\text{AOB} = 180°$$

이다. 직선 AB가 원에 접한다는 것은 직선과 원의 교점이 하나뿐이라는 뜻으로, 점 A와 점 B가 일치함을 의미한다. 직선 AB를 직선 A′B′과 같이 점점 원 O의 가장자리로 이동시키면 점 A와 점 B가 점 P를 중심으로 좌우 대칭을 이루면서 접근하게 되고, 이것은 ∠AOB가 무한히 작아짐 즉 ∠AOB → 0° 임을 뜻한다. 그러므로 ∠OAB=90° 이다. ■

[정리 Ⅲ-3]은 원의 접선을 작도할 때 매우 유용하게 사용됩니다. [정리 Ⅲ-3]에서 비롯된 따름정리 두 가지도 매우 중요합니다. 물론 중학교 수학 시간에 배우는 것입니다. 기하학의 증명 과정을 맛보기 위해 함께 살펴봅시다.

[따름정리 Ⅲ-2] 원의 외부에 있는 한 점에서 원에 접하는 두 식선을 그릴 때, 그 점에서 두 접점까지의 거리는 같다.

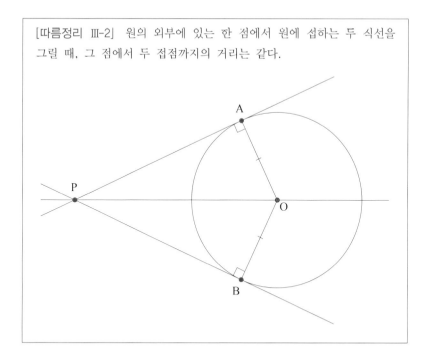

[정리 Ⅲ-3]에 의해 ∠PAO=∠PBO=90°이다. 즉 △PAO와 △PBO는 모두 직각삼각형이다.

같은 원의 반지름이므로 $\overline{OA}=\overline{OB}$이고, $\overline{PO}$는 공통이다.

직각삼각형의 합동 조건에 따라 △PAO≡△PBO이다.

따라서 $\overline{PA}=\overline{PB}$이다. ■

[따름정리 Ⅲ-3] 원에 접선을 그었을 때, 접선과 접점을 포함하는 현이 이루는 각도는 그 현의 원주각과 같다.

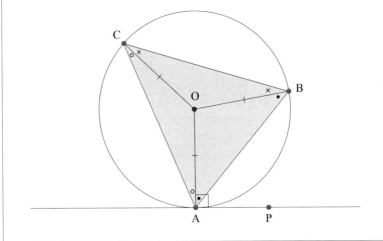

해설

그림과 같이 임의의 보조선 $\overline{OA}$, $\overline{OB}$, $\overline{OC}$를 그립니다. △OAB, △OBC, △OAC는 모두 이등변삼각형이며 원주각의 정리에 의해 ∠AOB=2∠ACB 입니다. 또한 [정리 Ⅲ-2]에서 구한 ∠PAO=90° 임을 이용하면 쉽게 증명할 수 있습니다. 여러분이 직접 해보기 바랍니다.

[정리 Ⅲ-4] 어떤 원에서 현의 수직이등분선은 원의 중심을 지난다.

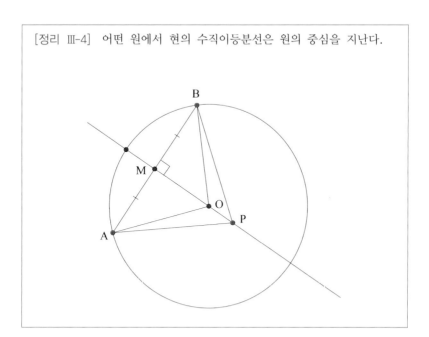

증명

원의 한 현 AB를 수직이등분하자. $\overline{AB}$의 중점을 M이라고 하자. △PMA와 △PMB에서 직선 PM이 수직이등분선이므로 $\overline{AM} = \overline{BM}$이고, ∠PMA = ∠PMB $= 90°$이다. 또한 $\overline{PM}$은 공통이다. 직각삼각형의 합동 조건으로부터 △PMA ≡ △PMB이다. 따라서 $\overline{PA} = \overline{PB}$이다. 그런데 $\overline{PA}$와 $\overline{PB}$가 원의 반지름과 같으면, $\overline{PA} = \overline{OA}$이고 $\overline{PB} = \overline{OB}$가 된다. $\overline{MP}$는 중심 O를 지난다. ∎

[작도 Ⅲ-1] 원의 중심

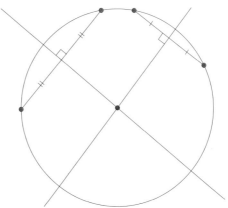

　　[정리 Ⅲ-4]를 이용하면 원의 중심을 작도할 수 있습니다. 위의 그림과 같이, 두 개의 현에 대해 각각의 수직이등분선을 작도했을 때, 두 수직이등분선이 만나는 점이 원의 중심입니다. 수직이등분선 을 작도하는 방법은 1장에서 이미 배웠습니다. 또는 하나의 현에 대 해 수직이등분선을 그리고 그 직선이 원과 만나는 두 교점을 구한 다음, 두 교점의 중점을 구해도 원의 중심입니다. 원은 타원의 특수 한 경우라고 볼 수 있는데, 나중에 타원의 중심을 찾는 작도 방법과 비교해봐도 재미있을 것입니다.

　　작도로 원의 중심을 알아내는 방법을 유용하게 사용한 적이 있 습니다. 〈그림 Ⅲ-1〉은 조선 태조 때 돌에 새긴 천문도인 『천상열 차분야지도』의 개략도입니다. 중앙에 있는 커다란 원이 성도星圖이 고 주변에는 고대 천문학 지식의 요점을 적어두었습니다. 성도에는 세 개의 동심원과 하나의 편심원이 그려져 있습니다. 원 S_1은 지평 선, 원 S_2는 천구의 적도, 원 S_4는 주극성의 범위를 나타냅니다. 이

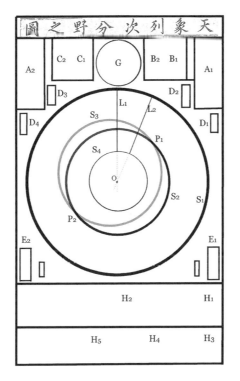

그림 Ⅲ-1. 『천상열차분야지도』의 개략도. 중앙에 보이는 커다란 원은 천체도로 S_1, S_2, S_4는 동심원이다. 세 원의 중심을 작도하면, 그 공통 중심이 천구의 북극이다. 『천 상열차분야지도』는 천구의 북극에 고대 중국에서 천구의 북극을 나타내는 북극오성이 라는 별자리를 새겼고, 그중에서도 특히 한나라 때의 북극성인 천추성이 중심에 있다. G로 표시한 동그라미 안에는 24절기별로 박명 시각에 남중하는 별자리를 계산하여 적 어 놓았고, H_1에는 고대 중국의 여섯 가지 우주론을 소개해 놓았으며, H_2에는 한나라 때 측정한 28수 각각의 기준별의 좌표를 적어 놓았다. H_3와 H_4에는 이 천문도의 유래 와 의미에 대해 권근權近이 작성한 글이 있다. A, B, C로 표시한 부분은 한나라 시대에 측정한 12차次의 좌푯값들과 해와 달, 적도와 황도 등에 관한 내용을 담고 있다.

세 원은 중심을 공유하는 동심원입니다. 나머지 하나는 S_3라고 표시 한 원인데, 태양이 다니는 길인 황도를 나타냅니다. 나는 세 동심원의 중심을 각각 구해보았습니다. 물론 바로 앞에서 소개한 방법으로 구했습니다. 세 원의 중심은 모두 한 점으로 일치하였습니다. 공통 중심은 천구의 북극을 의미하고 그 천구의 북극에 가장 가까이 있는 별을 우리는 북극성으로 삼게 됩니다. 천구의 북극은 지구의 자전축이 향하는 방향인데, 지구 자전축이 세차운동 때문에 회전하므로 시대마다 북극성이 달라집니다.『천상열차분야지도』의 천체도의 중심에는 동양 별자리에서 천추성天樞星이라고 부르는 북극오성北極五星 별자리의 별 하나가 놓여 있습니다. 중국 천문학의 역사를 고찰해보면, 이 별은 중국 한나라 시대에 북극성으로 정의되었던 것입니다.『천상열차분야지도』의 천체도가 한나라 때의 별자리 정보를 바탕으로 새겨졌다는 증거를 확인한 셈입니다.

[작도 III-2] 세 점을 지나는 원

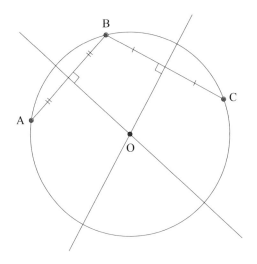

원에서 현의 수직이등분선이 원의 중심을 지난다는 정리를 사용하면 세 점을 지나는 원을 작도할 수 있습니다. 그림처럼 임의의 점 A, B, C가 주어진다면 이 점을 이어서 두 개의 선분을 그릴 수 있고, 각 선분이 한 원의 현이라고 보면 그 원의 중심을 [작도 III-1]의 방법으로 찾을 수 있습니다. 마지막으로 그 점을 중심으로 하고 그 중심과 세 점 가운데 한 점을 반지름으로 하는 원을 그리면 세 점을 동시에 지나는 원을 작도할 수 있습니다.

[작도 III-3] 원 위의 한 점에서 접선 그리기

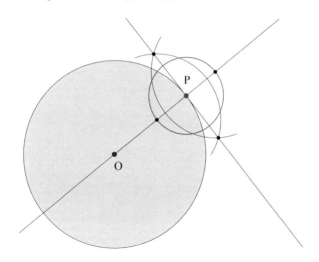

[정리 III-2]와 [정리 III-3]을 이용하면 원 위의 한 점에 접하는 직선을 작도할 수 있습니다.

(1) 원의 중심 O와 원 위의 한 점 P를 지나는 직선을 긋습니다.
(2) 이 직선과 점 P에서 직교하는 직선을 작도하면 됩니다. 이 방법은 1장

에서 이미 배웠습니다. 점 P를 중심으로 하는 적당한 크기의 원을 그린 다음, 그 원이 (1)에서 그린 직선과 만나는 두 교점을 작도합니다. 두 교점에서 각각 반지름이 같은 원을 그립니다. 이 두 원의 교점을 지나는 직선을 작도하면 그 직선이 점 P를 지나는 접선입니다.

[작도 Ⅲ-4] 원 바깥의 한 점에서 원에 접하는 두 직선

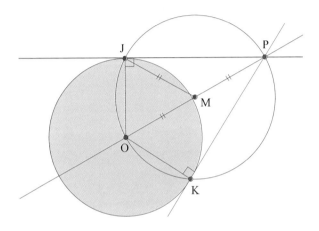

[따름정리 Ⅲ-1]과 [따름정리 Ⅲ-2]를 이용하면 원 바깥에 있는 한 점에서 원에 접하는 직선을 작도할 수 있습니다. 위의 그림을 보면 △OPJ에서 $\overline{OP}$는 원 M의 지름이므로, 지름에 대한 원주각 ∠OJP는 90°입니다. 그런데 $\overline{OJ}$는 원 O의 반지름이고 ∠OJP=90° 이므로, $\overline{JP}$는 원 O 위의 한 점 J에서의 접선이 됩니다. 그러므로 작도하는 방법은 다음과 같습니다.

(1) $\overline{OP}$의 중점 M을 작도합니다.
(2) M을 중심으로 하고 $\overline{OM}$이나 $\overline{MP}$를 반지름으로 하는 원 M을 그립니다.

(3) 원 M이 원 O와 만나는 교점을 각각 J, K라고 하고 $\overline{JP}$와 $\overline{KP}$를 그립니다. $\overline{JP}$와 $\overline{KP}$는 원 O의 바깥에 있는 한 점 P에서 원 O에 접하는 접선입니다.

[작도 Ⅲ-5] 주어진 두 원에 바깥에서 접하는 직선

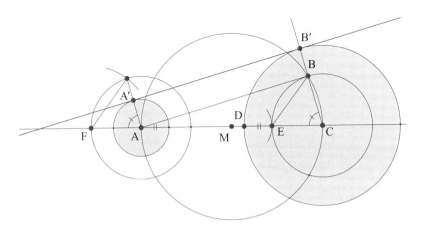

원 A와 원 C가 있을 때, 이 두 원에 바깥쪽에 공통으로 접하는 직선은 [정리 Ⅲ-2]와 [정리 Ⅲ-3]에 의해 접선과 지름이 모두 직각을 이룹니다. 또한 원의 지름에 대한 원주각은 90°입니다. 이 두 정리를 사용하면 주어진 원의 바깥쪽에서 공통으로 접하는 접선을 작도할 수 있습니다.

(1) 두 원의 중심을 지나는 직선 AC를 긋습니다.
(2) 둘 중에서 반지름이 큰 원을 원 C라고 하면, 직선 AC와 원 C의 교점 D에서 원 A의 반지름을 뺀 점 E를 지나고 C를 중심으로 하는 원을 그립니다.
(3) 점 A와 점 C의 중점 M을 작도합니다.

(4) M을 중심으로 하고 반지름이 MA 또는 MC인 원 M을 그립니다.

(5) 원 M과 (2)에서 그린 원 C의 교점 B를 구합니다.

(6) 반직선 CB를 그려서, 이 반직선이 큰 원 C와 만나는 점을 B′이라고 합시다.

(7) 점 A를 꼭지점으로 하여, ∠ECB(또는 ∠DCB′)와 크기가 같은 각을 작도합니다.(작도 방법은 1장에서 소개한 동위각 작도하는 방법을 참고하세요.) 이 각을 이루는 선분과 원 A의 교점을 A′이라고 합시다.

(8) 점 A′과 B′을 지나는 직선을 긋습니다. 이 직선 A′B′이 두 원을 바깥쪽에서 외접하는 직선입니다.

이 작도에서는 $\angle AA'B' = \angle BB'A = 90°$이고 $\overline{AA'} = \overline{BB'}$이므로 사각형 AA′B′B가 직사각형이라는 사실과 △ABC에서 M을 중심으로 하고 $\overline{AC}$를 지름으로 하는 원을 그리면 $\angle ABC = 90°$가 됨을 이용하였습니다. 또한 $\overline{CB'} /\!/ \overline{AA'}$이므로 $\angle FAA' = \angle ECB'$(동위각)임을 이용하였습니다.

[작도 Ⅲ-6] 주어진 두 원의 안쪽에서 접하는 직선

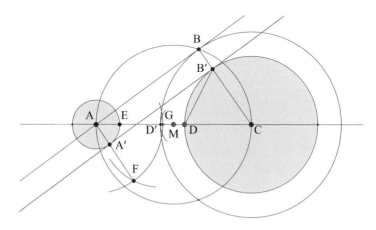

[작도 Ⅲ-5]와 비슷한 방법으로 두 원의 안쪽으로 접하는 직선을 작도할 수 있습니다. 이번에는 동위각 대신에 엇각이 같음을 이용합니다.

(1) 원 A와 원 C가 주어졌을 때, 그 중심 A와 C를 지나는 직선을 긋습니다.
(2) 컴퍼스로 $\overline{AE}$의 길이를 재서, 점 D를 중심으로 하고 반지름이 $\overline{AE}$인 원을 그려서 그것이 직선 AC와 만나는 점 D′을 작도합니다.
(3) 점 C를 중심으로 하고 $\overline{CD'}$을 반지름으로 하는 원을 작도합니다.
(4) 점 A와 C의 중점 M을 구해서 M을 중심으로 하고 $\overline{MA}$ 또는 $\overline{MC}$를 반지름으로 하는 원 M을 그립니다. 원 M과 (3)에서 작도한 원의 교점 B를 구합니다.
(5) 점 B와 점 C를 이어서, 그 직선이 원 C와 만나는 점을 B′이라고 합시다.
(6) ∠D′CB와 ∠GAF가 엇각이 되도록 작도합니다.(엇각의 작도 방법은 1장을 다시 보세요. 점 A를 중심으로 반지름이 $\overline{AG}$ 또는 $\overline{CD}$인 원을 그려서 그 원이 $\overline{AC}$와 만나는 점을 G라고 합시다. 점 G를 중심으로 반지름이 $\overline{B'D}$인 원을 그립니다. 이 두 원이 만나는 한 교점 F를 구합니다. 반직선 $\overline{AF}$를 긋습니다.)
(7) $\overline{AF}$가 원 A와 만나는 점을 A′이라고 하면, A′과 B′을 지나는 직선이 바로 두 원의 안쪽에서 접하는 직선입니다.

이 작도에서는 ∠AA′B′=∠CB′A′=90°이고 △ACB에서 $\overline{AC}$를 지름으로 하는 원 M을 그리면, 그 원 M에서 $\overline{AC}$에 대한 원주각 ∠ABC=90°가 됨을 이용하였습니다. 또한 $\overline{AA'}=\overline{BB'}$이고 ∠AA′B′=∠CB′A′=90°이면, 사각형 AA′B′B가 직사각형임을 이용하였습니다.

원의 원멱 정리

원멱 정리는 두 직선이 하나의 원과 만나고 또한 서로 만나는 경우, 선분의 길이 사이에 성립하는 관계식입니다. 영어로는 power of a point theorem이라고 하며, 중국에서는 원멱圓冪 정리라고 하고, 일본에서는 방멱方冪 정리라고 부릅니다. 우리나라 교과 과정에서는 충분하게 다루고 있지 않습니다. 중학교 수학 시간에 원에서 성립하는 원멱 정리를 배우는 것이 전부이고, 타원, 쌍곡선, 포물선에서 성립하는 원멱 정리는 배우지 않는 것 같습니다. 중학생들에게는 너무 어렵고 고등학교 교과 과정에서는 원뿔곡선을 해석기하학으로 다루느라 원멱 정리를 다룰 여유가 없는 것 같습니다. 그러나 원멱 정리는 원뿔곡선을 이해하는 데 빼놓을 수 없는 매우 중요한 정리입니다. 우선 중학교 때 배우는 원의 원멱 정리를 생각해봅시다. 다음 그림과 같이 직선 AD와 BC의 교점 P가 원 O의 안에 있을 때와 바깥에 있을 때로 나누어 생각해볼 수 있습니다.

[정리 III-5] 원의 원멱 정리

(1) 두 직선의 교점이 원의 안에 있을 때

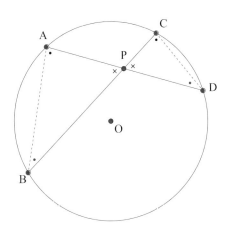

원 O의 현 AD와 BC가 교점 P에서 만날 때 그 교점 P가 원의 내부에 있으면 두 현의 선분들 사이에

$$\overline{PA} \cdot \overline{PD} = \overline{PC} \cdot \overline{PB}$$

가 성립한다.

증명

그림과 같이 보조선 AB와 CD를 그리고 △APB∽△CPD임을 보이면 된다.

△APB와 △CPD에서

∠ABP = ∠CDP(둘 다 호 AC에 대한 원주각이므로)이고

∠APB = ∠CPD(맞꼭지각이므로)이다.

그러므로 삼각형의 닮음 조건에 의해 △APB∽△CPD이다.

서로 닮은 삼각형은 변의 길이에 닮음비가 성립하므로

$$\overline{PA} : \overline{PB} = \overline{PC} : \overline{PD}$$

이고, 내항의 곱과 외항의 곱이 같으므로

$$\overline{\text{PA}} \cdot \overline{\text{PD}} = \overline{\text{PC}} \cdot \overline{\text{PB}}$$

이다.　　　　　　　　　　　　　　　　　　　　　　　　■

---

(2) 두 직선의 교점이 원의 바깥에 있을 때

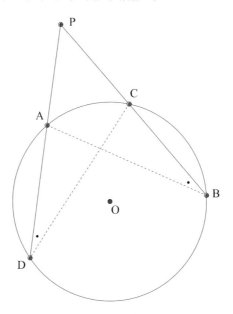

원 O의 현 AD와 현 BC를 연장한 직선이 점 P에서 만나는데, 그 교점 P가 원의 외부에 있을 때 두 현의 선분들 사이에

$$\overline{\text{PA}} \cdot \overline{\text{PD}} = \overline{\text{PC}} \cdot \overline{\text{PB}}$$

가 성립한다.

증명

보조선 AB와 CD를 그리고, △APB∽△CPD임을 보이면 된다.

△APB와 △CPD에서 ∠ABP = ∠PDC(둘 다 호 AC에 대한 원주각이므

로)이고 ∠P는 공통각이다.

그러므로 삼각형의 닮음 조건에 의해 △APB∽△CPD이다.

서로 닮은 삼각형은 변의 길이에 닮음비가 성립하므로

$$\overline{PA} : \overline{PB} = \overline{PC} : \overline{PD}$$

이고, 내항의 곱과 외항의 곱이 같으므로

$$\overline{PA} \cdot \overline{PD} = \overline{PC} \cdot \overline{PB}$$

이다.   ■

이번에는 원과 선분이 만나는 점의 위치에 따라 특수한 경우의 원멱 정리를 살펴봅시다.

특수한 경우 1

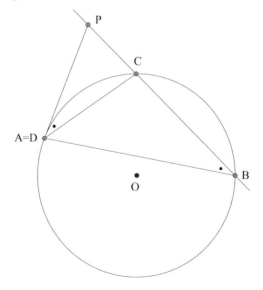

A=D인 경우, 즉 앞의 (2)에서, 선분 PAD가 원 O와 만나는 점이 하나 뿐인 경우는 선분 PD가 원의 접선일 때이다. 이것은 (2)에서 $\overline{PA} = \overline{PD}$ 인 경우이므로

$$\overline{PA}^2 = \overline{PC} \cdot \overline{PB}$$

이다. 이것을 앞에서 증명한 정리 (2)의 특수한 경우로 증명할 수도 있지만, 중학교 3학년 기하학 시간에 배우는 조금 더 익숙한 정리를 사용하여 △PAB∽△PCA임을 증명해도 된다. 그 익숙한 정리란 '원주상의 점 A를 지나는 접선 PA와 현 $\overline{AC}$의 끼인각 ∠PAC는, 현 $\overline{AC}$를 기준으로 같은 쪽에 있는 호 $\overset{\frown}{AC}$의 원주각 ∠ABC와 같다'라는 것이다.

특수한 경우 2

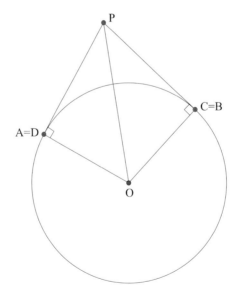

A=D이고 C=B인 경우, 즉 $\overline{PA}$와 $\overline{PB}$가 원의 바깥에 있는 한 점 P에서

원에 그린 두 접선인 경우이다. $\overline{PA} = \overline{PD}$이고 $\overline{PB} = \overline{PC}$이므로 $\overline{PA} \cdot \overline{PD} =$ $\overline{PC} \cdot \overline{PB}$의 관계식은

$$\overline{PA} = \overline{PB}$$

가 된다. 이것은 앞에서 이미 살펴본 [따름정리 III-2]나 [작도 III-4]이다. 접선 PA와 접선 PB가 반지름 OA와 반지름 OB와 각각 수직을 이룬다는 사실로부터 $\triangle PAO \equiv \triangle PBO$임을 증명해도 된다.

특수한 경우 3

앞에서 설명한 (특수한 경우 1)의 A = D라는 조건에 더하여 선분 PCB가 원의 중심 O를 지나는 경우

$$\overline{PA}^2 = \overline{PC} \cdot \overline{PB}$$

이다. 이 경우는 $\triangle APO$가 직각삼각형이므로 다음과 같이 피타고라스의 정리가 성립한다.

$$\overline{PA}^2 + \overline{OA}^2 = \overline{PO}^2$$

즉

$$\overline{PA}^2 = \overline{PO}^2 - \overline{OA}^2$$

인데, 인수분해하면

$$\overline{PA}^2 = \overline{PO}^2 - \overline{OA}^2 = (\overline{PO} - \overline{OA})(\overline{PO} + \overline{OA})$$

가 된다.

여기서 점 A, 점 B, 점 C가 모두 원점을 O로 하는 원 위에 있으므로 $\overline{OA} = \overline{OB} = \overline{OC}$이다. 따라서 $\overline{PA}^2 = (\overline{PO} - \overline{OC})(\overline{PO} + \overline{OB})$이다. 그런데 $\overline{PO} - \overline{OC} = \overline{PC}$이고 $\overline{PO} + \overline{OB} = \overline{PB}$이다.

결론적으로 $\overline{PA}^2 = \overline{PC} \cdot \overline{PB}$ 이다. ■

다음 장에서 살펴보겠지만 원멱 정리는 타원에서도 성립하는데, 여기서 설명한 몇 가지 특수한 경우들과 비슷한 점이 있으니 곰곰이 생각해보기 바랍니다.

제4장

◇

타원

타원의 정의

타원은 '두 점 F, F′에서 떨어진 거리의 합이 일정한 점들의 자취'라고 정의합니다. 고등학교 수학 시간에 타원을 배울 때는 해석기하학으로 타원의 방정식을 다음과 같이 유도합니다. 타원은 두 초점과의 거리의 합이 일정한 점들의 집합이므로, 어떤 점 P의 좌표를 (x, y)라고 하고 두 초점이 F$(-c, 0)$와 F′$(+c, 0)$이라고 할 때, $\overline{PF} + \overline{PF′} = 2a$를 만족하는 방정식이 타원의 방정식입니다. 피타고라스의 정리를 이용하면

$$\sqrt{(x-(-c))^2 + y^2} + \sqrt{(x-c)^2 + y^2} = 2a$$

$$\sqrt{(x+c)^2 + y^2} = 2a - \sqrt{(x-c)^2 + y^2}$$

양변을 제곱한 다음, 근호를 풀고 다시 제곱하여 정리하면

$$\frac{x^2}{a^2} + \frac{y^2}{a^2 - c^2} = 1$$

이 나옵니다. $b^2 = a^2 - c^2$으로 정의하면

(식 IV-1)
$$\frac{x^2}{a^2} + \frac{y^2}{b^2} = 1$$

이 됩니다. 아마 다들 익숙한 식일 것입니다.

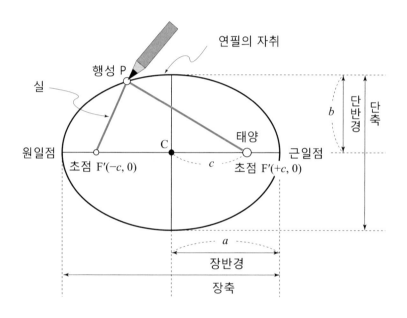

일정한 길이의 실을 두 초점에 고정하고 연필로 실을 팽팽하게 하면서 빙 둘러 곡선을 그리면 타원이 그려집니다. 원에서와 마찬가 지로 타원 위의 두 점을 연결한 선분을 현이라고 부릅니다. 타원의 두 초점을 지나는 현을 장축이라고 하고, 두 초점의 중점을 타원의 중심이라고 합니다. 타원의 중심에서 장축과 수직인 현을 단축이라 고 합니다. 연필이 장축의 한쪽 끝에 놓여 있을 때를 생각해보면,

실의 길이는 장축 길이임을 알 수 있습니다. 타원의 중심을 원점으로 하고, 장축을 x축, 단축을 y축으로 놓으면, 타원의 방정식은 (식 IV-1)이 됩니다. 타원의 x절편은 (식 IV-1)에 $y=0$을 대입했을 때 x값인데, $x=\pm a$이므로, 장축의 길이는 $2a$입니다. 마찬가지로 타원의 y절편은 $y=\pm b$이고, 단축의 길이는 $2b$입니다. 또한 연필이 단축의 한쪽 끄트머리에 있다고 생각하면 타원은 y축에 대해 대칭이므로 $\overline{FP}=\overline{F'P}=a$이고 $\overline{CP}=b$이며 $\angle FCP=90°$이므로, 피타고라스의 정리에 의해 $c^2=a^2-b^2$이 성립합니다.

타원의 반사 법칙

타원에서는 반사 법칙이 성립합니다. 다음 정리들을 통해 기하학으로 반사 법칙을 이해해봅시다.

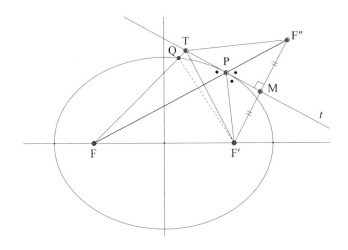

[정리 IV-1] 타원의 접선

초점이 F, F′인 타원 위의 한 점 P에서 접선 t를 그리고, 한 초점 F′을 그 직선 t에 대해 대칭이동한 점을 F″이라고 하면, 점 F, P, F″은 같은 직선 위에 있다.

증명

타원 위의 한 점 P에서 타원에 접하는 직선 t가 있고 이 접선 t 위에 한 점 T가 있다고 하자. 또한 직선 t에 대해 초점 F′과 대칭을 이루는 점 F″을 정한다. 직선 t에 대한 대칭이므로 $\overline{F'F''} \perp t$이고 $\overline{F'M} = \overline{MF''}$이다. 그러면 △TMF′과 △TMF″은 둘 다 직각삼각형이고, $\overline{TM}$은 공통이며, $\overline{F'M} = \overline{MF''}$이므로, 직각삼각형의 합동 조건에 따라 △F′MT ≡ △F″MT이다. 따라서 ∠F′TM = ∠F″TM이고 $\overline{TF'} = \overline{TF''}$이다.

그런데 $\overline{FT} + \overline{TF''}$의 길이가 가장 짧을 때는 점 T가 점 F와 점 F″을 잇는 직선 위에 있을 때이다.[2] 유클리드 기하학에는 두 점 사이를 잇는 선

중에서 길이가 가장 짧은 것이 직선이라는 공리가 있기 때문이다. 또한 $\overline{FT} + \overline{TF''} = \overline{FT} + \overline{TF'}$인데, 이 값이 최소가 되는 것은 타원의 정의에 따라 T = P일 때이다.

이것을 좀 더 엄밀하게 증명해보자. 타원 위의 한 점 Q로 선분 FT를 나눌 수 있으므로

$$\overline{FT} + \overline{TF''} = \overline{FT} + \overline{TF'} = \overline{FQ} + \overline{QT} + \overline{TF'}$$

이다. T ≠ P일 때는 △QTF′에서 삼각형 변 사이의 관계를 따져보면 $\overline{QT}$ $+ \overline{TF'} > \overline{QF'}$이어야 한다. 따라서

$$\overline{FT} + \overline{TF''} = \overline{FT} + \overline{TF'} = \overline{FQ} + \overline{QT} + \overline{TF'} > \overline{FQ} + \overline{QF'}$$

이다. 그런데 타원의 정의에 따라 $\overline{FQ} + \overline{QF'} = \overline{FP} + \overline{PF'} = 2a$로 일정한 값이다.(여기서 a는 타원의 장반경이다.) 그러므로 $\overline{FT} + \overline{TF''} > \overline{FQ} + \overline{QF'} = 2a$이다.

T = P일 때는 $\overline{FT} + \overline{TF''} = \overline{FT} + \overline{TF'} = \overline{FP} + \overline{PF'} = 2a$로 최솟값을 갖는다.

결론적으로 점 T는 직선 t 위에 있는 점 가운데 $\overline{FT} + \overline{TF'}$ 값을 최소로 하는 점 P와 일치하며, 점 P는 선분 FF″ 위에 있어야 한다. ■

---

2 유클리드 기하학에서는 '두 점을 연결하는 가장 짧은 경로가 직선'입니다. 이것은 증명할 수 없으나 참인 명제, 즉 공리라고 합니다. 이 뜻을 이해하는 것은 기하학에서 매우 중요합니다. 사실 유클리드가 『기하원론』에 직선을 이렇게 정의한 것은 아닙니다. 다음과 같은 공리들을 제시했을 뿐입니다. '선이란 폭이 없는 길이이다(정의 2), 직선이란 그 안의 점들이 나란히 놓여 있는 선이다(정의 4), 두 점을 잇는 하나의 직선을 그릴 수 있다(공준 1).' 그런데 만일 이러한 점과 선이 축구공의 표면에서 정의되어야 한다면 두 점 사이의 직선을 어떻게 정의할 수 있을까요? 유클리드 기하학의 공리들은 굽은 공간이 아니라 평평한 평면 공간 위에서 성립합니다. 그래서 유클리드 기하학을 평면기하학이라고도 합니다. 평면이 아닌 곡면에서 성립하는 기하학을 비非유클리드 기하학이라고 합니다. 이런 곡면에서 직선은 두 점 사이의 거리를 가장 짧게 하는 선으로 정의합니다. 유클리드 기하학에서는 두 점 사이의 거리를 가장 짧게 하는 선분은 직선이 됩니다.

[따름정리 Ⅳ-1] 타원의 반사 법칙, 즉 ∠F′PM = ∠FPT이 성립한다.

증명

[정리 Ⅳ-1]에서 △PF′M ≡ △PF″M이므로 ∠F′PM = ∠F″PM이다. 맞꼭지각이므로 ∠FPT = ∠F″PM이다. 그러므로 ∠FPT(입사각) = ∠F′PM(반사각)이다. ∎

거울의 안쪽 면이 타원이라고 할 때, 여기서 일어나는 빛의 반사는 점 P 근처에서 일어나는 매우 국부적인 현상입니다. 점 P에 아주 근접하면 타원은 직선이나 마찬가지입니다. 그래서 점 P에서 타원에 접하는 직선에 대해 '빛의 입사각이 반사각과 같다'라는 반사법칙이 성립합니다. 또한 타원의 반사 법칙은 '빛은 최단 경로 또는 최소 시간 경로를 따라간다'라는 페르마의 원리를 기초에 두고 있습니다. 우리가 증명한 타원의 반사 법칙에 따르면, 타원의 한 초점 F에서 발사된 빛은 타원 위의 임의의 점 P에서 반사되어 나머지 초점 F′으로 갑니다. 그 타원을 장축을 축으로 한 바퀴 회전시키면 럭비공 모양의 회전타원체가 생깁니다. 그 회전타원체의 안쪽 벽을 거

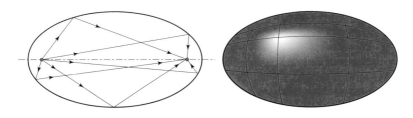

그림 Ⅳ-1. (좌) 타원의 한 초점에서 임의의 방향으로 발사된 빛은 타원에서 반사되어 다른 초점으로 모인다. (우) 타원을 x축으로 회전시켜서 만든 회전타원체. 이 회전타원체에서도 한 초점에서 임의의 방향으로 발사된 빛이 다른 초점에 모인다.

울로 만들었다고 합시다. 그러면 타원의 반사 법칙에 의해 이 럭비 공의 한 초점에서 빛을 쏘거나 소리를 부내면 그것이 모두 다른 초점으로 모이게 되겠지요?

이러한 기하학을 응용하여 병원에서는 충격파를 쏘아서 신장 결석이나 요로 결석 등을 제거합니다. 이를 체외 충격파 쇄석술이라고 합니다. 몸 안에 있는 결석을 한 초점에 위치시키고 타원의 다른 초점에서 충격파를 발생시키면, 충격파가 결석에 모여서 그 결석을 부숴버리는 것입니다.

〈그림 Ⅳ-2〉는 내가 중국 안후이성 허페이에 있는 과학관에서 본 장치인데, 아마 우리나라 과학관에도 있을지도 모르겠습니다. 아주 멀리 떨어져 있어도 말이 또렷하게 들리게 해주는 장치입니다. 엄밀하게는 접시의 단면을 타원으로 만들어야 하지만, 거리가 먼 경우라면 음파가 평행하다고 생각해도 될 테니, 접시의 단면을 포물선 모양으로 만들어도 될 것입니다.

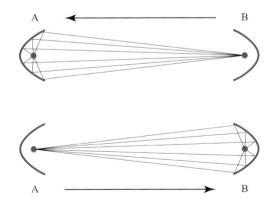

그림 Ⅳ-2. 타원체를 응용한 목소리 송수신 장치. 타원의 한 초점에서 발사된 빛이나 소리가 다른 초점에 모이는 타원의 반사 법칙을 응용한 것이다.

타원의 접선

[정리 Ⅳ-1]을 통해 타원 위의 한 점 P를 지나는 접선 *t* 가 △FPF′의 외각 ∠F′PF″을 이등분한다는 것을 알게 되었습니다. 또 초점에서 나온 빛이 점 P에서 반사되면, 다른 초점으로 간다는 타원의 반사 법칙도 배웠습니다. 이 정리를 이용하면 타원 위의 한 점 P를 지나는 접선을 자와 컴퍼스만으로 작도할 수 있습니다. 자, 한번 같이 해볼까요?

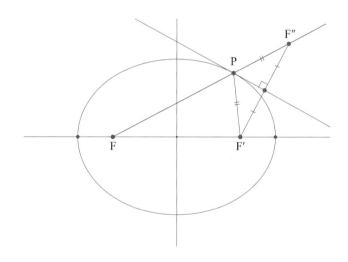

[작도 Ⅳ-1] 타원 위의 한 점에서의 접선 1

(1) 타원 위의 한 점 P와 두 초점 F, F′을 잇는 반직선 FP와 선분 PF′을 긋습니다.

(2) 반직선 FP 위에 점 P에서 $\overline{PF'}$ 길이만큼 떨어진 점 F″을 찍습니다.

(3) 선분 F'F″의 수직이등분선을 그리면 점 P에서 타원에 접하는 직선이
   됩니다.

[작도 Ⅳ-2] 타원 위의 한 점에서의 접선 2
(1) 타원 위의 한 점 P와 두 초점 F, F'을 잇는 반직선 FP와 선분 PF'을
   긋습니다.
(2) 반직선 FP 위에 $\overline{PF'}$ 길이만큼 떨어진 점 F″을 찍습니다.
(3) 두 직선이 이루는 각 ∠F'PF″, 즉 △FPF'의 외각을 이등분하는 직선
   을 작도하면 점 P에서 타원에 접하는 직선이 됩니다.(1장에서 배운
   각의 이등분선 작도법을 사용합니다.)

[작도 Ⅳ-3] 타원 위의 한 점에서의 접선 3
(1) 티원 위의 한 점 P와 두 초점들을 잇는 선분 PF와 PF'을 그립니다.
(2) ∠FPF'을 이등분하는 직선을 그립니다.
(3) 이 직선에 수직하며 점 P를 지나는 직선을 그립니다.
(4) (3)에서 그린 직선이 점 P에서 타원에 접하는 접선이고, (2)에서 그
   린 직선은 점 P에서 접선에 수직하는 직선입니다.

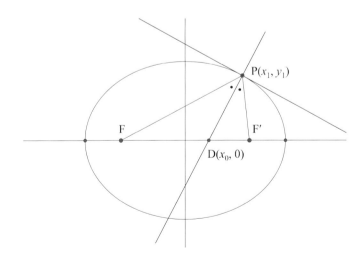

〈문제〉 어떻게 가능한지 생각해봅시다. 입사각과 반사각이 같다는 원리를 활용하세요.

　　[작도 IV-3]은 (식 IV-1)의 타원의 방정식을 활용하여 해석기하학으로 증명할 수 있습니다. 타원 위의 임의의 점 $P(x_1, y_1)$에서 접선의 기울기 m은 (식 IV-1)을 x에 대해 미분한 다음 (x_1, y_1)을 대입하여 구합니다.

$$\frac{2x}{a^2} + \frac{2y}{b^2}\frac{dy}{dx} = 0$$

즉

　　(식 IV-2)　　　$m = \left[\frac{dy}{dx}\right]_{(x_1, y_1)} = -\frac{b^2}{a^2}\frac{x_1}{y_1}$

입니다. 기울기가 m인 접선과 수직인 직선의 기울기 m'은 $mm' = -1$입니다. 기울기가 m'이고 점 $P(x_1, y_1)$을 지나는 직선을 구하고, 그 직선의 x절편을 구합니다. 그 점을 $D(x_0, 0)$이라 하면, $\triangle FPF'$에서 점 D가 삼각형에서 각의 이등분선과 관련된 [정리 I-1]을 만족함을 보이면 $\angle FPD = \angle F'PD$임이 증명됩니다. 증명의 완성은 독자 여러분 스스로 해보기 바랍니다.

　　[작도 IV-4] 타원의 바깥에 있는 한 점에서 타원에 접하는 접선
　　타원의 바깥에 있는 한 점에서 그 타원에 접하는 접선을 작도하는 방법을 이해하기 위해 먼저 다음 두 가지 정리를 살펴봅시다. 직사각형 ABCD가 있다고 합시다. 평행사변형 EFGH는 이 직

사각형에 내접하는데 그 변들이 직사각형의 대각선과 평행하다고
합시다.

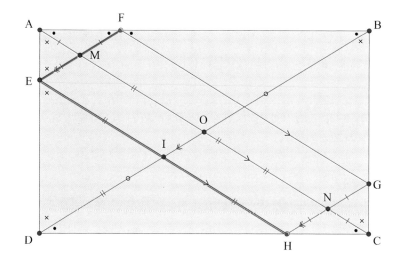

[정리 Ⅳ-2] 평행사변형 EFGH의 이웃한 두 변의 길이의 합은 직사각형
의 대각선의 길이와 같다.

증명

$\overline{FE} + \overline{EH} = \overline{AC}$ 임을 증명하면 된다.

(1) △ABD에서 $\overline{BO} = \overline{OD}$ 이고 $\overline{FE} /\!/ \overline{BD}$ 이므로 $\overline{MF} = \overline{ME}$ 이다. 또한
∠MAE = ∠MEA이므로 △AME는 $\overline{MA} = \overline{ME}$ 인 이등변삼각형이다.(즉,
점 M은 △AFE의 외심이다.)

(2) 한편 대칭에 의해 △AFE≡△CHG이므로 $\overline{NC} = \overline{NG} = \overline{NH} = \overline{MA}$ 이다.

(3) 또한 평행사변형 EFGH에서 $\overline{EH} = \overline{MN}$ 이다.

(1), (2), (3)에 의해 평행사변형 EFGH의 이웃한 두 변의 합은 $\overline{FE} + \overline{EH} =$

$(\overline{MF} + \overline{ME}) + \overline{MN} = (\overline{MA} + \overline{NC}) + \overline{MN} = \overline{AC}$ 이다.   ■

EFGH가 평행사변형이므로 $\overline{HG} + \overline{GF} = \overline{AC}$ 이고 $\overline{EF} + \overline{FG} = \overline{AC}$ 입니다. 또한 닮음비를 사용한 증명 방법도 있으니 독자 여러분이 다른 증명 방법도 찾아보기 바랍니다.

[정리 IV-3] 평행사변형 EFGH의 이웃한 두 변은 직사각형의 한 변을 같은 각으로 나눈다.

해설

앞의 그림에서 평행사변형 EFGH의 이웃한 두 변인 $\overline{FE}$와 $\overline{EH}$가 직사각형 ABCD의 한 변인 $\overline{AD}$를 점 E에서 나누는데, $\angle FEA = \angle HED$가 된다는 뜻입니다.

증명

△ADC에서 $\overline{OA} = \overline{OC}$ 이고 $\overline{EH} \parallel \overline{AC}$ 이므로, $\overline{IE} = \overline{IH}$ 이다. 또한 △EDH는 $\angle EDH = 90°$ 인 직각삼각형이므로 점 I는 △EDH의 외심이며 $\overline{IE} = \overline{ID} = \overline{IH}$ 이다. 따라서 △IED는 $\overline{IE} = \overline{ID}$ 인 이등변삼각형이고, $\angle IED = \angle IDE$ 이다. 또한 $\overline{BD} \parallel \overline{FE}$ 이므로 $\angle FEA = \angle BDA$(동위각)이다. $\angle BDA = \angle IDE$ 이고 $\angle IED = \angle HED$ 이다. 그러므로 $\angle FEA = \angle HED$ 이다.   ■

이 두 정리를 잘 생각해봅시다. 평행사변형 EFGH에서 점 F와 점 H를 타원의 두 초점으로 보면, [정리 IV-2]가 뜻하는 바는, 두 초점에서 타원 위의 한 점 G를 두고 합한 거리가 $\overline{AC}$가 된다는 것입니다. [정리 IV-3]은 타원의 반사 법칙, 즉 한 초점에서 나온 빛이 타원 위의 한 점에서 반사되면 다른 초점으로 가게 되는데 그 점에서의 접선에 내안 입사각과 반사각이 같음을 뜻합니다. 이렇게 보면 $\overline{AD}$는 접선이 되고, 접점은 E가 됩니다. $\overline{AC}$의 길이를 일정하게 고정하여 $\overline{AC}$를 지름으로 하는 원을 그리고, 점 A가 그 원 위를 움직이는 점이라고 하면, 점 E는 점 F와 점 H를 초점으로 하는 타원

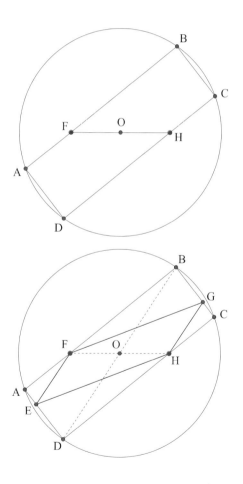

궤적을 그리게 됩니다. 이것을 조금 자세히 살펴봅시다.

선분 FH가 주어져 있다고 합시다. 점 O는 그 선분의 중점입니다. 점 O를 중심으로 하고 지름이 FH보다 큰 원 O를 그립시다. 그 원 위의 점 A를 생각해봅시다. 직선 AF가 원과 만나는 점을 B라고 합시다. 그러면 그림과 같이 원 O에 내접하는 직사각형 ABCD를 그릴 수 있습니다. 직사각형 ABCD의 한 대각선 BD와 평행하고 점 F와 점 H를 지나는 선분 FE와 HG를 그립니다. 선분 EH와 FG를 그립니다. 이 두 선분은 또 다른 대각선 AC와 평행합니다.

그러면 [정리 IV-2]에 의해

$$\overline{FE} + \overline{EH} = \overline{AC}\,(\text{또는 } \overline{BD}) = \text{원 O의 지름}$$

이 됩니다. 또한 [정리 IV-3]에 의해

$$\angle FEA = \angle HED$$

입니다.

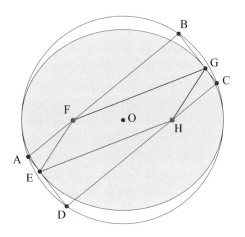

FH와 원 O가 고정되어 있고 점 A가 원 O 위를 움직인다고 하면 [정리 IV-1]과 [정리 IV-2]에 따라 점 E가 그리는 궤적은, 점 F와 점 H를 초점으로 하고 직선 FH를 연장한 직선이 장축이 되며 원 O에 내접하는 타원이 됩니다. 또한 직선 AD는 점 E에서 그 타원에 접하는 접선이 됩니다.

이제 타원의 외부에 있는 임의의 점 P에서 타원에 접하는 직선을 구해봅시다. 선분 AD를 연장한 직선 위에 있는 임의의 한 점 P를 생각해봅시다. △PAF에서 ∠PAF = $90°$ 이므로 $\overline{PF}$를 지름으로 하는 원을 그리면 그 원은 점 A를 지납니다. 원의 지름에 대한 원주각이 $90°$ 이기 때문입니다. 그러므로 타원의 밖에 있는 점 P에서 타원에 접하는 직선을 그리려면, $\overline{PF}$를 지름으로 하는 원과 타원에 외접하는 원을 그린 다음, 두 원이 만나는 교점을 구합니다. 그리고 점

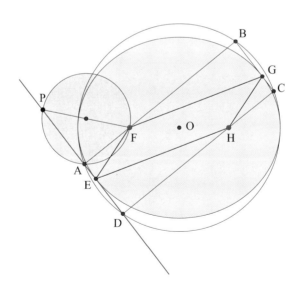

P와 그 두 교점을 관통하는 직선을 각각 그리면 그것이 타원의 밖에 있는 한 점에서 타원에 접하는 두 접선이 됩니다.

타원의 외부에서 타원에 두 접선을 그리는 작업은 이것으로 마쳤습니다. 그러나 타원이 곡선인 까닭에 접점이 어디인지 정확하게 찾아내기는 어렵습니다. 그래서 그 접점을 정확하게 작도해보는 법을 배워보겠습니다. 접점을 작도하기 위해, 먼저 아주 재미있는 성질을 하나 알아봅시다. 앞의 그림에서 $\angle FAP=90°$이고, 또한 $\angle EDH=\angle ADC=90°$입니다. $\overline{AC}$가 원 O의 지름인데, 지름에 대한 원주각이 $90°$이기 때문입니다. 그러므로 직선 AD에 대한 점 F와 점 H의 거울 대칭점을 쉽게 작도할 수 있습니다. 접선 AD를 기준으로 $\overline{FA}$의 거울 대칭점을 작도하려면, 먼저 점 A를 중심으로 하고 $\overline{FA}$를 반지름으로 하는 원을 그립니다. $\overline{FA}$의 연장선과 그 원의 두 교점 중 하나는 점 F이며 다른 하나는 점 F의 거울 대칭점인 점 F′입니다. 같은 방법으

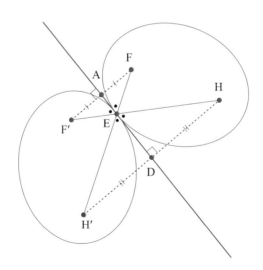

로 $\overline{HD} = \overline{H'D}$인 점 H'도 작도할 수 있습니다.

　이제 F'과 H'를 초점으로 하고 점 E를 지나는 타원을 그리면, 점 F와 점 H를 초점으로 하는 타원의 접선 AD에 대한 거울 이미지 타원이 작도됩니다. 타원에서 성립하는 반사의 법칙에 의해 ∠HED = ∠FEA = ∠H'ED = ∠F'EA입니다. $\overline{AD}$는 직선이므로 ∠HEF = 180° − 2∠HED입니다. 그런데 ∠FEA = ∠F'EA = ∠HED이므로 ∠H'EF' + ∠F'EA + ∠FEA = 180°가 됩니다. 즉 F, E, H'은 한 직선 위에 놓입니다. 마찬가지로 F', E, H도 모두 한 직선 위에 놓임을 증명할 수 있습니다. 따라서 접선에 대한 타원의 초점 H의 거울 대칭점 H'과 초점 F를 이은 선분 H'F가 접선 AD와 만나는 교점 E가 접점이 됩니다. $\overline{FH'}$과 $\overline{F'H}$의 교섭이 접점이기도 합니다. 이제 [직도 Ⅳ-4]를 그려보겠습니다.

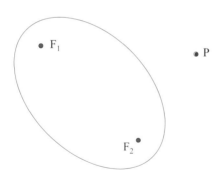

　지금까지 생각해본 사실을 바탕으로 타원의 바깥에 있는 한 점 P에서 타원에 접하는 접선 두 개를 작도해봅시다. 먼저 타원의 초점 F_1과 F_2를 찾습니다. F_1과 F_2의 중점을 작도합니다. 이 중점이 타원의 중심 O입니다. 타원의 장축과 타원이 만나는 점을 타원의 꼭지점 v_1과 v_2라고 합시다. 타원의 중심 O를 중심으로 하고 v_1과 v_2를 지나는, 즉 타원의 장축을 지름으로 하는 원 O를 작도합니다.

타원의 한 초점 F_1과 점 P를 잇는 선분을 지름으로 하는 원을 작도합니다.(점 F_1과 점 P의 중점 M을 작도하고, 그 중점 M을 중심으로 하고 선분 F_1P를 지름으로 하는 원 M을 작도합니다.) 원 O와 원 M의 두 교점 S_1과 S_2를 구합니다. 점 P와 S_1을 잇는 직선과 점 P와

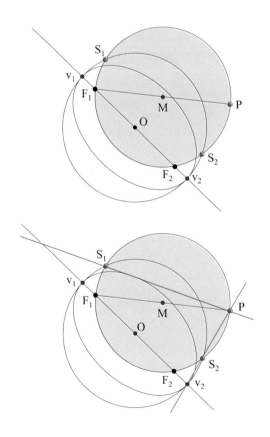

S_2를 잇는 직선을 그리면, 이것이 타원의 바깥에 있는 한 점 P에서 타원에 접하는 두 접선이 됩니다.

곡선에 직선이 접하는 경우에는 그 접점을 정확하게 찍기가 쉽지 않습니다. 두 접선의 접점을 정확하게 구해봅시다. 먼저 두 접선

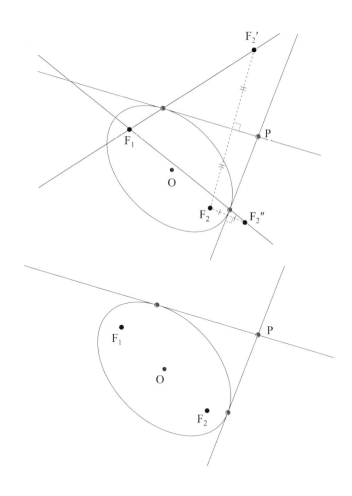

에 대한 초점 F_2의 거울 대칭점 F_2'과 F_2''을 작도합니다. 즉 접선과 수직을 이루고 접선까지의 거리가 같은 점을 작도합니다. 작도 과정을 자세히 설명하면 다음과 같습니다. 먼저 점 F_2를 지나고 각 접선에 수직인 직선을 그린 다음, 그 수직선과 접선의 교점을 찾고, 그 교점을 중심으로 하고 초점을 지나는 원을 그려서, 그 원과 수직선이 만나는 교점을 찾습니다. 그 교점이 초점 F_2의 거울 대칭점 F_2'과 F_2''입니다. 그리고 나서 직선 F_1F_2'과 F_1F_2''을 긋습니다. 이 두 직선과 두 접선(또는 타원)이 각각 만나는 점이 바로 우리가 구하려는 두 접점입니다. 두 접점과 점 P를 지나는 직선을 그리면, 어떤 타원의 바깥에 있는 한 점 P에서 타원에 그린 접선이 됩니다.

지금까지 유클리드 기하학에서 타원의 접선을 작도하는 방법을 생각해보았습니다. 이제 고등학교 수학 시간에 배우는 해석기하학에서는 이 문제를 어떻게 다루는지 알아봅시다. 그리 어렵지 않으니, 시간을 두고 차근차근 생각해보면 무척 재미있을 것입니다. 수학은 증명 과정을 한 줄 한 줄 적어보아야 재미있습니다. 유클리드가 말했다지요? "기하학에는 왕도가 없다." 자기가 직접 증명 과정을 써보는 수밖에! 증명을 한 줄씩 써보면서 그게 옳은지 자꾸 따져보는 자세가 꼭 필요합니다.

(문제) 중심이 원점 $(0, 0)$에 있고, 장반경이 a, 단반경이 b인 타원 위의 한 점 $P(x_1, y_1)$가 있을 때, 이 점에서의 접선의 방정식을 구해보세요.

타원의 방정식은 앞에서 (식 IV-1)과 같이

$$\frac{x^2}{a^2} + \frac{y^2}{b^2} = 1$$

입니다. 타원 위의 한 점 $P(x_1, y_1)$을 지나므로

(식 IV-3)
$$\frac{x_1^2}{a^2} + \frac{y_1^2}{b^2} = 1$$

을 만족합니다. 또한 점 $P(x_1, y_1)$에서의 접선은 (식 IV-2)에서 살펴보았듯이 미분을 이용해서 구합니다.

$$m = \left[\frac{dy}{dx}\right]_{(x_1, y_1)} = -\frac{b^2}{a^2}\frac{x_1}{y_1}$$

점 $P(x_1, y_1)$를 지나고 기울기가 m인 직선의 방정식은

(식 IV-4)
$$y = -\frac{b^2}{a^2}\frac{x_1}{y_1}(x - x_1) + y_1$$

가 됩니다. 양변에 $\dfrac{y_1}{b^2}$을 곱하고 (식 IV-3)을 대입하면

(식 IV-5)
$$\frac{x_1 x}{a^2} + \frac{y_1 y}{b^2} = 1$$

입니다. 타원의 방정식과 비교해보면 상당히 재미있는 형태이지요?

(문제) 포물선의 방정식이 $y^2 = 4px$로 주어질 때, 포물선 위의 점 $P(x_1, y_1)$에서의 접선의 방정식을 계산해보세요.[3]

---

3   $y_1 y = 2p(x + x_1)$

타원의 켤레지름

타원 위의 두 점을 이은 선분도 원과 마찬가지로 현弦이라고 부르고, 현과 마주하는 곡선은 호弧라고 부릅니다 동양에서는 이러한 도형을 활꼴이라고 하기 때문에 활을 나타내는 호와 시위를 나타내는 현으로 부른 것이지요. 서양에서는 각각 아크arc와 코드chord라고 부릅니다. 타원에 평행한 현을 여러 개 그릴 수 있는데, 각각 현의 중점을 이으면 그 중점들은 하나의 직선에 놓이게 되고, 그 직선은 타원의 중심을 지납니다. 그 직선을 지름이라고 하며, 이렇게 평행

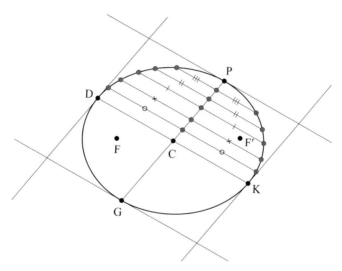

그림 Ⅳ-3. 타원의 지름과 켤레지름. 평행한 현들의 중점을 이은 선분 PG를 타원의 지름이라고 하고, 이러한 평행한 현들 중에서 타원의 중심을 지나는 선분 DK를 켤레지름이라고 한다. 현 PG를 타원의 지름으로 보면, 현 DK가 켤레지름이 된다.

하게 그린 현들 중에서 타원의 중심을 지나는 것을 이 지름의 켤레 지름이라고 합니다.

> [정리 IV-4] 타원의 평행한 현들의 중점은 타원의 중심을 지나는 하나의 직선 위에 놓인다.

해설

타원과 같은 원뿔곡선의 성질은 아폴로니우스의 『원뿔곡선』에 기하학적인 방법으로 자세하게 증명되어 있습니다. 이 책은 이해할 수 없지는 않지만 수준이 매우 높습니다. 그래서 우리는 다시 한번 데카르트의 해석기하학에 의존해보겠습니다. 역시 종이와 연필을 준비하고 직접 풀어보기 바랍니다.

증명

타원의 방정식은 (식 IV-1)과 같이 주어진다.

$$\frac{x^2}{a^2} + \frac{y^2}{b^2} = 1$$

직선이 서로 평행이라는 것은 해석기하학에서는 직선의 기울기 m이 일정하다는 뜻이다. 그러므로 평행한 현들은 다음과 같은 직선의 방정식을 만족해야 한다. 기울기가 m으로 일정하고 y절편인 k가 다른 값을 가지면 평행하는 서로 다른 현이 된다.

(식 IV-6) $y = mx + k$

이 두 방정식을 연립해서 풀면 2차 방정식이므로 한 개의 중근이나 두 개의 근이 존재하며, 이것이 현의 양 끝점의 좌표가 된다. 근의 방정식을 써서 근을 구하려면 복잡한데 우리가 필요한 값은 타원과 직선의 교점이 아니라, 그 교점을 이은 선분의 중점이다. 두 교점의 좌표를 각각

(x_1, y_1)과 (x_2, y_2)라고 하면, 우리가 구하고자 하는 것은 중점 (x_0, y_0) 이다. 중점은 두 점의 평균을 구하면 된다.

$$(x_0, y_0) = \left(\frac{x_1 + x_2}{2}, \frac{y_1 + y_2}{2} \right)$$

먼저 (식 Ⅳ-6)을 (식 Ⅳ-1)에 대입해서 y를 소거한다.

$$b^2x^2 + a^2(mx + k)^2 = a^2b^2$$

(식 Ⅳ-7) $(b^2 + m^2a^2)x^2 + 2ma^2kx + (a^2k^2 - a^2b^2) = 0$

이것은 x에 대한 2차 방정식이다. 2차 방정식이라는 이름은 이 방정식 의 미지수인 x의 가장 높은 차수가 x^2으로 2차라는 뜻이다. 2차 방정식 의 근을 구하는 문제는 고등학교 1학년 수학 시간에 근의 공식 및 근과 계수의 관계에서 배운다.

2차 방정식의 근과 계수의 관계

다음과 같은 2차 방정식이 있다고 합시다.

$$ax^2 + bx + c = 0$$

판별식 $D = b^2 - 4ac$를 확인해보니 $D \geq 0$이어서 이 2차 방정식은 실근을 갖습니다. 그 실근을 x_1과 x_2라고 하면, 주어진 2차 방정식은

$$a(x - x_1)(x - x_2) = 0$$

으로 인수분해가 됩니다. 이 식의 x에 x_1이나 x_2를 대입하면 이 방정식 이 만족함을 알 수 있습니다. 괄호를 풀면

$$a\{x^2 - (x_1 + x_2)x + x_1x_2\} = ax^2 - a(x_1 + x_2)x + ax_1x_2 = 0$$

두 식의 계수를 비교하면

$$x_1 + x_2 = -\frac{b}{a}$$

$$x_1 x_2 = \frac{c}{a}$$

입니다. 이것이 2차 방정식의 두 근과 계수의 관계입니다. 그냥 단순히 외우지 마세요.

(식 Ⅳ-7)의 두 근을 x_1과 x_2라고 하면, 근과 계수의 관계에서 두 근의 합은

(식 Ⅳ-8)
$$x_1 + x_2 = -\frac{2ma^2 k}{b^2 + m^2 a^2}$$

이다. 또한 (식 Ⅳ-6)을 x에 대해 푼 다음 (식 Ⅳ-1)에 대입하면, 다음과 같이 y에 대한 2차 방정식이 된다.

(식 Ⅳ-9)
$$(b^2 + m^2 a^2) y^2 - 2b^2 ky + (b^2 k^2 - a^2 b^2 m^2) = 0$$

마찬가지로 두 근의 합은

$$y_1 + y_2 = \frac{2b^2 k}{b^2 + m^2 a^2}$$

이다. 그러므로 기울기가 m인 현의 중점의 좌표는

$$(x_0,\, y_0) = \left(-\frac{2ma^2 k}{2(b^2 + m^2 a^2)},\ \frac{2b^2 k}{2(b^2 + m^2 a^2)} \right)$$
$$= k\left(-\frac{ma^2}{b^2 + m^2 a^2},\ \frac{b^2}{b^2 + m^2 a^2} \right)$$

가 된다. 여기서 편의상 변수 (x, y)를 $(x_0,\, y_0)$로 나타내기로 한다. 이 방정식은 k를 매개변수로 하는 직선의 벡터방정식이다. 이 직선의 기울기는

$$\frac{dy}{dx} = \frac{\dfrac{dy}{dk}}{\dfrac{dx}{dk}} = \frac{\dfrac{b^2}{b^2+m^2a^2}}{-\dfrac{ma^2}{b^2+m^2a^2}} = -\frac{b^2}{ma^2}$$

이고, $k=0$일 때 $(x, y)=(0, 0)$ 즉 원점을 지난다. 그러므로 이 직선의 방정식은

(식 Ⅳ-10)
$$y = \frac{dy}{dx}x = -\frac{b^2}{ma^2}x$$

가 된다. 여기서 주목할 점은 이 직선이 k에 무관하고 기울기 m에만 관련이 있다는 사실이다. 결론적으로 타원에 평행한 현들의 그 중점들은 타원의 중심을 지나는 하나의 직선을 이룬다. ■

이와 같이 타원에서 서로 평행인 현들의 중점을 이은 직선을 '현의 지름'이라고 부릅니다. 현의 지름의 기울기를 l'이라고 하고 현들의 기울기를 l이라고 하면 (식 Ⅳ-6)과 (식 Ⅳ-10)에 의해

$$l \times l' = -\frac{b^2}{a^2}$$

입니다. 타원의 특수한 경우인 원에서는 $a=b$이므로, 두 기울기의 곱은 $l \times l' = -1$이 됩니다. 기울기의 곱이 -1이라는 것은 두 직선이 서로 수직하는 것을 뜻합니다. 원에서는 지름과 켤레지름이 수직을 이룹니다. 그러나 일반적으로는 타원에서 지름과 켤레지름이 수직하지 않습니다.

(문제) 타원의 지름과 켤레지름이 수직한 경우는 어떤 경우인가요?[4]

생각을 조금 더 발전시켜봅시다. 평행한 현을 타원의 가장자리로 점점 다가가게 해봅시다. 그렇더라도 기울기가 평행을 유지한다면 여전히 현의 중점은 (식 IV-10)으로 주어지는 하나의 지름 위에 놓입니다. 평행한 현이 타원에 무한히 다가가면, 현의 두 끝점은 한 점에서 만나게 될 것입니다. 〈그림 IV-3〉에서 점 P와 점 G가 그런 점입니다. 점 P와 점 G에서 그려지는 평행한 현은 접선이 될 것입니다. 또한 현의 지름인 $\overline{PG}$와 평행한 현들도 그릴 수 있는데, 그 현들 중에는 타원과 접접 D와 K에서 접하는 것도 있습니다. 이것을 해석기하학으로 증명해봅시다.

증명

지름의 방정식인 (식 IV-10)과 타원의 방정식인 (식 IV-1)을 연립해서 풀면, 그 해는 〈그림 IV-3〉의 점 P와 G의 좌표가 될 것이다. 여러분이 직접 계산해보기를 바라고, 여기서는 답만 적겠다. 점 P와 G의 좌표는

$$x = \pm \frac{ma^2}{\sqrt{m^2 a^2 + b^2}}$$

$$y = \mp \frac{b^2}{\sqrt{m^2 a^2 + b^2}}$$

이다. 이 점에서 타원에 접하는 접선의 기울기를 구해보자. 타원 위의 한 점에서 접선의 기울기는 (식 IV-2)로 주어진다. 여기에 점 P와 G의 좌표를 대입하면

---

4   장축과 단축이 지름과 켤레지름인 경우에 수직입니다.

$$\frac{dy}{dx} = -\frac{b^2}{a^2} \frac{\left(\pm \dfrac{ma^2}{\sqrt{m^2a^2+b^2}} \right)}{\left(\mp \dfrac{b^2}{\sqrt{m^2a^2+b^2}} \right)} = m \,(복호동순)$$

가 된다.　　　　　　　　　　　　　　　　　　　■

　지름의 방정식은 (식 Ⅳ-10)입니다. 또한 켤레지름은 이 지름을 정의한 현들 중에서 타원의 중심을 지나는 것이므로 그 방정식은

(식 Ⅳ-11)　　　　　　　　　　$y = mx$

가 됩니다. 이 직선과 타원이 만나는 두 점을 이은 선분을 켤레지름이라고 한다고 정의했습니다. 〈그림 Ⅳ-3〉에서 선분 DK가 바로 켤레지름이지요.

　여기서 증명 문제를 하나 내겠습니다. 〈그림 Ⅳ-3〉에서 보듯이 '켤레지름의 두 끝점인 점 D와 K에서 타원에 접하는 접선의 기울기는 타원의 지름의 기울기와 같다'라는 명제를 한번 증명해보기 바랍니다. 힌트를 드리자면 (식 Ⅳ-1)과 (식 Ⅳ-11)을 연립하여 점 D와 점 K의 좌표를 구한 다음, 그 좌푯값을 타원 위의 한 점에서 접하는 직선의 기울기인 (식 Ⅳ-2)에 대입해서 접선의 기울기를 구합니다. 그렇게 해서 구한 기울기가 (식 Ⅳ-10)으로 나타낸 타원의 지름이 갖는 기울기와 같음을 보이면 됩니다.

　지금까지 증명한 타원의 성질을 종합하면 타원의 지름과 켤레지름에 대해 다음과 같이 요약할 수 있습니다. 먼저 점 P를 지나는

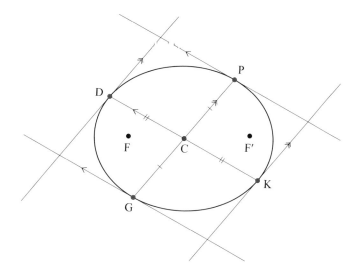

접선을 작도합니다. 그 다음으로 $\overline{PC}$를 연장하여 타원과 만나는 점
인 G를 구합니다. 앞에서 작도한 접선과 평행하고 점 G를 지나는
직선을 작도합니다. 이 직선은 점 G에서 타원에 접하는 접선과 일
치하므로 점 G에서 접선을 작도해도 됩니다. 또한 이 두 접선 중에
서 하나를 택해 그것과 평행하고 점 C를 지나는 직선을 긋습니다.
그 직선과 타원의 교점은 점 D와 K가 됩니다. 선분 DK가 선분 PG
의 켤레지름이 됩니다. 이제 점 D와 K에서 타원에 접하는 직선을
작도하거나 또는 $\overline{PG}$와 나란하고 점 D나 점 K를 지나는 직선을 작
도합니다.

　타원의 지름이란 타원의 중심을 지나는 현을 말합니다. 타원의
지름은 타원의 중심에 의해 이등분됩니다. 또한 켤레지름도 타원의
중심에 의해 이등분됩니다. 즉 지름과 켤레지름의 교점은 서로를 이
등분합니다.

타원의 수직지름

타원에서 장축에 수직인 현을 겹세로축double ordinate이라고 부릅니다. 그 절반은 세로축ordinate이라고 합니다. 세로축은 중국에서는 종좌표 또는 종선縱線이라고 합니다. 겹세로축 중에서 타원의 초점을 지나는 것을 수직지름이라고 합니다. 라틴어로는 라투스 렉툼latus rectum이라고 하며 한자로는 통경通徑이라고 합니다.

그림에서 한 초점 F′을 지나며 장축에 수직인 현 PP′이 수직지름입니다. 수직반지름을 y라고 놓고, $\overline{FP} = x$라고 놓습니다. 이 타원의 장반경을 a, 단반경을 b라고 하고 타원의 중심에서 초점까지의 거리를 c라고 하면 $c^2 = a^2 - b^2$이 됩니다. 타원의 정의에 의해

$$x + y = 2a$$

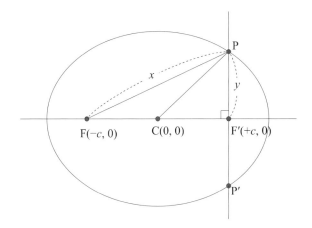

가 되고, △FPF′이 직각삼각형이므로 피타고라스의 정리에 의해

$$\overline{FF'}^2 + \overline{PF'}^2 = \overline{PF}^2$$

즉

$$(2c)^2 + y^2 = x^2$$

입니다. 이 두 식을 연립하면 $y = \dfrac{b^2}{a}$, 즉 수직반지름 y는 $\dfrac{b^2}{a}$ 입니다. 그러므로 타원의 수직지름 L은

(식 Ⅳ-12)
$$L = \frac{2b^2}{a}$$

입니다.

타원의 중심과 초점 찾기

어떤 타원이 덩그마니 주어졌다고 합시다. 그 타원의 중심, 장축과 단축, 초점의 위치 등을 찾으려면 어떻게 해야 할까요? 물론 눈금이 없는 자와 컴퍼스만 가지고 작도해서 알아내야 합니다. 지금까지 우리가 연구한 작도 방법과 타원의 성질을 잘 이용하면 해낼수 있습니다.

먼저 타원의 중심을 찾아봅시다.

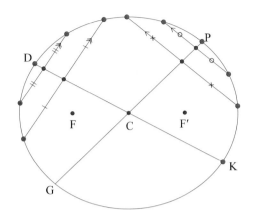

(1) 서로 평행인 한 쌍의 현을 작도합니다. 현의 중점을 작도합니다. 두 중점을 잇는 직선을 그립니다. 이 과정을 또 다른 한 쌍의 현에 대해 반복합니다. 이렇게 작도된 두 직선의 교점이 타원의 중심 C입니다. 중심을 구했습니다.

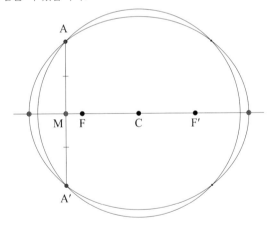

(2) 점 C를 중심으로 하고 그 지름이 장축보다는 짧고 단축보다는 긴 원을 그립니다. 그 원과 타원의 교점 중에서 한쪽 장축 방향에 있는 한 쌍의 교점을 A, A′이라고 합시다. 선분 AA′의 수직이등분선을 그리

면, 그것이 타원의 장축입니다. 또는 선분 AA′의 중점 M을 작도하고, 그 점 M과 타원의 중심 C를 관통하는 직선을 그어도 됩니다. 그 직선과 타원의 두 교점을 잇는 선분이 타원의 장축입니다. 장축을 구했습니다.

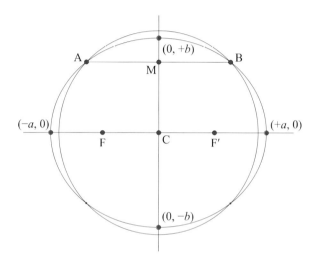

(3) 원과 타원의 교점들 중에서 한쪽 단축 방향에 있는 한 쌍의 교점 A, B에 대해서 (2)의 과정과 동일하게 축을 그으면, 그것이 단축입니다. 단축을 구했습니다. (식 Ⅳ-1)에서 정의한 것처럼 장축 끝점의 좌표는 $(-a, 0)$과 $(+a, 0)$이고, 단축 끝점의 좌표는 $(0, -b)$와 $(0, +b)$임을 알 수 있습니다.

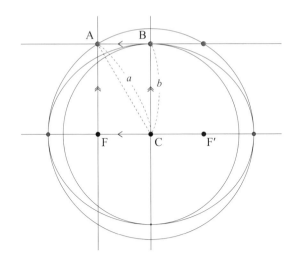

(4) 타원의 두 초점은 장축 위 어딘가에 있을 것입니다. 그 초점의 위치를 작도하는 방법은 여러 가지이지만, 여기서 두 가지 방법으로 작도해보겠습니다. 우선 첫 번째 방법은 다음과 같습니다. 타원의 중심 C를 중심으로 하고 타원의 장반경 a를 반지름으로 하는 원을 그립니다. 점 B를 지나고 장축에 평행한 직선을 그립니다. 이 원과 직선의 교점 A에서 타원의 장축에 수선의 발을 내리면, 그 점이 바로 타원의 초점입니다. 자세히 설명해보겠습니다. $\angle\text{CBA}=90°$이므로 피타고라스의 정리에 의해 $\overline{\text{CB}}^2+\overline{\text{AB}}^2=\overline{\text{CA}}^2$이고 $\text{CB}=b$, $\text{CA}=a$이므로 $\overline{\text{AB}}^2=a^2-b^2=c^2$입니다. $\overline{\text{AB}}\;/\!/\;\overline{\text{FC}}$, $\overline{\text{BC}}\;/\!/\;\overline{\text{AF}}$이므로 $\overline{\text{AB}}=\overline{\text{FC}}$입니다. 따라서 $\overline{\text{CF}}^2=a^2-b^2=c^2$이며 $\overline{\text{CF}}=c$이므로 점 F는 타원의 초점입니다. F′도 마찬가지로 작도할 수 있습니다.

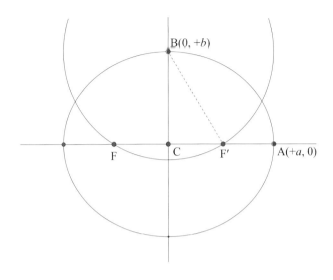

(5) 두 번째 방법은 더 간단합니다. 위의 그림과 같이 장반경 CA의 길이를 컴퍼스로 잰 다음, 그 길이를 반지름으로 하고 단축의 한 끝점 B를 중심으로 하는 원을 그립니다. 그 원이 장축과 만나는 두 교점이 타원의 초점입니다. 그림에서 삼각형 CBF'은 직각삼각형입니다. 타원의 정의에 의해 $\overline{F'B} + \overline{FB} = 2\overline{CA}$인데, $\overline{F'B} = \overline{FB}$이므로 $\overline{F'B} = \overline{CA}$ $= a$가 됩니다. $\overline{CB} = b$이므로, 피타고라스의 정리에 따라 $\overline{CF'}^2 +$ $\overline{CB}^2 = \overline{CF'}^2 + b^2 = \overline{BF'}^2 = \overline{CA}^2 = a^2$, 즉 $\overline{CF'}^2 = a^2 - b^2 = c^2$입니다. 따라서 F'이 바로 타원의 초점임을 알 수 있습니다. 이렇게 하여 초점까지 작도해보았습니다.

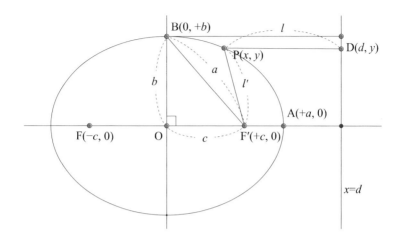

(6) 포물선에 준선이 있듯이 타원에도 준선이 있습니다. 점 P에서 준선까지의 수직거리를 l이라고 하고 점 P에서 초점 F′까지의 거리를 l'이라고 하면, 두 거리의 비 r을 $r=\dfrac{l'}{l}$로 정의할 때, $r=1$인 경우는 포물선, $r<1$인 경우는 타원, $r>1$인 경우는 쌍곡선입니다. 타원의 경우를 생각해봅시다. 장반경이 a, 단반경이 b, 초점 거리가 c인 타원의 경우, 준선은 $x=\pm\dfrac{a^2}{c}$입니다. 위의 그림에서 타원의 한 초점 F′($+c$, 0)과 타원 위의 한 점 P(x, y)에 대하여 준선 $x=d$가 있다고 합시다. 점 P에서 타원의 장축과 나란한 직선을 그릴 때 그 직선이 준선과 만나는 점을 D라고 하면, 선분 F′P와 선분 PD의 길이가 일정한 비 r을 이룬다고 합시다. 그러면

$$r=\frac{\overline{\mathrm{F'P}}}{\overline{\mathrm{PD}}}=\frac{\sqrt{(x-c)^2+y^2}}{d-x}$$

가 되는데, 이 비율은 P가 A($+a$, 0)일 때와 B(0, $+b$)일 때에도 성립하고, 피타고라스의 정리에 의해 $b^2=a^2-c^2$의 관계가 있으므로, 이 식들을 연립해서 풀면 $d=\dfrac{a^2}{c}$이 됩니다. 즉 $x=\dfrac{a^2}{d}$을 이 타원의

준선이라고 합니다. 또한 이 타원의 또 다른 초점 F($-c$, 0)에 대해서도 마찬가지 과정을 통해 준선이 $r = -\dfrac{a^2}{d}$임을 알 수 있습니다. 타원의 준선도 작도할 수 있는데, 여기서는 생략하겠습니다. 준선을 영어로는 다이렉트릭스directrix라고 하니 다른 책이나 인터넷을 찾아서 참고하시기 바랍니다.

타원의 원멱 정리

타원에서 성립하는 원멱 정리는 원뿔곡선을 이해하는 데 매우 중요한 정리입니다. 타원의 특수한 경우가 원입니다. 원은 장축과 단축이 같고 타원율이 0인 타원이라고 볼 수 있으니까요. 여기서는 타원에서 성립하는 원멱 정리를 알아보겠습니다. 앞에서 살펴보았던 원에서 성립하는 원멱 정리를 염두에 두고 어떻게 일반화되는지 살펴봅시다.

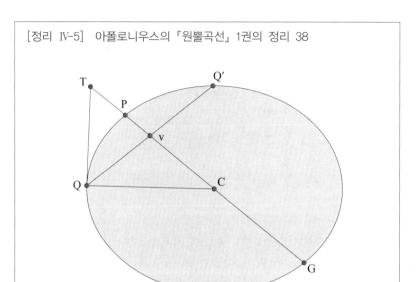

[정리 IV-5] 아폴로니우스의 『원뿔곡선』 1권의 정리 38

그림 IV-4. $\overline{PG}$가 타원의 지름이고 $\overline{QQ'}$이 점 P에서의 접선과 나란한 현이면, $\overline{QQ'}$은 $\overline{PG}$에 의해서 점 v에서 이등분된다. 점 Q에서의 접선이 $\overline{PG}$를 연장한 직선과 점 T에서 만나면 $\overline{CP}^2 = \overline{Cv} \cdot \overline{CT}$의 관계가 성립한다.

　　원뿔곡선에는 원, 타원, 포물선, 쌍곡선 등이 있지요? 지금부터 소개하려는 이야기는 타원으로 설명하지만 다른 원뿔곡선에서도 일반적으로 성립하는 정리입니다. 〈그림 IV-4〉와 같은 타원이 있다고 합시다. 선분 PCG와 같이 타원의 중심을 지나는 현을 지름이라고 합니다. 〈그림 IV-4〉에서 점 P를 지나면서 이 타원에 접하는 직선을 그려봅시다. 이 접선과 평행이면서 타원의 중심 C를 지나는 지름을 그릴 수 있습니다. 이것을 켤레지름이라고 하지요? $\overline{QQ'}$과 같이 타원 위의 두 점을 연결한 선분을 현이라고 부르는데, 이러한 현 중에서 지름 PG의 켤레지름과 평행인 현들은 지름 PG에 의해서 정확하게 반으로 나뉩니다.

타원의 특수한 경우인 원에서는 어떤가요? 원에서는 현의 수직이등분선을 그리면 원의 중심을 지나게 됩니다. 앞에서 살펴보았듯이 어떤 원의 중심을 찾으려면 서로 다른 두 현에 각각 수직이등분선을 작도하여 그 두 직선이 만나는 점을 찾으면 됩니다.

〈그림 IV-4〉에서 선분 TQ는 점 Q에서 타원에 접하는 직선입니다. 원에서는 이런 경우 $\overline{TQ} \perp \overline{CQ}$가 성립합니다. 즉 원 위의 한 점에서 접선을 그리면 그 접선은 그 점과 원의 중심을 잇는 지름과 수직을 이룹니다. 그러나 원이 아닌 타원에서는 성립하지 않습니다. 다만 타원 위의 네 점에서는 접선과 지름이 수직을 이룹니다. 어디어디일까요?[5]

아폴로니우스는 『원뿔곡선』 1권의 정리 38에서 〈그림 IV-4〉와 같은 타원의 경우

(식 IV-13) $$\overline{CP}^2 = \overline{Cv} \cdot \overline{CT}$$

가 성립함을 증명하였습니다. 굉장히 재미있는 관계식이지만 아폴로니우스의 증명 방식은 무척 길기 때문에 여기서는 다른 방법으로 증명해보겠습니다. 타원의 특수한 경우인 원에서 이 관계식이 성립함을 증명한 다음, 아핀 변환을 통해 타원에서도 이 관계식이 성립함을 보이겠습니다.

---

5 장축과 단축의 양끝 점입니다.

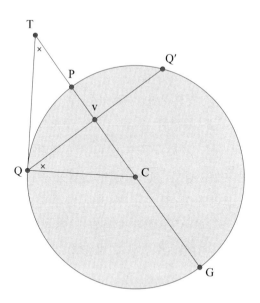

그림 Ⅳ-5. 〈그림 Ⅳ-4〉와 같으나 원인 경우이다. 이 경우에도 $\overline{CP}^2 = \overline{Cv} \cdot \overline{CT}$가 성립한다. 원의 경우 $\overline{PG}$에 의해 $\overline{QQ'}$은 수직이등분된다. ∠CQT는 직각이다.

원의 경우 증명

〈그림 Ⅳ-4〉와 마찬가지이지만 타원의 특수한 경우인 원을 그렸다. $\overline{TQ}$가 점 Q에서 원에 접하므로 ∠CQT$= 90°$이고, 따라서 △CQT는 직각삼각형이다. 또한 점 v에서 생긴 네 개의 각도 모두 수직이다. $\overline{QQ'}$은 점 P에서의 접선과 평행하게 그린 것으로 그 접선은 $\overline{PC}$와 수직이기 때문이다.

△CQv와 △CTQ에서 ∠CvQ = ∠CQT$= 90°$인 직각삼각형이고 ∠QCv가 공통각이므로 ∠CQv = ∠CTQ이다. 따라서 △CQv∽△CTQ이다. 닮은 삼각형 사이에 변의 길이 비가 일정하므로

$$\overline{CT} : \overline{CQ} = \overline{CQ} : \overline{Cv}$$

가 성립한다. 그런데 원의 정의에 따라 $\overline{\mathrm{CQ}} = \overline{\mathrm{CP}}$ 이다. 따라서

$$\overline{\mathrm{CT}} : \overline{\mathrm{CP}} = \overline{\mathrm{CP}} : \overline{\mathrm{Cv}}$$

의 비례식이 성립한다. 비례식에서 내항의 곱과 외항의 곱은 같으므로 (식 Ⅳ-13)이 성립한다.

아핀 변환의 적용

이제 여기에 아핀 변환을 적용해보자. 어떤 집합 A의 각 원소를 다른 집합 B의 원소에 대응시키는 규칙이 정해질 때, 이것을 집합 A에서 집합 B로의 사상mapping 또는 변환transformation이라고 한다. 즉 점을 다른 점으로 옮기거나, 도형을 다른 도형으로 옮기는 것이다. 그중에서도 아핀 변환이란 한 직선에 있는 모든 점을 다른 한 직선으로 보낼 때 그 점들 사이에 거리 비가 보존되는 것을 말한다. 도형을 오그라뜨리거나 부풀리거나 반사시키거나 점대칭시키거나 회전시키거나 살짝 비틀거나 평행이동시키는 것 등이 있다.

〈그림 Ⅳ-5〉를 x축으로 a배, y축으로 b배 늘인다고 해보자. 즉

(식 Ⅳ-14)
$$x \rightarrow ax, \quad y \rightarrow by$$

로 변환하는 것을 뜻한다. 이렇게 변형시켜도 평면도형은 도형의 원래 성질을 잃지 않는다. 즉 삼각형은 삼각형으로, 타원은 타원으로 변한다. 반지름이 1인 단위원에 (식 Ⅳ-14)의 아핀 변환을 적용하면 〈그림 Ⅳ-5〉가 〈그림 Ⅳ-4〉처럼 변하게 된다. 원에서 서로 직교하는 두 지름은 타원에서는 켤레지름이 된다. 또한 원에서는 원의 지름 PG가 $\overline{\mathrm{QQ'}}$을 수직으로 이등분하는데, 타원에서는 $\overline{\mathrm{QQ'}}$이 켤레지름에 의해 이등분되지만 서로 수직을 이루지는 않는다. $\overline{\mathrm{QQ'}}$은 지름 PG에 의해 이등분된다.

아핀 변환을 통해 x와 y를 각각 새로운 x'과 y'으로 바꾸고 $x' = ax$와 $y' = by$의 관계를 만족시키자. $x = \dfrac{x'}{a}$과 $y = \dfrac{y'}{b}$을 원래의 관계식에 대입하면 x'과 y' 사이의 관계를 나타내는 방정식을 얻게 된다. 이것을 직선의 식

$y = mx + n$에 대입하면 $y' = m\dfrac{b}{a}x' + nb$가 되어, 기울기는 달라지고 y절편 값도 달라지지만 직선의 식을 유지하는 것을 볼 수 있다. 그러므로 직선 상에 놓인 선분들의 확대비가 서로 같음을 알 수 있다. 이는 기본적으로 (식 Ⅳ-14)와 같은 아핀 변환이 x나 y에 대한 1차식으로 주어지는 선형 변환이기 때문이다. (식 Ⅳ-13)에 있는 $\overline{CP}$, $\overline{Cv}$, $\overline{CT}$도 모두 같은 직선 위에 놓인 선분이므로, 이들 사이의 길이의 변화율은 일정하다. 따라서 원에서 타원으로 아핀 변환을 하더라도 (식 Ⅳ-13)은 성립한다. ■

아폴로니우스는 『원뿔곡선』 1권에 나오는 정리 21에서 원멱 정리를 다루었습니다. [정리 Ⅳ-5]를 이용하여 원멱 정리의 관계식을 증명해봅시다.

[정리 Ⅳ-6] 원멱 정리 : 아폴로니우스의 『원뿔곡선』 1권의 정리 21

그림과 같이 $\overline{PG}$와 $\overline{DK}$가 켤레지름이고, $\overline{PG}$가 현 $\overline{QQ'}$과 $\overline{DK}$를 각각 점 v와 점 C에서 이등분하면

$$\frac{\overline{CP}^2}{\overline{CD}^2} = \frac{\overline{Pv} \cdot \overline{Gv}}{\overline{Qv}^2}$$

의 관계식이 성립한다.

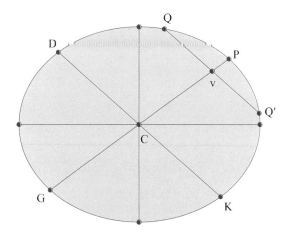

그림 Ⅳ-6. 타원의 중심을 지나는 어떤 지름 PG에 대하여, $\overline{DK}$는 켤레지름이다.
$\overline{QQ'} /\!/ \overline{DK}$이고 $\overline{PG}$에 의해 점 v와 점 C에서 각각 이등분된다.

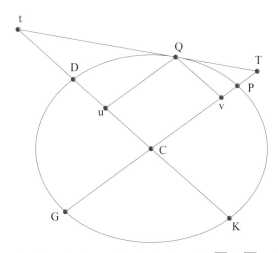

그림 Ⅳ-7. 〈그림 Ⅳ-6〉에 보조선을 몇 개 더 그렸다. $\overline{PG}$와 $\overline{DK}$는 켤레지름이
고, 점 Q를 지나는 접선과 $\overline{PG}$, $\overline{DK}$를 연장한 선이 만나는 점을 각각 T, t로 표시
하였다. 점 Q에서 두 켤레지름에 평행인 선분 Qu와 Qv를 그어 평행사변형
QuCv를 그렸다.

증명

〈그림 Ⅳ-7〉은 아폴로니우스의 『원뿔곡선』에 나와 있다. 이 정리에서 전제되는 조건은 두 가지이다. "선분 PG와 선분 DK는 서로 켤레지름이고, $\overline{Qv}$는 $\overline{PG}$의 켤레지름 $\overline{DK}$와 나란하다"라는 것이다. 즉 $\overline{Qv} /\!/ \overline{DK}$이다. 또 $\overline{PG}$와 나란하고 점 Q를 지나는 선분을 $\overline{Qu}$라고 하자. 즉 $\overline{Qu} /\!/ \overline{PG}$가 된다. $\overline{Qv} /\!/ \overline{DK}$이고 $\overline{Qu} /\!/ \overline{PG}$이므로 사각형 QuCv는 평행사변형이다. 그러므로 $\overline{Cu} = \overline{Qv}$이다.

점 Q에 그은 접선이 $\overline{PG}$의 연장선과 만나는 점을 T, $\overline{DK}$의 연장선과 만나는 점을 t라고 하자. 그러면 [정리 Ⅳ-5]에 의해

(식 Ⅳ-15)
$$\overline{CP}^2 = \overline{Cv} \cdot \overline{CT}$$

가 성립한다.(두 그림의 좌우가 바뀌었을 뿐이다.) 마찬가지로 켤레지름도 [정리 Ⅳ-5]에 의해

(식 Ⅳ-16)
$$\overline{CD}^2 = \overline{Cu} \cdot \overline{Ct} = \overline{Qv} \cdot \overline{Ct}$$

가 성립한다.

이제 (식 Ⅳ-15)를 (식 Ⅳ-16)으로 나누면

$$\frac{\overline{CP}^2}{\overline{CD}^2} = \frac{\overline{Cv} \cdot \overline{CT}}{\overline{Qv} \cdot \overline{Ct}}$$

이다. 그런데 △CtT와 △vQT를 보면, $\overline{Qv} /\!/ \overline{Ct}$이므로 ∠tCT = ∠QvT는 동위각으로 같고, ∠T는 공통이므로, △CtT∽△vQT이다. 따라서 두 삼각형의 변의 길이 사이에는

$$\frac{\overline{CT}}{\overline{Ct}} = \frac{\overline{vT}}{\overline{Qv}}$$

의 관계가 성립하므로 이것을 바로 위의 식에 대입하면

(식 IV-17)
$$\frac{\overline{CP}^2}{\overline{CD}^2} = \frac{\overline{Cv} \cdot \overline{CT}}{\overline{Qv} \cdot \overline{Ct}} = \frac{\overline{Cv} \cdot \overline{vT}}{\overline{Qv} \cdot \overline{Qv}} = \frac{\overline{Cv} \cdot \overline{vT}}{\overline{Qv}^2}$$

가 된다. 그런데 $\overline{vT} = \overline{CT} - \overline{Cv}$ 이므로

$$\overline{Cv} \cdot \overline{vT} = \overline{Cv} \cdot (\overline{CT} - \overline{Cv}) = \overline{Cv} \cdot \overline{CT} - \overline{Cv}^2$$

이고 (식 IV-15)에 의해

$$= \overline{CP}^2 - \overline{Cv}^2$$

이다. 이것을 인수분해하면

$$= (\overline{CP} - \overline{Cv})(\overline{CP} + \overline{Cv})$$

이다. 그런데 〈그림 IV-7〉에서

$$\overline{CP} - \overline{Cv} = \overline{Pv}$$

이고

$$\overline{CG} + \overline{Cv} = \overline{CP} + \overline{Cv} = \overline{Gv}$$

이므로

$$\overline{Cv} \cdot \overline{vT} = \overline{Pv} \cdot \overline{Gv}$$

가 되어 (식 IV-17)은

(식 IV-18)
$$\frac{\overline{CP}^2}{\overline{CD}^2} = \frac{\overline{Pv} \cdot \overline{Gv}}{\overline{Qv}^2}$$

가 된다. 즉 타원에서도 원멱 정리가 성립한다. ■

타원에 외접하는 평행사변형

타원에 외접하는 평행사변형의 넓이에 대해 성립하는 정리를 알아봅시다. 뉴턴의 『프린키피아』에는 "원뿔곡선에 관한 책을 보면 이것을 증명해 놓았다"라고만 적혀 있습니다. 이 정리는 아폴로니우스의 『원뿔곡선』에 나오는 정리 136입니다.

[정리 IV-7] 『프린키피아』 제1권 제2장 보조정리 12

타원에 외접하는 평행사변형의 넓이는 모두 같다.

주어진 타원에서 $\overline{PG}$와 $\overline{DK}$가 서로 켤레지름이라고 하자. $\overline{AC}$를 타원의 장반경, $\overline{BC}$를 타원의 단반경으로 정한다.(흔히 타원의 장반경을 a, 단반경을 b라고 정하므로, $\overline{AC}=a$, $\overline{BC}=b$이다.) 점 P에서 $\overline{DK}$에 내린 수선의 발을 F라고 하면(즉 $\angle PFK = \angle PFD = 90°$)

(식 IV-19) $\qquad \overline{CD} \cdot \overline{PF} = \overline{CA} \cdot \overline{CB} = \dfrac{1}{4}(4ab) = ab = 상수$

이다. 따라서 타원에 외접하는 평행사변형의 넓이는 모두 같다.

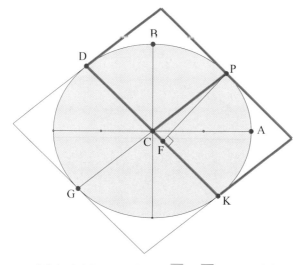

그림 IV-8. 타원에 외접하는 평행사변형. $\overline{PG}$와 $\overline{DK}$는 서로 켤레지름이다. 즉 $\overline{CD} = \overline{CK}$, $\overline{CP} = \overline{CG}$이다. 점 P에서 $\overline{DK}$에 내린 수선의 발을 F라고 하면, 붉은색으로 테두리를 한 두 평행사변형의 넓이는 같다. 이와 마찬가지로 네 개의 평행사변형은 넓이는 모두 같다. 따라서 $\overline{CD} \cdot \overline{PF} = \overline{CA} \cdot \overline{CB}$가 성립한다.

이 정리는 "타원의 지름과 켤레지름의 끝점에서 타원에 외접하는 모든 평행사변형의 넓이는 $4ab$로 일정하다"라는 것입니다. 아폴로니우스는 『원뿔곡선』에 이 정리를 기하학 방식으로 멋지게 증명했지만, 그 증명은 무척 길어서 여기에 소개하지는 않겠습니다. 뉴턴 시대에는 『원뿔곡선』이라는 기하학 책이 주요 과목이어서 그 당시 학자들에게는 이 책의 내용이 매우 익숙했다고 합니다. 여기서는 조금 다른 방식인 데카르트로부터 시작된 해석기하학 방법으로 증명해보겠습니다. 해석기하학에서는 x축과 y축으로 나타내는 좌표계에 도형들을 숫자나 변수로 나타내고 산술적인 관계를 고찰하여 기하학 문제를 풉니다.

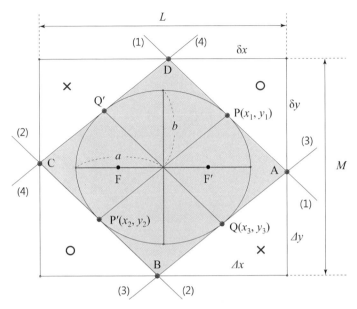

그림 IV-9. 타원에 외접하는 평행사변형의 넓이.

해설

타원에 외접하는 모든 평행사변형의 넓이가 $4ab$로 일정하다는 정리를
증명하기 위해서는 먼저 접선의 방정식을 구한 다음, 접선의 교점 A, B,
C, D를 구합니다. 교점 A, B, C, D로 그려지는 평행사변형의 넓이를 구
하려면, 평행사변형에 외접하는 직사각형의 넓이와 평행사변형 밖에 있
는 직각삼각형 네 개의 넓이를 구한 다음에 외접하는 직사각형의 넓이
에서 직각삼각형 네 개의 넓이를 빼면 됩니다. 차근차근 함께 증명해봅
시다.

증명

〈그림 IV-9〉와 같이 타원에 외접하는 평행사변형이 있다고 하자. 이 타
원의 중심이 원점에 있고, 장반경의 길이는 a, 단반경의 길이는 b라고

하자. 그러면 이 타원의 방정식은

(식 IV-1)
$$\frac{x^2}{a^2} + \frac{y^2}{b^2} = 1$$

이다.

① 접선의 방정식
평행사변형 ABCD의 접선(1)은 타원 위에 있는 임의의 점 P에서의 접선
이다. 점 P의 좌표를 $P(x_1, y_1)$이라고 하면, 점 P에서 타원에 접하는 접
선의 방정식은 앞에서 이미 보았듯이

$$\frac{x_1 x}{a^2} + \frac{y_1 y}{b^2} = 1$$

즉

(식 IV-20)
$$y = -\frac{b^2}{a^2}\frac{x_1}{y_1}x + \frac{b^2}{y_1}$$

이다.
〈그림 IV-9〉에서 점 P′을 지나는 접선 (2)를 구해보자. 먼저 지름 PP′이
원점을 지나고 $\overline{QQ'}$은 그 켤레지름이므로 점 P′을 지나는 접선의 기울
기는 점 P를 지나는 접선의 기울기와 같다. 또한 점 P′은 점 P와 원점을
중심으로 점대칭의 관계이다. 즉 $P'(x_2, y_2) = -P(x_1, y_1) = (-x_1, -y_1)$
이다. 따라서 점 P′을 지나는 접선의 y절편을 c'이라고 하면, 다음 관계
식을 만족해야 한다.

$$y_2 = -\frac{b^2}{a^2}\frac{x_1}{y_1}x_2 + c'$$

여기에 $P'(x_2, y_2) = (-x_1, -y_1)$을 대입하면

$$-y_1 = -\frac{b^2}{a^2}\frac{x_1}{y_1}(-x_1) + c'$$

즉

(식 IV-21) $$y_1 = -\frac{b^2}{a^2}\frac{x_1}{y_1}x_1 - c'$$

이고, 또한 점 P′도 타원 위의 한 점이므로 (식 IV-1)을 만족한다.

(식 IV-22) $$\frac{x_2^2}{a^2} + \frac{y_2^2}{b^2} = 1$$

(식 IV-21)과 (식 IV-22)를 연립해서 풀면

$$c' = -\frac{b^2}{y_1}$$

을 얻는다. 즉 점 P′에서 타원에 접하는 직선의 함수는

(식 IV-23) $$y = -\frac{b^2}{a^2}\frac{x_1}{y_1}x - \frac{b^2}{y_1}$$

이다. 생각해보면 이것은 당연한 결과이다. 점 P′을 지나는 접선(2)는 점 P를 지나는 접선(1)과 원점 대칭이기 때문이다.

이제 켤레지름인 $\overline{PP'}$과 평행이면서 타원에 접하는 두 접선을 구해보자.

먼저 점 Q를 지나는 접선(3)을 구해보자. 앞에서 접선(1)과 접선(2)가 점대칭을 이룬 것과 마찬가지로 점 Q′을 지나는 접선(4)도 접선(3)의 함수에 y절편만 음수를 취하면 된다. 접선(3)과 접선(4)의 기울기는 쉽게 구할 수 있다. 켤레지름의 정의를 생각해보면 접선(3)과 접선(4)는 선분 PP′과 나란하기 때문에, 접선(3)과 접선(4)의 기울기를 m'이라고 하면

$$m' = \frac{\Delta y}{\Delta x} = \frac{y_1 - y_2}{x_1 - x_2} = \frac{y_1 - (-y_1)}{x_1 - (-x_1)} = \frac{2y_1}{2x_1} = \frac{y_1}{x_1}$$

이다. 타원의 접선 중에서 접선(3)을 지나는 점 $Q(x_3, y_3)$를 먼저 구해 보자. 이 점에서 타원에 접하는 접선의 기울기는 (식 Ⅳ-2)를 이용하면

$$\frac{dy}{dx} = \left[-\frac{b^2}{a^2}\frac{x}{y} \right]_{Q(x_3, y_3)} = -\frac{b^2}{a^2}\frac{x_3}{y_3} = \frac{y_1}{x_1} = m'$$

이다. 이것을 y_3에 대해 풀면

(식 Ⅳ-24)
$$y_3 = -\frac{b^2}{a^2}x_3\frac{x_1}{y_1}$$

이다. 또한 점 Q도 타원의 방정식에 만족하므로

(식 Ⅳ-25)
$$\frac{x_3^2}{a^2} + \frac{y_3^2}{b^2} = 1$$

이다. (식 Ⅳ-24)와 (식 Ⅳ-25)를 연립해서 풀고, $P(x_1, y_1)$도 이 타원의 방정식을 만족한다는 조건을 사용하면

$$x_3 = \frac{a}{b}y_1$$

을 얻고, 이것을 (식 Ⅳ-24)에 대입하면

$$y_3 = -\frac{b}{a}x_1$$

이다. 결론적으로

(식 Ⅳ-26)
$$Q(x_3, y_3) = \left(\frac{a}{b}y_1, -\frac{b}{a}x_1 \right)$$

이다. 점 Q를 지나는 접선의 함수의 기울기는 앞에서 보았듯이 $\dfrac{y_1}{x_1}$이고, y절편을 d라고 하면

$$y = m'x + d = \dfrac{y_1}{x_1}x + d$$

이다. 이 접선은 점 $Q(x_3, y_3)$를 지나므로 앞의 식에 $x = x_3$, $y = y_3$을 대입하면

$$d = y - \dfrac{y_1}{x_1}x = -\dfrac{b}{a}x_1 - \dfrac{y_1}{x_1}\left(\dfrac{a}{b}y_1\right) = -\dfrac{ab}{x_1}\left(\dfrac{x_1^2}{a^2} + \dfrac{y_1^2}{b^2}\right) = -\dfrac{ab}{x_1}$$

가 된다.(괄호 안은 점 P가 타원 위의 한 점이라는 조건에 의해 1이다.) 따라서 점 Q에서의 접선의 함수는

(식 Ⅳ-27) $$y = \dfrac{y_1}{x_1}x - \dfrac{ab}{x_1}$$

이다.

(문제) 접선(4)의 함수를 직접 구해보세요.[6]

② 접선들의 교점 A, B, C, D
앞에서 구한 접선들이 점대칭의 특성을 갖고 있으므로, 접선(1)과 접선(3)의 교점을 A, 접선(2)와 접선(3)의 교점을 B라고 하면, 나머지 교점 C = −A, D = −B가 된다. 먼저 접선(1)과 접선(3)의 교점 A를 구해보자. 접선(1)은 (식 Ⅳ-20), 접선(3)은 (식 Ⅳ-27)으로

---

6 $y = \dfrac{y_1}{x_1}x + \dfrac{ab}{x_1}$입니다. 접선(3)과 접선(4)는 기울기가 같고 점대칭이므로 y절편의 부호만 바꿔주면 됩니다.

$$y = -\frac{b^2}{a^2}\frac{x_1}{y_1}x + \frac{b^2}{y_1}$$

$$y = \frac{y_1}{x_1}x - \frac{ab}{x_1}$$

이다. 따라서

$$-\frac{b^2}{a^2}\frac{x_1}{y_1}x + \frac{b^2}{y_1} = \frac{y_1}{x_1}x - \frac{ab}{x_1}$$

이다. 이것을 x에 대해서 풀면

$$\left(\frac{y_1}{x_1} + \frac{b^2}{a^2}\frac{x_1}{y_1}\right)x = \frac{ab}{x_1} + \frac{b^2}{y_1}$$

이고, 좌변과 우변을 통분하면

$$\left(\frac{a^2 y_1^2 + b^2 x_1^2}{a^2 x_1 y_1}\right)x = \frac{b^2}{x_1 y_1}\left(\frac{x_1^2}{a^2} + \frac{y_1^2}{b^2}\right)x = \frac{ab y_1 + b^2 x_1}{x_1 y_1}$$

이고 $\dfrac{x_1^2}{a^2} + \dfrac{y_1^2}{b^2} = 1$을 적용하고, 양변을 약분하면

$$x = x_1 + \frac{a}{b}y_1$$

이다. 이것을 (식 Ⅳ-27)에 대입하고 $\dfrac{x_1^2}{a^2} + \dfrac{y_1^2}{b^2} = 1$의 관계를 적용하면

$$y = -\frac{b}{a}x_1 + y_1$$

이다. 결론적으로 접선(1)과 접선(3)의 교점 A는

$$A = \left(x_1 + \frac{a}{b}y_1, \ -\frac{b}{a}x_1 + y_1\right)$$

이다.

마찬가지 방법으로 접선(2)와 접선(3)의 교점 B를 구하면

$$B = \left(-x_1 + \frac{a}{b}y_1, \ -\frac{b}{a}x_1 - y_1 \right)$$

이다.(계산 과정은 동일하므로 독자 여러분이 직접 해보기 바란다. 또한 점대칭이기 때문에 교점 C = −A, 교점 D = −B임에 유의하기 바란다.)

③ 평행사변형 ABCD의 넓이

이제 접선의 네 교점이 이루는 평행사변형 ABCD의 넓이를 구해보자. ⟨그림 Ⅳ-9⟩와 같이 평행사변형에 외접하는 직사각형을 그려보자. 평행사변형의 넓이는 외접하는 직사각형의 넓이에서 ○와 ×표시를 한 네 개의 직각삼각형의 넓이를 빼주면 된다.

또한 ○와 ×표시로 구분한 서로 마주보는 직각삼각형끼리는 합동임을 증명할 수 있다. 평행사변형의 마주보는 변들은 평행하기 때문에 엇각과 동위각의 성질을 이용하면 맞은편 삼각형의 닮음을 증명할 수 있고, 또한 평행사변형의 정의에 따라 빗변의 길이가 서로 같으므로 ○와 ×표시를 한 삼각형끼리는 서로 합동이다. 그러므로 우리는 직각삼각형 두 개의 넓이를 구해서 합을 2배 하면 된다.

ⓐ 교점 A와 교점 D가 이루는 직각삼각형 ○의 넓이

δx와 δy로 표시한 밑변과 높이를 구해서 삼각형의 넓이를 구하자. δx는 교점 A의 x좌표와 교점 D의 x좌표의 차이이다. 마찬가지로 δy는 교점 D의 y좌표와 교점 A의 y좌표의 차이이다. 앞에서 구한 교점의 좌표를 대입해보면(D = −B임에 유의)

$$\delta x = \left(x_1 + \frac{a}{b}y_1 \right) - \left(x_1 - \frac{a}{b}y_1 \right) = 2\frac{a}{b}y_1$$

$$\delta y = \left(\frac{b}{a}x_1 + y_1 \right) - \left(-\frac{b}{a}x_1 + y_1 \right) = 2\frac{b}{a}x_1$$

이고 따라서

$$\delta x \cdot \delta y = 4x_1 y_1$$

이다. 즉 직각삼각형 ○의 넓이는 $2x_1 y_1$이다.

ⓑ 교점 A와 교점 B가 이루는 직각삼각형 ×의 넓이
Δx와 Δy로 표시한 밑변과 높이를 구해서 삼각형의 넓이를 구하자. Δx는 교점 A의 x좌표와 교점 B의 x좌표의 차이이다. 마찬가지로 Δy는 교점 A의 y좌표와 교점 B의 y좌표의 차이이다. 앞에서 구한 교점의 좌표를 대입해보면

$$\Delta x = \left(x_1 + \frac{a}{b}y_1\right) - \left(-x_1 + \frac{a}{b}y_1\right) = 2x_1$$

$$\Delta y = \left(-\frac{b}{a}x_1 + y_1\right) - \left(-\frac{b}{a}x_1 - y_1\right) = 2y_1$$

이고 따라서

$$\Delta x \cdot \Delta y = 4x_1 y_1$$

이다. 즉 직각삼각형의 ×의 넓이는 $2x_1 y_1$이다.

ⓒ 평행사변형에 외접하는 직사각형의 넓이
〈그림 Ⅳ-9〉에서 보듯이 너비 L과 높이 M을 곱하면 된다. L은 교점 A의 x좌표와 교점 C의 x좌표의 차이이고, M은 교점 D의 y좌표와 교점 B의 y좌표의 차이이다. 사실 점대칭이기 때문에 L은 교점 A의 x좌푯값의 2배, M은 교점 D의 y좌푯값의 2배를 하면 된다.(또는 $L = \delta x + \Delta x$, $M = \delta y + \Delta y$로 구할 수도 있다.) 따라서

$$L = 2\left(x_1 + \frac{a}{b}y_1\right)$$

$$M = 2\left(\frac{b}{a}x_1 + y_1\right)$$

이므로 외접하는 직사각형의 넓이는

$$LM = 4\left(x_1 + \frac{a}{b}y_1\right)\left(\frac{b}{a}x_1 + y_1\right)$$

이다.

ⓓ 평행사변형 ABCD의 넓이

$$[ABCD] = LM - (\delta x \delta y + \Delta x \Delta y)$$
$$= 4\left(x_1 + \frac{a}{b}y_1\right)\left(\frac{b}{a}x_1 + y_1\right) - 4x_1 y_1 - 4x_1 y_1$$
$$= 4\left(\frac{b}{a}x_1^2 + x_1 y_1 + x_1 y_1 + \frac{a}{b}y_1^2\right) - 4x_1 y_1 - 4x_1 y_1$$
$$= 4\left(\frac{b}{a}x_1^2 + \frac{a}{b}y_1^2\right) = 4ab\left(\frac{x_1^2}{a^2} + \frac{y_1^2}{b^2}\right) = 4ab$$

그러므로

$$[ABCD] = 4ab$$

이다. 처음에 점 P를 타원 위에 있는 임의의 점이라고 했으므로 타원에 외접하는 모든 평행사변형의 넓이는 $4ab$로 일정하다. ■

이와 같이 기하학적 명제를 해석학적으로 증명하는 수학 분야를 해석기하학이라고 합니다. 우리나라 고등학생들이 수학 시간에 배우는 내용이지요. 유클리드나 아폴로니우스나 뉴턴이 사용한 고전적인 기하학에 비해서 해석기하학은 어떻습니까? 해석기하학은 개념적으로는 간단해보이지만, 중간 계산 과정이 굉장히 길지요?

『프린키피아』는 고전 기하학으로 증명되고 서술되어 있습니다. 그는 미적분학으로 책을 쓰면 아무도 이해를 못할 것 같기도 했고 더구나 기하학이 진리에 더 가깝다고 여겼습니다. 뉴턴의 업적은 너무나 성공적이어서 케임브리지 학파가 생겨났습니다. 영국 과학자들의 자부심이 대단했던 모양입니다. 어느 정도였느냐고요? 뉴턴과 동시대에 영국에는 알렉산더 포프Alexander Pope라는 시인이 있었습니다. 소설『다빈치 코드』에도 언급되는 인물이지요. 뉴턴은 갈릴레오 갈릴레이가 죽던 해에 영국의 링컨셔Lincolnshire에 있는 울스소프wools thorpe라는 마을에서 태어났습니다. 이러한 신비로운 사실에 영감을 받은 포프는 성경 구절을 흉내 내서 묘비명을 작성했습니다. 뉴턴은 영국 런던의 웨스트민스터Westminster 대성당에 묻혔습니다. 이 묘비명이 뉴턴의 묘비에 새겨지지는 못했답니다. 원문에는 라틴어와 영어가 섞여 있습니다.

ISAACUS NEWTONUS :	아이작 뉴턴 :
QUEM IMMORTALEM	불멸의 존재는
TESTANTUR "TEMPUS, NATURA, COELUM":	증언한다 "시간, 자연, 하늘"
MORTALEM	필멸의 존재
HOC MARMOR FATETUR.	이것은 운명의 돌이다.
Nature and Nature's Laws lay hid in Night :	자연과 자연의 법칙이 밤의 어둠 속에 숨어 있는데,
GOD said, Let Newton Be! And all was Light	신이 '뉴턴이 있으라!' 하시니, 모든 세상이 밝아지더라.

데카르트가 해석학을 창안한 이후, 프랑스와 독일 등에서는 해석학으로 기하학을 연구하는 해석기하학이 발달하였습니다. 하지만 자부심이 강했던 섬나라 영국의 케임브리지 학파는 19세기 초에야

대륙의 해석학을 받아들였고, 그제야 뉴턴의 물리학을 해석학으로 다시 풀어냈습니다. 그리하여 지금 우리가 일반적으로 알고 있는 뉴턴의 물리학은 원래 뉴턴이 『프린키피아』에서 서술한 기하학적인 방식이 아니라, 해석학적인 방식을 따르고 있습니다.

"타원에 외접하는 평행사변형의 넓이는 모두 $4ab$로 같다"라는 사실을 또 다른 방식으로 증명해봅시다. 수학의 증명 방식이 하나만 있는 것은 아니니까요!

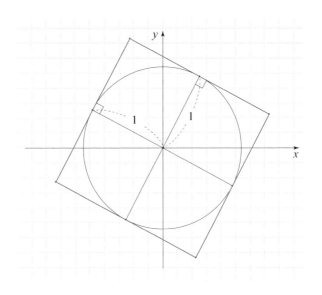

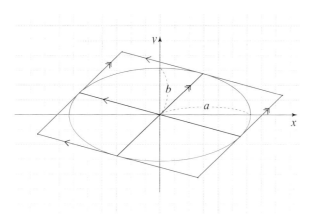

그림 Ⅳ-10. (왼쪽) 단위원에 외접하는 정사각형이다. (위) x축을 a배, y축을 b배 확대하면 단위원은 장반경이 a, 단반경이 b인 타원이 된다. 또한 단위원에서 서로 수직을 이루는 지름 쌍이 변환하면 타원에서는 서로 켤레지름이 된다.

증명

직교좌표계[7]에서 원점$(0, 0)$을 중심으로 하고 반지름이 1인 원의 방정식은 다음과 같다.

(식 Ⅳ-28) $$x^2 + y^2 = 1$$

이 도형의 y좌표는 $y \rightarrow by$로 바꾸고, x좌표는 $x \rightarrow ax$로 바꾸는 변환 f를 생각해보자. 즉 변환 f가 정의역(x, y)에서 공변역(x', y')으로 가는 함수인데

$$f : \begin{pmatrix} x \\ y \end{pmatrix} \rightarrow \begin{pmatrix} x' \\ y' \end{pmatrix}$$

여기서는

---

7 이것을 창안한 데카르트의 공적을 기려서, 직교좌표계를 데카르트 좌표계라고도 합니다. 영어로는 카테시안 코오디네이트cartesian coordinate라고 합니다. 여기의 카테시안이 '데카르트의'라는 뜻입니다.

$$\begin{pmatrix} x' \\ y' \end{pmatrix} = \begin{pmatrix} a & 0 \\ 0 & b \end{pmatrix} \begin{pmatrix} x \\ y \end{pmatrix} = \begin{pmatrix} ax \\ by \end{pmatrix}$$

를 만족한다. 즉

(식 Ⅳ-29) $$x' = ax, \ y' = by$$

이므로 이를 (식 Ⅳ-28)에 대입하면

(식 Ⅳ-30) $$\frac{x'^2}{a^2} + \frac{y'^2}{b^2} = 1$$

이 된다. 즉 변환 f는 단위원을 장반경이 a이고 단반경이 b인 타원으로 보내는 사상이다. 앞에서도 설명했듯이 이와 같이 점을 점으로, 선을 선으로, 면을 면으로 보내는 사상(변환)을 아핀 변환이라고 한다.

　아핀 변환을 하면 넓이는 어떻게 변할까? (x, y)좌표계에서 가로가 Δx이고 세로가 Δy인 매우 작은 사각형 조각을 생각해보자. 원의 넓이는 $\Delta x \to 0$이고 $\Delta y \to 0$인 극한에서 원 안에 들어 있는 이러한 작은 사각형들의 넓이를 합한 것이 된다. 이것을 수식으로 나타내면 다음과 같다.

(식 Ⅳ-31) $$S = \lim_{\Delta x \to 0, \, \Delta y \to 0} \Sigma_{원} \Delta x \cdot \Delta y$$

여기서 $\Sigma_{원}$은 (식 Ⅳ-28)로 표현되는 원의 안쪽의 사각형 조각을 합하라는 뜻이다. 원의 넓이는 $S = \pi r^2$이다. (식 Ⅳ-28)의 원은 $r = 1$이므로 $S = \pi$이다.

　이제 아핀 변환 f에 의해 작은 사각형 조각은 $\Delta x \to \Delta x'$, $\Delta y \to \Delta y'$가 된다. 그런데 (식 Ⅳ-29)에서 양변을 미분하면 $\Delta x' = a\Delta x$이고, $\Delta y' = b\Delta y$이므로, 작은 사각형의 넓이는 $\Delta x' \times \Delta y' = a\Delta x \times b\Delta y = ab \cdot \Delta x \Delta y$이다. 그러므로 변환 f에 의해 만들어진 타원의 넓이 S'은

(식 Ⅳ-32) $$S' = \lim_{\Delta x' \to 0, \, \Delta y' \to 0} \Sigma \Delta x' \cdot \Delta y' = \lim_{\Delta x \to 0, \, \Delta y \to 0} \Sigma a\Delta x \cdot b\Delta y$$
$$= ab \times \lim_{\Delta x \to 0, \, \Delta y \to 0} \Sigma_{원} \Delta x \cdot \Delta y = ab \times S = \pi ab$$

가 된다. 여기서도 앞에서와 마찬가지로 $\Sigma_{원}$은 (식 IV-30)으로 표현되는 원 안의 작은 사각형 소각들을 밀하는 말이다. 즉 (식 IV-32)는 (식 IV-29)로 정의한 아핀 변환 f에 의해서 어떤 도형의 넓이가 ab배 변하게 된다는 것을 의미한다. 따라서 장반경이 a이고 단반경이 b인 타원의 넓이가 πab라는 것은 고등학교 수학 시간에 배우는 적분으로도 구할 수 있지만, 아핀 변환으로도 쉽게 이해할 수 있다.

이제 단위원에 접하는 임의의 정사각형을 생각해보자. 〈그림 IV-10〉에서 보듯 이 사각형은 네 접점들과 원의 중심을 잇는 선을 그리면 네 개의 똑같은 정사각형으로 나뉘는데, 이 작은 사각형의 한 변의 길이는 원의 지름과 같은 1이다. 따라서 단위원에 접하는 정사각형의 넓이는 4이다. 아핀 변환 f에 의해서 이 정사각형은 타원에 접하는 평행사변형이 되는데, 이 평행사변형의 넓이는 단위원에 접하는 정사각형 넓이의 ab배가 되므로 $4ab$가 된다. ■

이제 마지막으로 정리를 하나 더 소개하겠습니다. 이 정리는 중력이 역제곱의 법칙임을 유도할 때도 사용되며 또한 타원의 초점을 작도할 때도 사용됩니다. 뉴턴은 『프린키피아』에서 이것을 "자명하다"라고 하지만 우리는 간단하게 증명해봅시다.

[정리 IV-8] 타원이 주어지고 $\overline{PG}$와 $\overline{DK}$가 서로 켤레지름이라고 하자. $\overline{AC}$는 타원의 장반경이고, $\overline{BC}$는 타원의 단반경이며, 점 S는 타원의 한 초점이다. 점 S에서 타원 위의 한 점 P에 직선을 그리되, 그 직선이 단반경 BC와 지름 DK를 통과하도록 그린다. $\overline{PS}$가 $\overline{DK}$와 만나는 점을 E라고 하면 $\overline{EP} = \overline{AC}$이다.

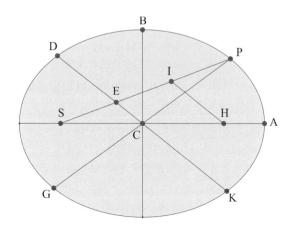

그림 IV-11. $\overline{\text{PG}}$와 $\overline{\text{DK}}$는 서로 켤레지름이다. $\overline{\text{PS}}$와 $\overline{\text{DK}}$가 만나는 점을 E라고 하면 $\overline{\text{EP}}=\overline{\text{AC}}$가 성립한다.

증명

이 타원의 또 다른 초점 H에서 $\overline{\text{DK}}$와 평행한 직선을 그리고 그 직선이 $\overline{\text{PS}}$와 만나는 점을 I라고 하자. $\overline{\text{CE}} \parallel \overline{\text{IH}}$이므로 $\triangle\text{SHI}\backsim\triangle\text{SCE}$이다. 그런데 타원의 중심 C에서 두 초점까지의 거리가 같으므로, $\overline{\text{CS}} = \overline{\text{CH}}$이다. 따라서 $\overline{\text{ES}}= \overline{\text{EI}}$이다. 즉

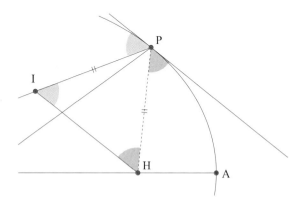

(식 Ⅳ-33) $$\overline{EP} = \overline{EI} + \overline{PI} = \overline{ES} + \overline{PI}$$

이다.

〈그림 Ⅳ-11〉의 점 P에 접선을 그리자. $\overline{DK}$가 켤레지름이므로 이 접선과 $\overline{DK}$는 평행이다. 또한 $\overline{CE} \parallel \overline{IH}$, 즉 $\overline{DK} \parallel \overline{IH}$이므로 점 P에서의 접선과 $\overline{IH}$는 평행이다. 따라서 그림에서 붉은색으로 표시한 각과 회색으로 표시한 각은 각각 엇각으로 같다. 또한 타원의 반사 법칙에 의해 붉은색 각과 회색 각이 같으므로 $\angle PIH = \angle PHI$이다. 즉 $\triangle PIH$는 $\overline{PI} = \overline{PH}$인 이등변삼각형이다.

따라서 (식 Ⅳ-33)의 양변을 똑같이 2배 하면

$$2\overline{EP} = 2(\overline{ES} + \overline{PI}) = 2\overline{ES} + \overline{PI} + \overline{PI}$$

이고 $\overline{PI} = \overline{PH}$이므로

$$= 2\overline{ES} + \overline{PI} + \overline{PH}$$

이다. 그런데 위에서 보았듯이 $\overline{ES} = \overline{EI}$이므로

$$= \overline{ES} + \overline{EI} + \overline{PI} + \overline{PH}$$
$$= (\overline{ES} + \overline{EI} + \overline{PI}) + \overline{PH} = \overline{PS} + \overline{PH}$$

이다. 타원의 정의에 의해 $\overline{PS} + \overline{PH} = 2\overline{AC}$이다. 결론적으로

$$\overline{EP} = \overline{AC}$$

이다. ■

제5장

◇

쌍곡선

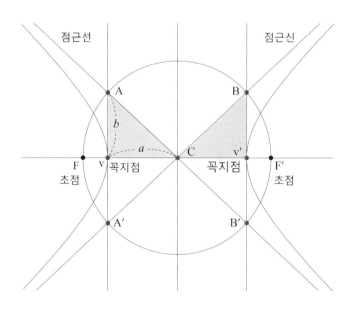

쌍곡선의 정의

'일정한 거리만큼 떨어진 두 점으로부터 거리의 차이가 같은 점들의 집합'을 쌍곡선이라고 정의합니다. 이때 주어진 두 점을 쌍곡선의 초점이라고 합니다. 그림에서 F와 F′이 쌍곡선의 초점입니다. 두 초점의 중점 C를 쌍곡선의 중심이라고 하며, 두 초점을 지나는 직선을 쌍곡선의 축이라고 합니다. 쌍곡선의 중심에서 쌍곡선의 축과 수직인 직선을 쌍곡선의 켤레축이라고 부릅니다. 또한 쌍곡선이 축과 만나는 점 v와 v′을 쌍곡선의 꼭지점이라고 합니다.

쌍곡선의 중심을 지나고, 무한대에서 쌍곡선에 접근하는 직선을 점근선이라고 합니다. 쌍곡선에 점점 접근하는 직선이라는 뜻입니다. 점근선을 그리기 위해 먼저 쌍곡선의 꼭지점 v 또는 v′을 지나고 축에 수직이거나 또는 켤레축에 평행한 직선을 긋습니다. 이 직선들과 쌍곡선의 중심 C를 중심으로 하고 두 초점을 지나는 원은 네 개의 교점에서 만납니다. 그림에서 점 A, A′, B, B′이 그 교점입니다. 중심 C와 이 점을 지나는 직선이 바로 점근선입니다.

쌍곡선의 정의에 따라 쌍곡선의 한 꼭지점과 두 초점 사이의 거리 차이는 $\overline{vv'}$의 길이와 같습니다. 예를 들어 꼭지점 v를 생각해보면 $\overline{Fv} = \overline{v'F'}$이므로

$$| \overline{Fv} - \overline{vF'} | = \overline{vF'} - \overline{Fv} = (\overline{vv'} + \overline{v'F'}) - \overline{v'F'} = \overline{vv'}$$

이며 $\overline{Cv}$를 a라고 정의하면, 두 초점에서의 거리 차이는 $\overline{vv'} = \overline{Cv} + \overline{Cv'} = 2a$입니다.

고등학교 수학 시간에 배우는 해석기하학으로 생각해봅시다. 두 초점의 좌표가 $F = (-c, 0)$과 $F' = (+c, 0)$으로 주어지고, 각 초점으로부터 어떤 점 $P(x, y)$가 떨어진 거리의 차를 $2a$라고 하면

$$\overline{FP} = \sqrt{(x+c)^2 + y^2}$$

$$\overline{F'P} = \sqrt{(x-c)^2 + y^2}$$

이다. 이 두 거리의 차가 2a로 일정하므로

$$|\overline{FP} - \overline{F'P}| = 2a$$

즉

$$\sqrt{(x+c)^2 + y^2)} - \sqrt{(x-c)^2 + y^2} = \pm 2a$$

$$\sqrt{(x+c)^2 + y^2} = \sqrt{(x-c)^2 + y^2} \pm 2a$$

양변을 제곱하여 정리하면

$$(cx - a^2) = \pm a\sqrt{(x-c)^2 + y^2}$$

가 됩니다. 근호를 없애기 위해 다시 양변을 제곱하고 정리하면

$$(c^2 - a^2)x^2 - a^2 y^2 = a^2(c^2 - a^2)$$

가 되며, $a^2(c^2 - a^2)$으로 양변을 나누어주면

$$\frac{x^2}{a^2} - \frac{y^2}{c^2 - a^2} = 1$$

가 됩니다. b^2를 $c^2 - a^2$으로 정의하면 쌍곡선의 방정식은

(식 Ⅴ-1) $$\frac{x^2}{a^2} - \frac{y^2}{b^2} = 1$$

이 됩니다. 쌍곡선의 x절편은 $y = 0$을 대입하면, $x = \pm a$가 됩니다. 즉 그림에서 꼭지점과 중점 C 사이의 거리에 해당합니다. $\overline{vC} = a$이고 $\overline{FC} = \overline{AC} = c$이므로, 직각삼각형 AvC에서 피타고라스의 정리에

의해 $\overline{\mathrm{Av}} = b$입니다.

(식 V-1)을 y에 대해 풀면

$$y = \pm b \sqrt{\frac{x^2}{a^2} - 1}$$

이며, $x \to \pm\infty$일 때 근호 안의 값은 $\frac{x^2}{a^2} - 1 \doteqdot \frac{x^2}{a^2}$이므로

(식 V-2) $\qquad\qquad y = \pm \frac{b}{a} x$

입니다. 즉 $x \to \pm\infty$일 때 쌍곡선은 원점을 지나고 기울기가 $\pm\frac{b}{a}$인 직선에 접근합니다. 이것을 쌍곡선의 점근선이라고 합니다.

또한 쌍곡선의 축에 수직인 현들 중에서 초점을 지나는 것을 쌍곡선의 수직지름 또는 통경이라고 합니다. 라틴어로는 라투스 렉툼이라고 합니다. 쌍곡선의 방정식이 (식 V-1)로 주어지면

$$\frac{x^2}{a^2} - \frac{y^2}{b^2} = 1$$

이고, 초점의 좌표는 $(-c, \ 0)$과 $(+c, \ 0)$이며, $c^2 = a^2 + b^2$입니다. 따라서 $x = c$일 때 쌍곡선의 방정식을 만족하는 y값을 구하면, 수직지름 L의 길이는 $2y$입니다. 계산은 여러분이 해보기 바랍니다. 즉

(식 V-3) $\qquad\qquad L = \frac{2b^2}{a}$

입니다.

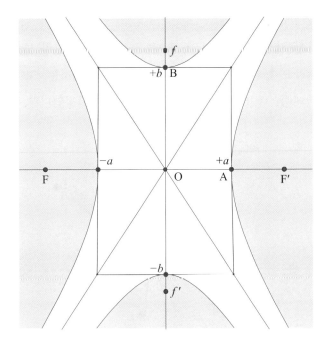

위의 그림에서 좌우에 있는 쌍곡선은

$$\frac{x^2}{a^2} - \frac{y^2}{b^2} = +1$$

을 그린 것이고, 상하로 있는 쌍곡선은

$$\frac{x^2}{a^2} - \frac{y^2}{b^2} = -1$$

을 그린 것입니다. 이러한 관계에 있는 두 쌍곡선을 켤레쌍곡선 conjugate hyperbola이라고 부릅니다. 켤레쌍곡선은 점근선을 공유합니다. 좌우에 있는 쌍곡선에 대해서 직선 OA를 교축transverse axis이라고 하고 직선 OB를 켤레축conjugate axis이라고 합니다. 또한 점 A를 이 쌍곡선의 꼭지점vertex이라고 하고, 점 B를 이 쌍곡선의 보조꼭지점 co-vertex이라고 합니다. 상하로 있는 쌍곡선에 대해서는 $\overline{OB}$가 교축, $\overline{OA}$가 켤레축, 점 B가 꼭지점, 점 A가 보조꼭지점입니다.

[작도 V-1] 자와 실로 쌍곡선 작도하기

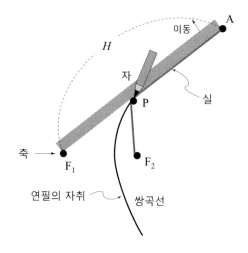

쌍곡선을 작도하는 여러 가지 방법 중에서 여기서는 쌍곡선의 정의에 충실하면서도 간단한 방법을 알아보겠습니다. 두 초점 F_1과 F_2가 주어지고 꼭지점 사이의 거리가 $2a$로 주어졌을 때, 자와 실을 가지고 쌍곡선을 그려봅시다. 자의 길이가 H이고 실의 길이가 S일 때, $H-S=2a$가 되도록 실의 길이를 맞춥니다. 그림과 같이 실의 한쪽 끝을 자의 한쪽 끝인 A에 고정합니다. 실의 나머지 한쪽 끝은 초점 F_2에 고정하고 자의 다른 한쪽 끝은 다른 초점 F_1에 고정합니다. 연필을 자에 닿도록 하면서 실을 팽팽하게 유지한 채로 자를 F_1을 축으로 회전시키면서 연속적으로 선을 긋습니다. 이 각도로 그려진 곡선이 쌍곡선이 맞는지 확인해봅시다.

증명

그림에서 보듯이 자의 길이 H는

$$H = \overline{F_1P} + \overline{PA}$$

이고, 실의 길이 S는

$$S = \overline{F_2P} + \overline{PA}$$

이다. 두 식의 양변끼리 빼주면

$$H - S = \overline{F_1P} - \overline{F_2P}$$

이다. $H - S$는 한번 정하면 변하지 않는 상수이므로

$$\overline{F_1P} - \overline{F_2P} = 2a = 상수$$

이다. 두 초점 F_1과 F_2로부터 거리의 차이가 상수라는 뜻이므로 이것을 만족하는 점 P의 집합은 쌍곡선이 된다. 그런데 자가 F_2를 지날 때, 점 P는 쌍곡선의 꼭지점이 되므로, $H - S$의 값은 바로 쌍곡선의 두 꼭지점 사이의 거리가 됨을 알 수 있다. 쌍곡선의 방정식이

$$\frac{x^2}{a^2} - \frac{y^2}{b^2} = 1$$

일 때, 꼭지점은 x축 위에 있으므로 $y = 0$을 대입해서 이 방정식을 풀면 꼭지점은 $(-a, 0)$과 $(+a, 0)$이다. 따라서 꼭지점 사이의 거리는 $2a$이다. 그러므로 $H - S = 2a$가 성립한다 ■

쌍곡선의 반사 법칙

타원의 경우 초점에서 발사된 빛은 타원에 반사된 다음, 다른 초점에 모입니다. 포물선의 경우는 축과 나란하게 들어오는 빛은 모두 초점에 모입니다. 반대로 초점에서 발사된 빛은 포물선에 반사되어 축과 나란하게 나갑니다. 이를 광학적 성질이라고 합니다. 쌍곡선에는 어떤 광학적 성질이 있을까요?

쌍곡선에서도 어떤 점의 접선에 대해 입사하는 빛이 이루는 각도와 반사되어 나가는 빛의 각도가 같습니다. 그림에서 입사각 $\angle SPA'$과 반사각 $\angle F'PA$는 같습니다. 특별히 반대편 초점 F를 향해 직선 SPF로 입사하는 빛은 점 P에서 반사되어 또 다른 초점 F′으로 갑니다. 그러면 $\angle SPA'$과 $\angle FPA$는 서로 맞꼭지각이므로 같습니다. 빛의

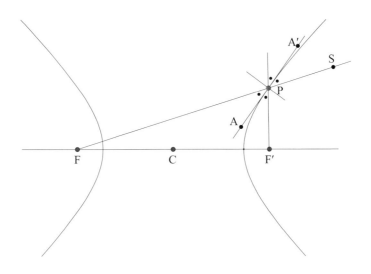

경로에 대한 페르마의 정리에 의해 이것을 거꾸로 생각할 수도 있습니다. 한 초점 F'에서 발사된 빛은 쌍곡선에 반사되어 미치 다른 초점 F에서 발사된 것처럼 퍼져나가게 되는 것입니다.

쌍곡선의 접선

쌍곡선의 접선과 접선을 작도하는 방법을 살펴봅시다.

[정리 V-1] 쌍곡선의 접선

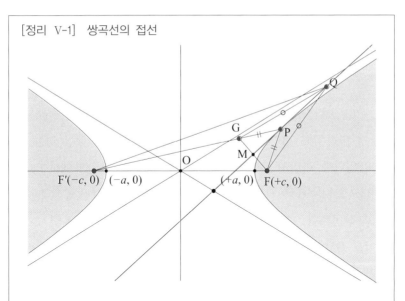

쌍곡선 위의 한 점 P에서 초점 F만큼 떨어진 $\overline{FP}$ 상의 점을 G라고 하자. 점 F와 점 G로부터 같은 거리에 있는 점의 집합은 점 P에서 쌍곡선에 접하는 직선이다.

이렇게 그린 직선 위의 한 점을 Q라고 하자. 점 Q는 점 F와 점 G로부터 같은 거리에 있는 점들의 집합인 직선 위에 있으므로 $\overline{QF} = \overline{QG}$이고

$$\overline{F'Q} - \overline{QF} = \overline{F'Q} - \overline{QG}$$

이다. 그런데 △F'QG에서 삼각형 부등식이 성립하므로

$$\overline{F'Q} - \overline{QG} < \overline{F'G}$$

이다. 그런데 $\overline{F'G} = \overline{F'P} - \overline{PG} = \overline{F'P} - \overline{PF}$이므로

$$\overline{F'Q} - \overline{QF} < \overline{F'P} - \overline{PF}$$

이다. 이것은 Q가 쌍곡선 바깥에 있음을 뜻한다. Q는 Q = P일 경우에만 쌍곡선 위에 있다. 따라서 이 직선은 점 P에서 쌍곡선에 접하는 접선이다. ◾

이와 관련하여 쌍곡선의 접선이 갖는 몇 가지 성질을 살펴봅시다. 가정에 따라 $\overline{PG} = \overline{PF}$, $\overline{QG} = \overline{QF}$이고, $\overline{PQ}$는 공통이므로 △QPG≡△QPF입니다. 따라서 ∠PQG = ∠PQF입니다. 또한 △QGF에서 $\overline{QG} = \overline{QF}$이고 $\overline{GM} = \overline{FM}$이므로 △QMG≡△QMF이고 $\overline{QM}$은 $\overline{GF}$의 수직이등분선입니다. 따라서 ∠QMG = ∠QMF = 90° 입니다. 또한 $\overline{PG} = \overline{PF}$이고 $\overline{GM} = \overline{MF}$이므로 △PMG≡△PMF입니다. 그러므로 ∠GPM = ∠FPM입니다. 이러한 성질을 활용하여 쌍곡선에 접선을 그리는 방법을 생각해봅시다.

메이커스 정식 한국어판 大人の科学 韓國語版

---

vol.1

70쪽 | 값 48,000원

천체투영기로 별하늘을 즐기세요!
이정모 서울시립과학관장의
'손으로 배우는 과학'

make it! **신형 핀홀식 플라네타리움**

---

vol.2

86쪽 | 값 38,000원

나만의 카메라로 촬영해보세요!
사진작가 권혁재의
포토에세이 사진인류

make it! **35mm 이안리플렉스 카메라**

---

vol.3

Vol.03-A 라즈베리파이 포함 | 66쪽 | 값 118,000원
Vol.03-B 라즈베리파이 미포함 | 66쪽 | 값 48,000원
(라즈베리파이를 이미 가지고 계신 분만 구매)

라즈베리파이로 만드는
음성인식 스피커

make it! **내맘대로 AI스피커**

---

vol.4

74쪽 | 값 65,000원

바람의 힘으로 걷는 인공 생명체
키네틱 아티스트
테오 얀센의 작품세계

make it! **테오 얀센의 미니비스트**

---

vol.5

74쪽 | 값 188,000원

사람의 운전을 따라 배운다!
AI의 학습을 눈으로 확인하는
딥러닝 자율주행자동차

make it! **AI자율주행자동차**

메이커스 주니어

만들며 배우는 어린이 과학잡지

초중등 과학 교과 연계!

교과서 속 과학의 원리를 키트를 만들며 손으로 배웁니다.

메이커스 주니어 01

50쪽 | 값 15,800원

홀로그램으로 배우는 '빛의 반사'

Study | 빛의 성질과 반사의 원리

Tech | 헤드업 디스플레이, 단방향 투과성 거울, 입체 홀로그램

History | 나르키소스 전설부터 거대 마젤란 망원경까지

make it! **피라미드홀로그램**

메이커스 주니어 02

74쪽 | 값 15,800원

태양에너지와 에너지 전환

Study | 지구를 지탱한다, 태양에너지

Tech | 인공태양, 태양 극지탐사선, 태양광발전, 지구온난화

History | 태양을 신으로 생각했던 사람들

make it! **태양광전기자동차**

[작도 V-2] 쌍곡선 위의 한 점에서 접선 작도하기

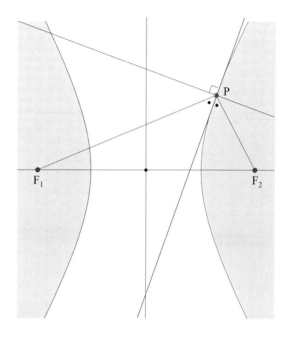

쌍곡선 위의 한 점 P에서의 접선은 타원의 경우와 비슷하게 다음과 같이 작도하면 됩니다.

(1) 직선 PF$_1$과 직선 PF$_2$를 긋습니다.

(2) ∠F$_1$PF$_2$를 이등분하는 직선을 그립니다.

(3) 점 P를 지나고 이 직선에 수직인 직선을 그립니다.

(4) (2)에서 그린 직선이 쌍곡선 위의 점 P에서의 접선이고, (3)에서 그린 직선은 이 접선에 수직인 직선입니다.

쌍곡선 바깥에 있는 한 점에서 쌍곡선에 접하는 접선을 작도하기 전에 두 가지 정리를 살펴봅시다.

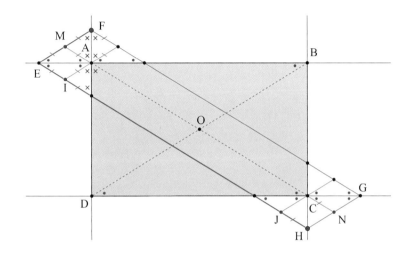

직사각형 ABCD가 있고, 한 변 AB의 연장선 위에 점 E가 주어져 있습니다. 점 E를 지나고 대각선 AC에 평행한 직선을 긋습니다. 그 직선이 직선 BC의 연장선과 만나는 점을 H라고 하고, 점 H에서 다른 대각선 BD와 평행인 직선을 긋습니다. 그 직선과 직선 CD의 연장선이 만나는 점을 G라고 하고, 다시 점 G를 지나고 대각선 AC와 평행한 직선을 긋습니다. 그 직선과 직선 AD의 연장선이 만나는 점을 F라고 합시다. 선분 FE는 대각선 BD와 평행합니다. 이렇게 하면 그림과 같이 평행사변형 EFGH가 그려집니다.

[정리 V-2] 평행사변형 EFGH의 이웃한 두 변의 길이의 차는 직사각형 ABCD의 대각선 길이와 같다.

증명 1

$\overline{EH} - \overline{EF} = \overline{AC}$ 를 증명하면 된다.

평행선에 대한 엇각과 동위각의 관계를 잘 따져보면, 그림에서 •표시를 한 각들의 크기는 모두 같다. $\overline{AC}$ 를 연장하여 $\overline{EF}$ 와 만나는 점을 M이라 하고, $\overline{GH}$ 와 만나는 점을 N이라고 하자. 또한 점 A를 지나고 $\overline{EF}$ 와 평행한 직선을 긋고, 점 C를 지나고 $\overline{HG}$ 와 평행한 직선을 긋는다.

그러면 $\triangle MEA$ 와 $\triangle IEA$ 는 이등변삼각형이고 합동이므로 $\overline{IE} = \overline{MA}$ 이다. 또한 $\triangle MFA$ 도 이등변삼각형이므로 $\overline{MA} = \overline{MF}$ 이다. 점 C에서도 이와 같은 원리로 $\overline{JH} = \overline{CN}$ 이다. 사각형 IJCA는 평행사변형이므로 $\overline{IJ} = \overline{AC}$ 이다. 따라서 $\overline{EH} - \overline{EF} = \overline{EH} - (\overline{ME} + \overline{MF}) = \overline{EH} - (\overline{EI} + \overline{JH}) = \overline{IJ} = \overline{AC}$ 이다. ■

증명 2

$\overline{EH} - \overline{EF} = \overline{AC}$ 를 다른 방식으로도 증명할 수 있다.

$\triangle ABC$ 와 $\triangle EBH$ 에서 $\overline{AC} \parallel \overline{EH}$ 이고 $\angle ABC = 90°$ 이므로 $\triangle ABC \backsim \triangle EBH$ 이다. 따라서 닮음비 관계는 $\overline{AC} : \overline{EH} = \overline{AB} : \overline{BE}$ 이다. 즉

$$\overline{EH} = \frac{\overline{BE}}{\overline{AB}} \overline{AC}$$

이다. 마찬가지로 $\triangle AEF$ 와 $\triangle ABD$ 에서 $\overline{EF} \parallel \overline{BD}$ 이고 $\angle EAF = \angle BAD = 90°$ 이므로 $\triangle AEF \backsim \triangle ABD$ 이다. 따라서 닮음비 관계는 $\overline{EF} : \overline{BD} = \overline{EA} : \overline{AB}$ 이다. 즉

$$\overline{EF} = \frac{\overline{EA}}{\overline{AB}} \overline{BD} = \frac{\overline{EA}}{\overline{AB}} \overline{AC}$$

이다. 그러므로

$$\overline{EH} - \overline{EF} = \frac{\overline{BE} - \overline{EA}}{\overline{AB}}\overline{AC} = \frac{\overline{AB}}{\overline{AB}}\overline{AC} = \overline{AC}$$ 이다.　■

[정리 V-3] 평행사변형 EFGH의 이웃한 두 변이 직사각형의 한 변을
나누는 두 각도는 같다.

해설

∠MEA = ∠IEA = ∠HEA를 통해 △MEA ≡ △IEA를 증명하면 됩니다. 앞
의 [정리 V-2]의 (증명 1)에서 이미 다루었듯이, 평행선들 사이의 엇각
과 동위각 관계를 따져보면 ∠MEA = ∠IEA = ∠HEA입니다. 나머지는
독자 여러분이 직접 따져보기 바랍니다.

[정리 V-2]와 [정리 V-3]이 뜻하는 바를 생각해봅시다. 타원
의 경우처럼 점 F와 점 H를 고정된 점으로 보고, 점 A가 직사각형
ABCD에 외접하는 원 위를 움직인다고 생각해봅시다. 그러면 [정리
V-2]에 의해, 점 E나 점 G 각각이 두 초점과 이루는 궤적의 거리
차가 $\overline{AC}$ 또는 $\overline{BD}$이고 이것은 원의 지름이므로 일정합니다. 아하!
이것은 바로 쌍곡선의 정의입니다. [정리 V-3]은 쌍곡선에서 성립
하는 반사 법칙을 뜻합니다. 다시 말해서 $\overline{AB}$는 쌍곡선 위의 한 점
E에서 그 쌍곡선에 접하는 접선입니다. 다음 그림을 보면 더 쉽게
이해할 수 있을 것입니다.

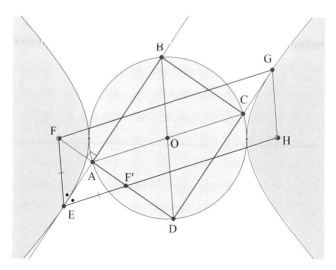

그림 V-1. 쌍곡선의 접선.

위의 그림은 초점이 F와 H인 쌍곡선에다 그 꼭지점을 지름으로 하는 원 O를 작도하고, 쌍곡선 위의 한 점 E가 주어졌을 때, 평행사변형 EFGH를 그린 것입니다. 원에 내접하는 직사각형 ABCD는 $\overline{BD}$ ∥ $\overline{EF}$이고 $\overline{AC}$ ∥ $\overline{EH}$가 되도록 그린 것입니다. 점 E는 쌍곡선 위의 한 점이므로 $\overline{EH} - \overline{FE} = \overline{AC}$이며, 쌍곡선의 반사 법칙에 의해 ∠FEA = ∠HEA입니다. 따라서 [정리 V-2]와 [정리 V-3]이 정확하게 성립하며 직선 AB는 점 E에서 쌍곡선에 접하는 접선이 됩니다.

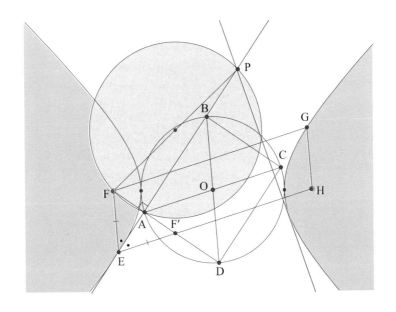

　여기서 ∠FAB=90°입니다. 이 각이 직사각형 ABCD의 외각이
기 때문입니다. 타원에서도 이와 비슷한 정리가 있었지요? △FEA≡
△F'EA를 증명함으로써 ∠FAB=90°를 증명할 수도 있습니다. 직선
AB 위에 있는 어떤 점 P에 대해서도 ∠FAP=90°를 만족합니다. 우
리는 직각삼각형의 세 꼭지점을 모두 지나는 원을 그릴 수 있습니
다. 이것을 외접원이라고 합니다. 그 외접원의 중심을 외심이라고
하며 그 직각삼각형의 빗변의 중점이 바로 외심입니다. 즉 $\overline{\text{FP}}$를 지
름으로 하는 원을 그리면 그 원은 점 A를 지나며 그 점 A는 또한
앞에서 그린 직사각형 ABCD의 외접원인 원 O도 지납니다. 점 A는
두 원의 교점인 것입니다. 앞에서 우리는 직선 AB가 쌍곡선 위의
점 E에서 쌍곡선에 접하는 접선임을 확인했습니다. 직선 AB는 직선

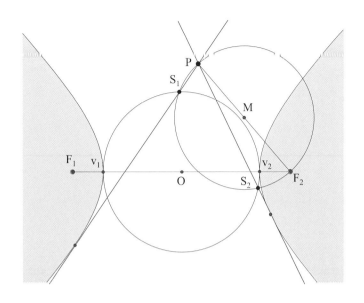

PA와 같습니다. 따라서 다음과 같은 방법으로 쌍곡선 바깥에 있는 한 점 P에서 쌍곡선에 접하는 직선을 작도할 수 있습니다.

쌍곡선 바깥에 있는 한 점 P에서 쌍곡선에 접하는 직선은 다음과 같이 작도합니다. 먼저 두 초점 F_1와 F_2의 중점 O를 작도합니다. 쌍곡선의 꼭지점 v_1과 v_2의 중점을 작도해도 마찬가지입니다. 그 중점 O를 중심으로 하고 두 꼭지점을 지름으로 하는 원 O를 그립니다. 다음으로 점 P와 한 초점 F_2의 중점 M을 작도하고, 그 중점 M을 중심으로 하고 $\overline{PF_2}$를 지름으로 하는 원 M을 작도합니다. 원 O와 원 M의 교점 S_1과 S_2를 구합니다. 직선 PS_1과 직선 PS_2가 바로 우리가 구하는 두 접선입니다.

어떤 곡선에 직선이 접하는 경우, 그 접점이 모호할 수도 있습니다. 앞의 〈그림 V-1〉에서 △FEA≡△F′EA이고 직선 F′H가 접점

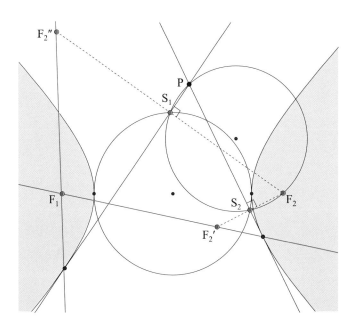

E를 지나는 점을 확인하기 바랍니다. 이 사실을 이용하면 쌍곡선 위에 접하는 두 접점의 위치를 정확하게 구할 수 있습니다. 그 방법은 타원의 경우와 마찬가지입니다. 먼저 두 접선에 대한 F_2의 거울 대칭점 F_2'과 F_2''을 작도합니다. $\angle PS_1F_2 = \angle PS_2F_2 = 90°$임을 이용하면 F_2'과 F_2''을 쉽게 작도할 수 있습니다. 이 두 점과 나머지 한 초점 F_1을 잇는 직선 F_1F_2'과 직선 F_1F_2''을 그립니다. 이 두 직선과 앞에서 그린 두 접선 PS_1과 PS_2의 교점이 바로 접점이 됩니다. 점 P와 이 두 접점을 지나는 두 직선이 바로 우리가 원하는 접선입니다.

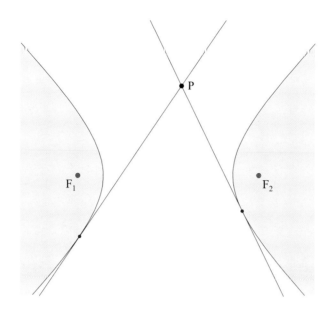

직각쌍곡선의 특성

쌍곡선 중에서 $a=b=1$인 쌍곡선을 직각쌍곡선이라고 합니다. 직각쌍곡선은 타원에서 $a=b=1$인 단위원과 같은 역할을 합니다. 직각쌍곡선 위의 네 점을 꼭지점으로 하고 변들이 점근선과 평행인 직사각형이 있다고 합시다. 이런 직사각형들의 넓이는 모두 같습니다.

[정리 V-4] 직각쌍곡선 위에 있는 임의의 점 P와 쌍곡선의 중심을 대각선으로 갖는 직사각형의 넓이는 모두 같다.

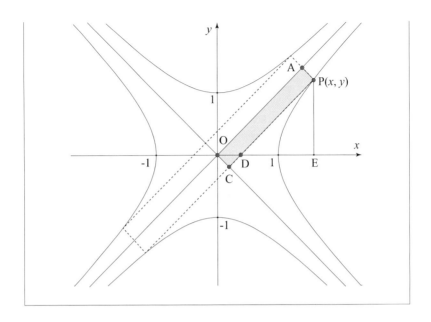

그림에서 붉은색으로 칠한 직사각형은 직각쌍곡선

(식 V-4) $$x^2 - y^2 = 1$$

에 내접하며 그 변들이 점근선과 평행한 직사각형 넓이의 $\dfrac{1}{4}$에 해당한다. $\overline{AP}$는 점근선 OC와 평행하고, $\overline{PC}$는 다른 점근선 OA와 평행하다. 붉은색으로 칠한 직사각형의 넓이는 $\overline{OC} \cdot \overline{CP}$이다. $\overline{OC}$와 $\overline{CP}$의 길이를 구해보자. 점 P(x, y)에 대해서 $\overline{OE} = x$이고 $\overline{PE} = y$이다. 직각쌍곡선의 점근선은 $y = \pm x$이므로 x축과의 기울기가 $45°$이다. 즉 $\angle PDE = \angle DPE = 45°$이고, $\triangle PDE$는 이등변삼각형이다. 따라서 $\overline{DE} = \overline{PE} = y$이고 $\overline{OD} = \overline{OE} - \overline{DE} = x - y$이다. $\triangle PDE$가 이등변삼각형이므로 $\overline{PD} = \sqrt{2}\,\overline{DE} = \sqrt{2}\,y$이고, $\triangle OCD$도 이등변삼각형이므로 $\overline{OC} = \overline{CD} = \dfrac{\overline{OD}}{\sqrt{2}} = \dfrac{x-y}{\sqrt{2}}$이

다. 또한 $\overline{PC} = \overline{PD} + \overline{CD} = \sqrt{2}\,y + \dfrac{x-y}{\sqrt{2}} = \dfrac{x+y}{\sqrt{2}}$ 이다. 그러므로 내접하는 직사각형 APCO의 넓이 S는

$$S = \overline{OC} \cdot \overline{PC} = \frac{x-y}{\sqrt{2}} \times \frac{x+y}{\sqrt{2}} = \frac{x^2 - y^2}{2} = \frac{1}{2}$$

이다. 마지막에서는 (식 V-4)을 이용하였다. 이 결과는 점 $P(x,\,y)$의 좌표와는 무관하게 상수이다. 따라서 직각쌍곡선 위의 임의의 한 점과 직각쌍곡선의 중심을 대각선으로 갖는 직사각형의 넓이는 상수 2이다. ■

[정리 V-5] 세 개의 닮은 직사각형과 평행선
아래의 그림과 같이 $\overline{BC}$와 평행인 선분 EG와 $\overline{AB}$와 평행인 선분 FH로 나뉘어진 직사각형 ABCD를 생각해보자. 직사각형 AEIH의 넓이와 직사각형 IFCG의 넓이가 같으면 $\overline{EF} /\!/ \overline{AC}$이다.

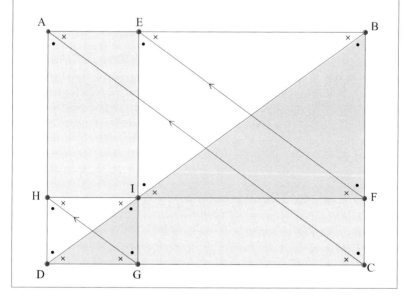

가정에서 직사각형 AEIH의 넓이와 직사각형 IFCG의 넓이가 같다고 하였으므로

$$\overline{AE} \cdot \overline{EI} = \overline{IF} \cdot \overline{FC}$$

이다.(이것은 다음과 같이 증명할 수도 있다. 보조선 AI와 IC를 그으면, 위의 가정은 △AEI의 넓이와 △IFC의 넓이가 같다는 것이 된다.) 이 식을 비례식으로 나타내면

$$\overline{AE} : \overline{FC} = \overline{IF} : \overline{EI} \ \ 또는 \ \ \overline{AE} : \overline{IF} = \overline{FC} : \overline{EI}$$

이다. 직사각형 AEIH에서 $\overline{AE} = \overline{HI}$이고, 직사각형 IFCG에서 $\overline{FC} = \overline{IG}$이므로, 위의 비례식은

$$\overline{HI} : \overline{IG} \ = \overline{IF} : \overline{EI} \ \ 또는 \ \ \overline{HI} : \overline{IF} \ = \overline{IG} : \overline{EI}$$

이다. 두 경우 모두 △IGD∽△BFI임을 뜻한다.(또는 동일한 의미로 직사각형 HIGD와 직사각형 EBFI가 닮음임을 뜻한다.)

따라서 점 B, I, D는 모두 일직선 상에 있다. 또한 △IGD∽△BFI∽△BCD도 증명할 수 있다. 그림에서 삼각형들의 닮음을 따져보면 •와 × 로 표시한 각들이 모두 같음을 증명할 수 있다. 그러므로 $\overline{EF} \mathbin{/\mkern-5mu/} \overline{AC} \mathbin{/\mkern-5mu/} \overline{HG}$ 이다. ∎

[따름정리 V-1]

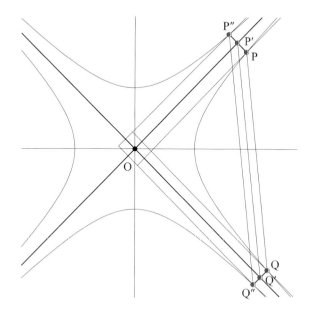

쌍곡선에 그은 임의의 현을 $\overline{PQ}$라고 하자. P와 Q에서 인접한 점근선에 내린 수선의 발을 각각 P′과 Q′이라고 하자. 또한 P와 Q의 점근선에 대한 거울 대칭점을 각각 P″과 Q″이라고 하자. 그러면 $\overline{PQ} \parallel \overline{P'Q'} \parallel \overline{P''Q''}$ 이다.

해설

[정리 V-4]와 [정리 V-5]를 적용하면 쉽게 증명됩니다. 자세한 증명은 독자 여러분의 손에 맡깁니다.

[정리 V-6] 직각쌍곡선의 접선과 켤레지름

그림과 같이 직각쌍곡선 위에 임의의 점 P가 주어졌을 때, 내접하는 직사각형 APBC의 두 대각선 AB와 PC로 점 P에서의 접선과 켤레지름을 정의할 수 있다. 점 P에서 직각쌍곡선에 접하는 접선은 점 P를 지나고 $\overline{AB}$와 평행인 직선이다. 쌍곡선의 중심 C를 지나면서, $\overline{PC}$와 나란한 직선 PG와 $\overline{AB}$와 나란한 $\overline{DK}$는 서로 켤레지름이다.

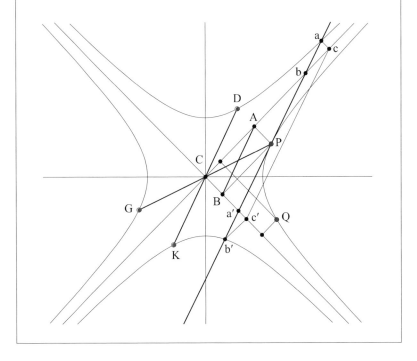

해설

이 정리는 증명 과정이 상당히 복잡하지만 찬찬히 따져보면 이해할 수 있습니다.

여기에 나오는 쌍곡선의 켤레지름에 대한 개념은 조금 뒤에서 자세히 소개할 것입니다. 타원에서 이미 다루었던 지름과 켤레지름의 관계와 기본적으로 같은 개념이라고 이해하면 됩니다. 즉 쌍곡선에 그은 서로 나란한 현들의 중점을 이으면 직선이 되는데 그것을 쌍곡선의 지름이라고 하고, 그 나란한 현들 중에서 쌍곡선의 중심을 지나는 것을 켤레지름이라고 합니다. 거꾸로 말하면, 지름은 켤레지름과 나란한 현들을 이등분하며, 켤레지름은 지름과 나란한 현들을 이등분합니다.

이제 [정리 V-6]을 증명해봅시다. 어떤 직선이 점 P와 점 Q에서 쌍곡선과 만난다면, [따름정리 V-1]에 의해, 선분 PQ의 기울기는 일반적으로 대각선 AB의 기울기와 다릅니다. 오직 Q=P일 때만 두 직선의 기울기가 일치합니다. 즉 점 P를 지나고 대각선 AB와 평행한 직선은 쌍곡선과 두 점에서 만나지 않습니다.

점 P에서의 접선이 이웃한 점근선들과 만나는 점을 b, a′이라고 하고, 켤레쌍곡선과 만나는 점을 a와 b′이라고 합시다. 점 c와 c′은 각각 a와 b′에서 점근선에 내린 수선의 발입니다. 우리는 선분 ab′이 점 P에 의해 이등분됨을 보일 것입니다.

증명

먼저 $\triangle ACB$, $\triangle bAP$, $\triangle PBa'$이 합동임을 보인다.

$\overline{AB} \parallel \overline{aPa'}$이고 $\overline{AC} \parallel \overline{BP}$이므로, $\angle CAB = \angle BPa'$이고 $\angle CBA = \angle Ba'P$이다(동위각).

직각쌍곡선이므로 $\angle ACB = \angle bAP = \angle PBa' = 90°$이다.

사각형 APBC가 직사각형이므로 $\overline{AC} = \overline{PB}$이고 $\overline{CB} = \overline{AP}$이다.

그러므로 $\triangle ACB \equiv \triangle PBa'$이고 $\triangle ACB \equiv \triangle bAP$이다.

따라서 $\overline{bP} = \overline{Pa'}$이다. —— (1)

다음으로 $\triangle abc \equiv \triangle a'b'c'$임을 증명한다.

[따름정리 V-1]에 의해 $\overline{ab'} \parallel \overline{cc'}$이다.

따라서 $\angle bac = \angle b'a'c'$이고(동위각), 사각형 $aa'c'c$가 평행사변형이므로 $\overline{ac} = \overline{a'c'}$이다.

또한 $\angle \mathrm{acb} = \angle \mathrm{a'c'b'} = 90°$ 이다.

그러므로 $\triangle \mathrm{abc} \equiv \triangle \mathrm{a'b'c'}$ 이다.

따라서 $\overline{\mathrm{ab}} = \overline{\mathrm{a'b'}}$ 이다. —— (2)

(1)과 (2)에 의해 $\overline{\mathrm{aP}} = \overline{\mathrm{ab}} + \overline{\mathrm{bP}} = \overline{\mathrm{a'b'}} + \overline{\mathrm{Pa'}} = \overline{\mathrm{Pa'}} + \overline{\mathrm{a'b'}} = \overline{\mathrm{Pb'}}$ 이다.

즉 현 ab'이 점 P에 의해 이등분됨을 보인다.

마찬가지로 $\overline{\mathrm{AB}}$ 와 평행인 현은 모두 $\overline{\mathrm{PG}}$ 에 의해 이등분됨을 보일 수 있다.

또한 원점 C를 지나면서 $\overline{\mathrm{AB}}$ 와 평행한 $\overline{\mathrm{DK}}$ 는 $\overline{\mathrm{PG}}$ 와 평행인 어떤 현도 이등분한다.

이것은 $\overline{\mathrm{DK}}$ 와 $\overline{\mathrm{PG}}$ 가 켤레지름임을 뜻한다. ■

[정리 V-7] 쌍곡선에 내접하는 평행사변형의 넓이
쌍곡선에서 어떤 켤레지름으로 정의되는 내접하는 평행사변형의 넓이는 모두 같다.

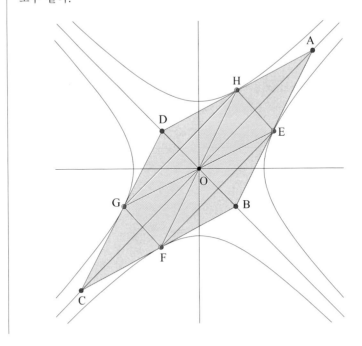

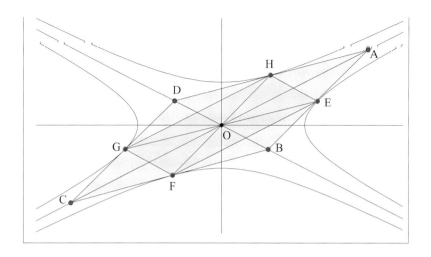

증명

그림에서처럼 직각쌍곡선 위의 한 점 E가 주어졌을 때, 쌍곡선의 중심 O와 E를 지나는 직선이 다른 쪽 쌍곡선과 만나는 교점을 G라고 하면, $\overline{EG}$를 지름이라고 한다. 점 E에서 쌍곡선에 접하는 접선 AB와 평행이면서 쌍곡선의 중심 O를 지나는 선분 HF를 켤레지름이라고 한다. 점 H에서 켤레쌍곡선에 접하는 직선이 $\overline{AD}$이고, 점 F에서 켤레쌍곡선에 접하는 직선이 $\overline{BC}$이다. 그러면 $\overline{AB}$ ∥ $\overline{DC}$이고 $\overline{AD}$ ∥ $\overline{BC}$이므로, 사각형 ABCD는 평행사변형이다. 또한 [정리 V-6]에 의해 △ABD에서 $\overline{AE} = \overline{EB}$이고 $\overline{AH} = \overline{HD}$이므로, 삼각형의 중점 연결 정리에 의해 $\overline{HE}$ ∥ $\overline{DB}$이다. 마찬가지로 △CBD에서 $\overline{GF}$ ∥ $\overline{DB}$이다. 따라서 $\overline{HE}$ ∥ $\overline{GF}$이다. 마찬가지 방법으로 $\overline{GH}$ ∥ $\overline{FE}$이다. 그러므로 사각형 EFGH도 평행사변형이다. 그런데 [정리 V-4]에 따라 내접사각형 EFGH의 넓이는 점 E와 무관하게 2로 상수이다. 따라서 사각형 ABCD의 넓이는 사각형 EFGH의 넓이의 2배이므로 4가 된다.

이제 이 도형을 가로축으로 a배, 세로축으로 b배 확대하면 두번째 그림과 같은 일반적인 쌍곡선이 된다. 이것은 아핀 변환으로, 넓이가 각각 가로 a배, 세로 b배 되어 사각형 ABCD의 넓이는 $4ab$, 사각형 EFGH의 넓이는 $2ab$가 된다. 여기서 점 E는 임의로 택했으므로, 쌍곡선에서 켤레 지름으로 정의되는 모든 외접 평행사변형의 넓이는 모두 같다. ■

쌍곡선의 원멱 정리

쌍곡선에서도 원멱 정리가 성립합니다. 다음 정리를 통해 간단하게 살펴봅시다.

[정리 V-8] 쌍곡선의 원멱 정리

직각쌍곡선에서 $\overline{PG}$와 $\overline{DK}$는 켤레지름이고, C는 쌍곡선의 중심이며, $\overline{QQ'}$은 $\overline{DK}$와 평행한 현, 그리고 v가 $\overline{QQ'}$의 중점이면, 다음과 같은 비례식이 성립한다.

$$\overline{Pv} \cdot \overline{vG} : \overline{Qv}^2 = \overline{CP}^2 : \overline{CD}^2$$

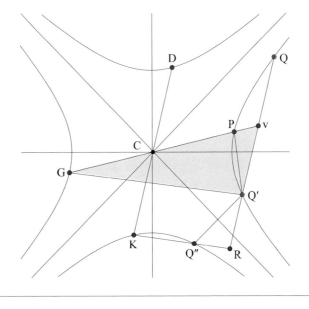

원면 정리란 앞에서도 보았듯이, 원, 타원, 포물선에서도 성립
하는 정리로 넘어가는 쌍곡선에 대한 power of a point theorem이
라고 하는 매우 유명한 정리입니다. 일본에서는 방멱 정리라고 하
고, 중국에서는 원멱 정리라고 합니다. 뉴턴이 만유인력의 역제곱의
법칙을 증명할 때 사용한 정리입니다. 이제 증명해봅시다.

증명

직각쌍곡선의 경우에 $\triangle GvQ' \backsim \triangle Q'vP$임을 밝혀 이 정리를 증명한다.
그림과 같이 보조선 몇 개를 그리자. 먼저 P와 Q′, G와 Q′을 잇는 선분
을 그린다. 또한 Q′에서 점근선에 대해 거울 대칭의 위치에 있는 점 Q″
을 잇는 선분을 그린다. K와 Q″을 잇는다. R은 $\overline{QQ'}$과 $\overline{KQ''}$을 각각 연
장하는 직선이 만나는 교점이다.

D와 P, P와 K, K와 G, G와 D는 각각 점근선에 대해 대칭을 이루는 위
치에 있다. 다음으로 $\overline{DK} /\!/ \overline{QR}$이고 $\overline{GQ'} /\!/ \overline{KR}$이다.

오각형 CPQ′Q″K가 점근선에 대해 대칭이므로 $\angle CPQ' = \angle CKQ''$이다.
또한 $\overline{DK} /\!/ \overline{QR}$이므로 $\angle CKQ'' = 180° - \angle Q'RQ'$이다. 또한 $\angle CPQ' = 180° -$
$\angle vPQ'$이다. 그러므로 $\angle vPQ' = \angle Q'RQ''$이다.

$\overline{GQ'} /\!/ \overline{KR}$이므로 $\angle GQ'v = \angle Q''RQ'$이다. 그러므로 $\angle vPQ' = \angle GQ'v$이
다. —— (1)

또한 $\triangle GvQ'$과 $\triangle Q'vP$에서 $\angle PvQ'$이 공통이다. —— (2)

(1)과 (2)에 의해 $\triangle GvQ' \backsim \triangle Q'vP$이다. 따라서 두 닮은 삼각형 사이의
닮음비를 적어보면

$$\overline{vG} : \overline{Q'v} = \overline{Q'v} : \overline{Pv}$$

이다. $\overline{Qv} = \overline{Q'v}$이므로

(식 V-5)
$$\overline{Pv} \cdot \overline{vG} = \overline{Qv}^2$$

이다.

$\overline{QQ'}$이 $\overline{DK}$와 일치하는 경우, $\overline{Pv} = \overline{vG} = \overline{CP}$이고 $\overline{Qv} = \overline{Q'v} = \overline{CD}$이므로

(식 Ⅴ-6) $$\overline{CP}^2 = \overline{CD}^2$$

이다. (식 Ⅴ-5)의 좌변과 (식 Ⅴ-6)의 우변을 곱한 값과 (식 Ⅴ-5)의 우변과 (식 Ⅴ-6)의 좌변을 곱한 값은 서로 같으므로

$$(\overline{Pv} \cdot \overline{vG}) \times \overline{CD}^2 = \overline{Qv}^2 \times \overline{CP}^2$$

이다. 이것을 비례식으로 쓰면

$$\overline{Pv} \cdot \overline{vG} : \overline{Qv}^2 = \overline{CP}^2 : \overline{CD}^2$$

이다. 이것을 분수식으로 나타내면

(식 Ⅴ-7) $$\frac{\overline{Qv}^2}{\overline{Pv} \cdot \overline{vG}} = \frac{\overline{CD}^2}{\overline{CP}^2}$$

이다. ■

지금까지 증명한 것은 직각쌍곡선의 원멱 정리입니다. 직각쌍곡선을 가로축으로 a배 확대하고, 세로축으로 b배 확대해봅시다. 이렇게 확대해도 위의 식은 똑같이 성립합니다. C, P, v, G가 모두 한 직선에 놓여 있고, 또한 C, D, Q, Q'도 한 직선이나 평행인 직선 상에 있는 점들이기 때문입니다. 따라서 타원에서와 마찬가지로 쌍곡선에서도 아핀 변환을 해도 원멱 정리가 성립합니다.

쌍곡선의 켤레지름

쌍곡선에서도 켤레지름을 정의할 수 있습니다. 그림과 같이 쌍
곡선 위에 현 aa′이 있다면 이와 평행인 일련의 현을 그릴 수 있습
니다. 그 현들의 중점은 일직선 상에 놓이는데 그 직선을 쌍곡선의
'지름'이라고 합니다. 기울기가 다른 일련의 현들은 또 다른 '지름'
을 만들겠지요?

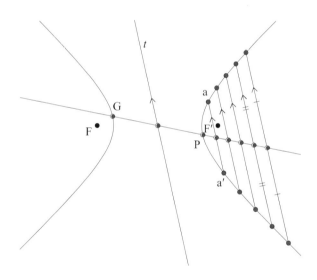

이 지름이 쌍곡선과 점 P와 점 G에서 만난다면, $\overline{PG}$의 중점을
지나고 현 aa′와 평행인 직선 t가 존재하는데, 이것을 '켤레지름'이
라고 합니다. 타원에서와 마찬가지로 점 P와 점 G에서 쌍곡선에 접
선을 그리면, 그 접선들은 켤레지름과 평행이 됩니다. 또한 두 지름

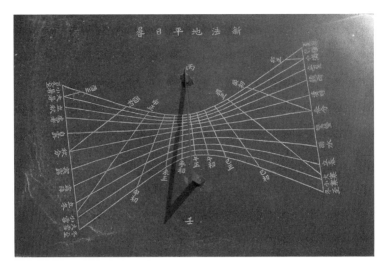

그림 V-2. 『신법지평일구』의 복원품. (한국천문연구원)

은 쌍곡선의 중심에서 만납니다.

〈그림 V-2〉는 한국천문연구원의 본관인 세종홀 앞에 있는 『신법지평일구』의 복원품입니다. 17세기부터 본격적으로 들어온 유럽의 천문학과 수학 지식을 사용했으므로 신법新法이라 하였고, 지평地平은 지평면에 나란하게 설치한다는 뜻이며, 일구日晷는 해시계라는 뜻입니다. 여기에 보이는 눈금이 바로 쌍곡선입니다. 가운데 직각삼각형 모양으로 세워놓은 막대기를 표表라고 합니다.[8] 원래는 막대기 하나를 땅 위에 세워 놓은 것이 표인데, 『신법지평일구』에

---

8   표表라는 한자는 중국어 발음으로는 피아오라고 하는데, 중국에서는 시계를 피아오 表라고 합니다. 명나라 말기에 유럽에서 추시계가 들어와서 스스로 종을 쳐서 시간 을 알리는 시계라는 의미로 자명종自鳴鐘이라고 불렸지요. 그래서 중국에서는 시계 를 종鐘이라고도 부릅니다. 그런데 이 종鐘의 발음이 죽는다는 뜻의 종終과 같아서 홍콩 영화를 보면 적에게 '너는 끝났어'라는 뜻으로 종을 선물합니다. 또한 중국에 서는 종鐘과 표表를 합쳐서 시계를 종피아오鐘表라고도 합니다.

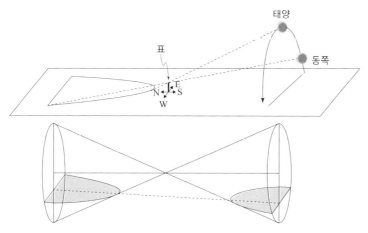

그림 V-3. 지평일구의 원리.

서는 직각삼각형 모양으로 만들었습니다. 시간을 읽을 때는 직각삼
각형 모양의 바늘에 있는 옴폭 들어간 곳의 그림자가 가리키는 눈
금을 읽으면 됩니다.

그런데 저 눈금선들은 왜 쌍곡선이 될까요? 평평한 땅 위에 수
직으로 막대기를 세우고 그 막대기 끄트머리의 그림자를 따라 하루
종일 그려보면, 쌍곡선이 그려집니다. 물론 한쪽 쌍곡선만 그려집니
다. 왜 그럴까요? 이것은 〈그림 V-3〉을 보면 이해할 수 있습니다.
태양은 동쪽에서 떠서 서쪽으로 지는데, 지상의 관측자가 보기에는
태양이 하루 동안 천구상에서 원을 그리며 이동하는 것처럼 보입니
다. 마치 원뿔을 그 축에 수직으로 자른 단면의 가장자리를 따라 움
직이는 것처럼 보이는 것이지요. 햇빛이 해시계의 막대 끝을 지나
땅 위에 그림자를 드리우므로, 원뿔의 꼭지점에 해시계 막대기의 끝
이 오고 또한 땅 위에 막대기 끝의 그림자가 지나는 선은 〈그림 V

-3)의 아래 그림과 같이 원뿔을 축에 나란하게 자를 때 그 단면의 가장자리 모양과 같게 됩니다. 이런 식으로 원뿔곡선의 쌍곡선이 그려집니다. 이와 같은 지평일구 유물이 있다고 합시다. 그 유물에 쌍곡선들만 덩그마니 주어져 있다면, 그 쌍곡선의 축과 초점을 어떻게 구할 수 있을까요? 그 해결책은 결국 작도에 달려있습니다. 쌍곡선과 관련된 작도법을 이해하기 위해서 먼저 산술평균, 기하평균, 조화평균을 작도하는 방법을 알아봅시다.

쌍곡선의 중심과 점근선과 초점 찾기

쌍곡선의 중심, 점근선, 초점 등을 작도하기 위해 산술평균, 기하평균, 조화평균을 살펴봅시다.

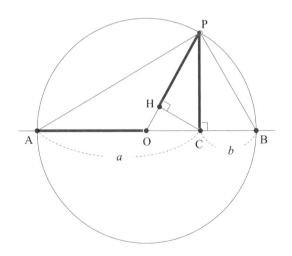

[작도 V-4] 산술평균

산술평균이란 두 숫자 a와 b가 있을 때, 둘을 합하여 2로 나눈 값을 뜻합니다. 일상생활에서 반씩 나눠 갖자고 말할 때, 반에 해당합니다.

$$산술평균 = \frac{a+b}{2}$$

두 숫자를 길이로 생각하고 산술평균을 작도해봅시다.

(1) 점 A를 끝점으로 하는 반직선을 그립니다.
(2) 점 A를 중심으로 반지름이 a인 원을 그려서 점 C를 그립니다.
(3) 점 C를 중심으로 반지름이 b인 원을 그려서 그 원과 반직선의 교점 B를 그립니다. 이때 선분 AB는 $a+b$가 됩니다.
(4) 선분 AB를 수직이등분하여 점 O를 작도합니다. 그러면

$$\overline{OA} = \overline{OB} = \frac{a+b}{2}$$

가 됩니다.
(5) 점 O를 중심으로 하고 두 끝점 A와 B를 지나는 원을 그립니다. 이 원의 반지름이 산술평균입니다. 그림에서 $\overline{OA} = \overline{OB} = \overline{OP}$는 모두 산술평균입니다.

[작도 V-5] 기하평균

기하평균은 두 숫자 a와 b가 있을 때 $\sqrt{ab}$를 말합니다. 마주한 두 변의 길이가 각각 a와 b인 직사각형이 있다고 합시다. 이 직사각형의 넓이는 $a \times b$입니다. 간단히 ab라고 적습니다. 이 직사각형과 넓이가 같은 정사각형이 있을 때, 그 정사각형의 한 변의 길이가 바로 기하평균입니다. 정사각형의 한 변의 길이를 x라고 하면,

그 넓이는 x^2이 됩니다. 직사각형과 정사각형의 넓이가 같으므로 $x^2 = ab$를 풀면 됩니다. x는 길이이므로 양수이고, 따라서 $x = \sqrt{ab}$ 입니다. 기하평균을 작도해봅시다.

(1) 산술평균을 나타내는 점 O를 중심으로 하고, 양 끝점 A와 B를 지나는 원을 그립니다.
(2) 점 C에서 $\overline{AB}$에 수직인 선을 그어, 그것이 원과 만나는 점을 P라고 합시다.
(3) $\overline{AP}$, $\overline{BP}$, $\overline{CP}$를 그립니다. 그러면 $\overline{CP}$가 기하평균인 $\sqrt{ab}$입니다.

증명

$\triangle APC$와 $\triangle PBC$에서, $\angle PCB = \angle ACP = \angle APB = 90°$이므로 $\angle PAC = \angle BPC$이고, $\overline{PC}$는 공통이다. 그러므로 $\triangle APC \backsim \triangle PBC$이다. 닮음비를 생각해보면 $\overline{AC} : \overline{CP} = \overline{CP} : \overline{BC}$이다. $\overline{CP}$를 x로 놓으면, $x^2 = \overline{AC} \cdot \overline{BC} = ab$이므로 $x = \overline{CP} = \sqrt{ab}$이다. ■

[작도 V-6] 조화평균
조화평균이란 숫자 a와 b가 있을 때

$$\frac{2ab}{a+b}$$

를 말합니다. 조화평균은 조화수열과 관련이 있습니다. 수열이란 일정한 규칙에 따라 숫자를 연속으로 늘어 놓은 것입니다. 고등학교 수학 시간에 배우는 내용이지만 그리 어렵지는 않습니다. 정해진 정의와 규칙을 잘 따라서 생각해보면 이해할 수 있는 게 수학이니까요. 이웃한 두 숫자의 차가 일정한 수열을 등차수열이라고 하고 비율이 일정한 수열을 등비수열이라고 합니다. 예를 들어 다음과 같은 수열 C_n이 있다고 합시다.

$$C_n = 1, \ 2, \ 3, \ 4, \ 5, \ 6, \ 7, \ \cdots\cdots$$

이 수열은 $2-1=1, \ 3-2=1, \ 4-3=1, \ 5-4=1$과 같이 이웃한 숫자의 차가 1로 일정한 등차수열입니다. 또한 다음과 같은 수열 D_n이 있다고 합시다.

$$D_n = 1, \ 2, \ 4, \ 8, \ 16, \ 32, \ \cdots\cdots$$

$\frac{2}{1}=1, \ \frac{4}{2}=2, \ \frac{8}{4}=2, \ \frac{16}{8}=2$와 같이 이웃한 두 숫자의 비가 2로 일정한 등비수열입니다.

역수가 등차수열을 이루는 수열을 조화수열이라고 합니다. 예를 들어 a, x, b가 조화수열이라면, 그 역수인 $\frac{1}{a}$, $\frac{1}{x}$, $\frac{1}{b}$의 이웃한 숫자의 차가 같은 등차수열이라는 뜻입니다.

$$\frac{1}{x} - \frac{1}{a} = \frac{1}{b} - \frac{1}{x}$$

이므로

$$\frac{2}{x} = \frac{1}{a} + \frac{1}{b} = \frac{a+b}{ab}$$

즉

$$x = \frac{2ab}{a+b}$$

입니다. 이 x를 조화평균이라고 부릅니다. 조화평균을 작도해봅시다.

(1) 앞에서 우리는 산술평균에 해당하는 $\overline{\mathrm{OP}}$를 그리고, 기하평균에 해당하는 $\overline{\mathrm{CP}}$를 그렸습니다.

(2) 점 C에서 $\overline{\mathrm{OP}}$에 수선의 발을 작도하고, 그것을 H라고 합시다. 선분 PH가 바로 a와 b의 조화평균입니다.

증명

$\triangle \mathrm{POC}$와 $\triangle \mathrm{PCH}$에서 $\angle \mathrm{PHC} = \angle \mathrm{PCO} = 90^\circ$이고 $\angle \mathrm{CPO}$는 공통각이다. 그러므로 $\triangle \mathrm{POC} \backsim \triangle \mathrm{PCH}$이다. 닮음비를 생각해보면 $\overline{\mathrm{PO}} : \overline{\mathrm{CP}} = \overline{\mathrm{CP}} : \overline{\mathrm{PH}}$이다. 즉 $\overline{\mathrm{CP}}^2 = \overline{\mathrm{PO}} \cdot \overline{\mathrm{PH}}$이다. $\overline{\mathrm{CP}} = \sqrt{ab}$이고, $\overline{\mathrm{PO}} = \dfrac{a+b}{2}$이다. 따라서

$$\overline{\mathrm{PH}} = \frac{2ab}{a+b}$$

이다. 즉 $\overline{\mathrm{PH}}$가 조화평균이다. ■

한편 산술평균, 기하평균, 조화평균의 상대적인 크기 순서는 어떻게 될까요? 그림을 보면 이들의 상대적인 크기를 쉽게 가늠해볼 수 있지만, 여기서는 기하학적으로 엄밀하게 증명해봅시다. $\triangle \mathrm{PHC}$는 직각삼각형이므로, 빗변 PC가 $\overline{\mathrm{PH}}$보다 항상 크거나 같습니다. $\overline{\mathrm{PC}} = \overline{\mathrm{PH}}$인 경우는 $a = b$인 경우입니다. 즉

$$\overline{\mathrm{PC}} \geq \overline{\mathrm{PH}}$$

한편 $\triangle \mathrm{POC}$가 직각삼각형이므로, 빗변 $\overline{\mathrm{PO}}$는 항상 $\overline{\mathrm{PC}}$보다 크거나 같습니다. 여기서 $\overline{\mathrm{PO}} = \overline{\mathrm{PC}}$인 경우는 $a = b$인 경우입니다. 따라서

$$\overline{PO} \geq \overline{PC}$$

그러므로 $\overline{PO} \geq \overline{PC} \geq \overline{PH}$ 입니다. $\overline{PO}$ 는 산술평균, $\overline{PC}$ 는 기하평균, $\overline{PH}$ 는 조화평균이므로,

$$\frac{a+b}{2} \geq \sqrt{ab} \geq \frac{2ab}{a+b}$$

입니다. 이 부등식은 대수학적으로도 증명할 수 있습니다. 양변을 제곱하여 완전제곱이 되도록 정리하면 됩니다. 계산은 직접 해보기 바랍니다. 이 부등식은 수학에서는 상당히 쓰임새가 많습니다. 이제 이 지식을 바탕으로 쌍곡선의 중심과 축, 켤레축, 점근선, 초점, 준선을 작도해봅시다.

[작도 V-7] 쌍곡선의 중심

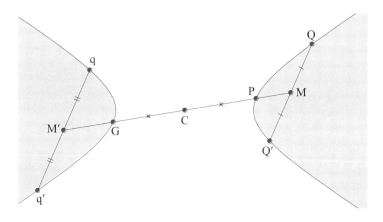

(1) 임의의 현 QQ′을 긋고 그 중점 M을 작도합니다.
(2) 현 QQ′과 평행인 현 qq′을 반대편 쌍곡선에 긋고, 그 중점 M′을 작

도합니다.

(3) 선분 MM′을 긋습니다. 이 선분과 쌍곡선이 만나는 점을 각각 P와 G 라고 하면, PG는 쌍곡선의 한 지름이 됩니다.

(4) PG의 중점을 작도하고 점 C라고 합시다. 점 C가 쌍곡선의 중심입 니다.

[작도 V-8] 쌍곡선의 축과 켤레축

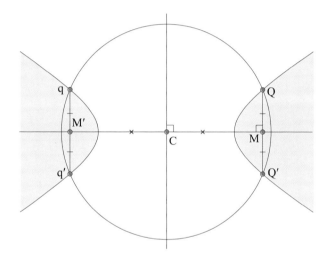

(1) [작도 V-7]에서 구한 쌍곡선의 중심 C를 중심으로 하고 쌍곡선과 네 점 Q, Q′, q, q′에서 만나는 임의의 원을 그립니다.

(2) 현 QQ′의 수직이등분선을 작도합니다. 이 수직이등분선이 이 쌍곡 선의 축입니다.

(3) 현 QQ′의 중점과 쌍곡선의 중심 C를 지나는 직선을 작도해도 쌍곡 선의 축입니다.

(4) 쌍곡선의 축과 수직이며 중심 C를 지나는 직선을 그립니다. 이 직선 이 켤레축입니다.

[작도 V-9] 쌍곡선의 점근선

쌍곡선의 초점을 작도하려면 먼저 쌍곡선의 점근선을 작도해야 합니다. 점근선을 작도하기 위해서는 앞에서 배운 쌍곡선의 원멱 정리와 기하평균 작도하는 방법을 이해하고 있어야 합니다.

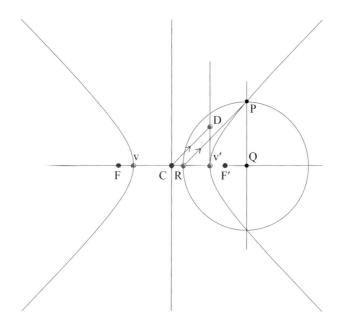

쌍곡선 축 위의 임의의 한 점 Q를 중심으로 하는 원을 그리고 그 원이 쌍곡선과 만나는 두 점을 잇는 선분을 긋습니다. 이 선분은 쌍곡선의 축에 수직인 현입니다. 그러면 쌍곡선의 원멱 정리에 의해 다음과 같은 관계식이 성립합니다.

(식 V-8)
$$\frac{\overline{PQ}^2}{\overline{Qv'}\cdot\overline{Qv}} = \left(\frac{\overline{Dv'}}{\overline{Cv'}}\right)^2$$

입니다. 여기서 우변은 $\overline{PQ} \perp \overline{Qv}$이기 때문에 괄호 안의 값은 점근선의 기울기가 됨을 알 수 있습니다. 다시 말해서 이 쌍곡선의 방정식이

$$\frac{x^2}{a^2} - \frac{y^2}{b^2} = 1$$

이라면, $\overline{Cv'} = a$이고 $\overline{Dv'} = b$가 됩니다. 즉

$$\frac{\overline{Dv'}}{\overline{Cv'}} = \frac{b}{a}$$

이므로, 괄호 안의 값은 점근선의 기울기입니다. 그런데 그림에서 보듯이 점 P를 지나면서 기울기는 점근선의 것과 같은 직선이 쌍곡선의 축과 만나는 점을 R이라고 하면, 점근선의 기울기는

(식 V-9) $$\frac{\overline{Dv'}}{\overline{Cv'}} = \frac{\overline{PQ}}{\overline{RQ}}$$

입니다. (식 V-9)를 (식 V-8)에 대입하면, $\overline{RQ}^2 = \overline{Qv'} \cdot \overline{Qv}$ 또는 $\overline{RQ} = \sqrt{\overline{Qv'} \cdot \overline{Qv}}$ 입니다. 즉 $\overline{RQ}$는 $\overline{Qv}$와 $\overline{Qv'}$의 기하평균입니다.

그러므로 쌍곡선의 점근선을 작도할 때는 $\overline{Qv}$와 $\overline{Qv'}$으로부터 기하평균 작도하는 방법을 적용하여 $\overline{RQ}$의 길이를 구하여 R을 표시하고, 직선 PR을 그립니다. 그리고 나서 직선 PR과 평행하고 쌍곡선의 중심 C를 지나는 직선을 작도하면 그 직선이 바로 점근선이 됩니다. 이러한 지식을 바탕으로 이제 쌍곡선의 점근선을 작도하는 방법을 자세히 설명하겠습니다.

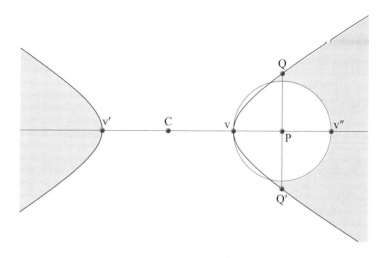

(1) 임의의 세로축 QQ′을 긋습니다. 즉 쌍곡선의 축에 수직한 현을 그립니다.

(2) 세로축 QQ′과 쌍곡선의 축이 만나는 점을 P라고 하고 쌍곡선의 꼭지점을 v와 v′이라고 합시다.

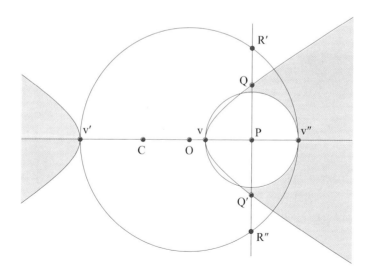

(3) 선분 Pv의 길이만큼 선분 Pv′을 연장하기 위해 점 P를 중심으로 하고 $\overline{\mathrm{Pv}}$를 반지름으로 하는 원을 그립니다. 그 원이 쌍곡선의 축과 만나는 두 점 중 하나를 꼭지점 v라고 하고 나머지 하나는 v″이라고 합시다.

(4) 선분 v′v″의 중점 O를 작도합니다.

(5) 점 O를 중심으로 하고 $\overline{\mathrm{Ov}'}$ 또는 $\overline{\mathrm{Ov}''}$을 반지름으로 하는 원을 그립니다.

(6) 현 QQ′을 연장하는 직선을 그리고, 그 직선이 (5)에서 그린 원과 만나는 점 R′과 R″이라고 합시다. $\overline{\mathrm{PR}'}$ 또는 $\overline{\mathrm{PR}''}$의 길이는 $\overline{\mathrm{Pv}}$과 $\overline{\mathrm{Pv}''}$의 기하평균에 해당합니다.

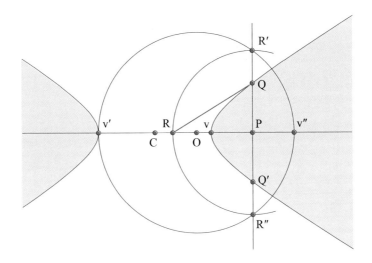

(7) 점 P를 중심으로 하고, $\overline{\mathrm{PR}'}$를 반지름으로 하는 원을 그립니다. 그 원과 쌍곡선의 축이 만나는 점을 R이라고 합시다.

(8) 선분 QR을 그립니다. 선분 QR은 쌍곡선의 한 점근선과 평행합니다.

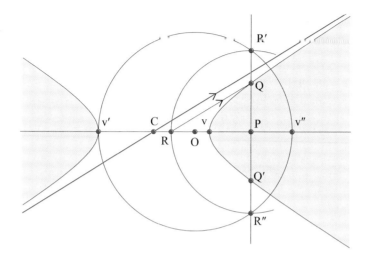

(9) 선분 QR과 평행하고 쌍곡선의 중심 C를 지나는 직선을 그립니다. 이 직선이 점근선입니다.

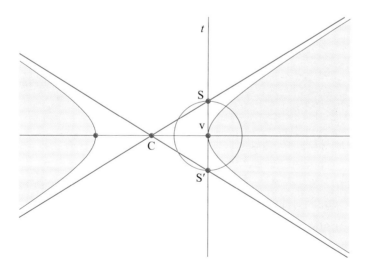

(10) 이제 쌍곡선의 축에 대해 이 점근선과 대칭인 직선을 그려봅시다.

꼭지점 v에서 쌍곡선의 축에 수직인 직선 t를 그립니다.

그 직선과 앞에서 그린 점근선이 만나는 점을 S라고 하면, 꼭지점 v를 중심으로 하고 $\overline{Sv}$를 반지름으로 하는 원을 그린 다음, 직선 t 와 만나는 점을 S′이라고 합시다.

점 S′과 쌍곡선의 중심 C를 잇는 직선을 그리면, 그 직선이 이 쌍곡선의 또 다른 점근선입니다.

[작도 V-10] 쌍곡선의 초점

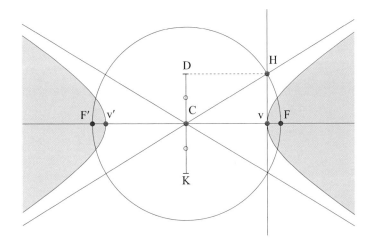

(1) 쌍곡선의 꼭지점 v에서 쌍곡선의 축에 대해 수직인 직선을 그립니다. 그 수직선이 점근선과 만나는 점을 H라고 합시다.
(2) 쌍곡선의 중심 C를 중심으로 하고, 선분 CH를 반지름으로 하는 원을 그립니다.
(3) 이 원이 쌍곡선의 축과 만나는 두 점 F와 F′이 쌍곡선의 초점입니다.

[작도 V-11] 쌍곡선의 준선

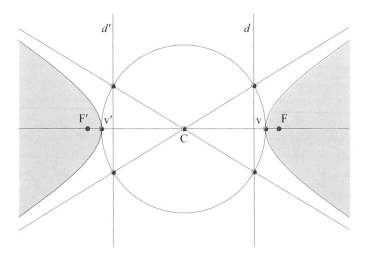

(1) 쌍곡선의 중심 C를 중심으로 하고, 그 중심에서 쌍곡선의 꼭지점 v 나 v′까지의 거리를 반지름으로 하는 원을 그립니다.
(2) 그 원과 점근선이 만나는 점을 이어서 쌍곡선의 축과 수직을 이루는 직선 d와 d′을 그립니다. 이 두 직선을 쌍곡선의 준선이라고 합니다.(준선에 대해서는 앞의 타원 부분을 참고하세요.)

제6장

◇

포뭅선

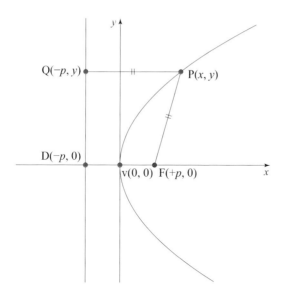

포물선의 정의

포물선은 한자로 던질 포抛, 물건 물物, 선 선線을 합친 말입니다. 던져진 물체가 그리는 곡선이라는 뜻이지요. 포물선을 영어로

파라볼라parabola라고 하는데, '한쪽으로'라는 뜻의 파라para-라는 접두어와 '던진다'라는 뜻의 볼라bola가 합쳐진 말입니다. 이것을 19세기 중국의 수학자 이선란李善蘭(1810~1882)이 '포물선'이라고 번역했습니다. 그는 유클리드의 『기하원론』과 뉴턴의 『프린키피아』를 중국어로 번역했습니다. 그 과정에서 그가 만들어낸 용어는 지금도 많이 사용하고 있습니다. 타원, 쌍곡선, 함수, 방정식, 변수, 상수 등의 수학 용어는 물론이고 세포와 같은 생물학 용어 중에도 그가 번역한 용어가 많습니다.

고등학교 수학 시간에 배우는 해석기하학에서는 포물선을 '$x = -p$가 준선으로 주어지고 초점 F($+p$, 0)가 주어졌을 때, 어떤 점 P(x, y)에서 준선까지의 거리 $\overline{QP}$와 초점까지의 거리 $\overline{FP}$가 같다는 조건을 만족하는 P(x, y)의 집합'이라고 정의합니다. 초점 F를 지나고 준선에 수직인 직선을 포물선의 축이라고 합니다. 그림에서 보듯이 포물선의 축 위에 있는 점 v도 포물선의 정의를 만족하는데 $\overline{Dv} = \overline{vF}$이므로, v의 좌표는 (0, 0)인 원점이 됩니다. 이 점 v를 포물선의 꼭지점이라고 합니다.

우리는 편의상 그림에서 포물선의 축을 x축으로 잡고, 꼭지점에서 x축에 수직인 직선을 y축으로 잡겠습니다. 그러면 F($+p$, 0)를 초점으로 하고 $x = -p$를 준선으로 하는 포물선의 방정식은 다음과 같습니다. 임의의 점 P(x, y)와 F($+p$, 0)의 거리 d_1은 피타고라스의 정리에 의해

$$d_1 = \overline{FP} = \sqrt{(x-p)^2 + y^2}$$

이고, 준선 $x = -p$에서 점 P(x, y)까지의 거리 d_2는

$$d_2 = \overline{\mathrm{QP}} = x - (-p) = x + p$$

입니다. 포물선의 정의에 따라 $d_1 = d_2$이므로

$$(x-p)^2 + y^2 = (x+p)^2$$

이고, 이것을 정리하면 포물선의 방정식은

(식 VI-1) $\qquad\qquad y^2 = 4px$

입니다. 여기서 p는 초점의 좌표 $\mathrm{F}(+p,\ 0)$와 준선 $x = -p$에 들어 있는 값입니다.

(식 VI-1)로 주어지는 포물선 위의 한 점 $\mathrm{P}(x_1,\ y_1)$에서 접선의 방정식을 구해봅시다. 점 P가 포물선 위의 한 점이므로 (식 VI-1)을 만족합니다.

(식 VI-2) $\qquad\qquad y_1^2 = 4px_1$

점 P에서 접선의 기울기를 구하기 위해 (식 VI-1)을 x에 대해 미분하고 $\mathrm{P}(x_1,\ y_1)$를 대입해주면

$$\left[\frac{dy}{dx}\right]_{(x_1,\ y_1)} = \frac{2p}{y_1}$$

입니다. 따라서 접선의 방정식은

$$y = \frac{2p}{y_1}(x - x_1) + y_1$$

입니다. 양변에 y_1을 곱하고 (식 VI-2)를 대입하면

(식 VI-3) $\qquad\qquad y_1 y = 2p(x + x_1)$

입니다. 포물선 위의 한 점에 접하는 직선의 방정식인 (식 Ⅵ-3)을 원 위의 한 점에서 그 원에 접하는 접선의 방정식인 (식 Ⅲ-4)나 타원 위의 한 점에서 그 타원에 접하는 접선의 방정식인 (식 Ⅳ-5)와 비교해보기 바랍니다.

[작도 Ⅵ-1] 자와 실로 포물선 작도하기

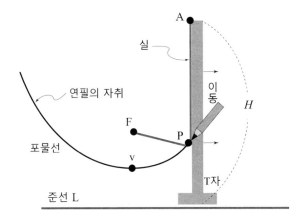

포물선을 작도하는 여러 가지 방법 중 여기서는 포물선의 정의에 충실한 간단한 방법을 알아보겠습니다. T자와 실만을 가지고 포물선을 작도할 수 있습니다. 준선 L과 초점 F가 주어졌을 때, 자의 길이 H와 실의 길이 S가 같은 T자와 실을 준비합니다. 실의 한쪽 끝은 T자의 위쪽 끝 A에 고정하고 나머지 한쪽 끝은 초점 F에 고정합니다. 위의 그림과 같이 연필로 실을 팽팽하게 유지한 채로 T자에 붙이고 T자를 좌우로 이동시키면서 점 P를 연속으로 긋습니다. 이렇게 하면 점 P에서 준선 L까지의 수직거리가 $\overline{\mathrm{FP}}$의 길이와 같으므로, 점 P의 자취는 포물선이 됩니다.

포물선의 접선

포물선의 접선과 관련된 가장 기본적인 정리를 하나 소개하겠습니다. '수학에는 왕도가 없다'라는 말이 있듯이 이 책을 읽는 것만으로는 지식을 완벽하게 습득할 수 없습니다. 증명의 옳고 그름을 한 줄 한 줄 차근차근 따져보기 바랍니다. 증명을 이해하고 난 뒤에 자기 나름대로 증명을 다시 써 내려가 본다면 더할 나위가 없겠습니다.

[정리 VI-1] 포물선 위의 한 점 P에 접하는 접선은 점 P에서 준선에 내린 수선과 점 P와 포물선의 초점 F를 잇는 선분이 이루는 각을 이등분한다.

$\triangle$AMP와 $\triangle$FMP에서 포물선의 정의에 의해 $\overline{AP} = \overline{PF}$이고 $\overline{MP}$는 공통이다.

$\overline{MP}$가 $\angle$APF를 이등분한다면 즉 $\angle$APM $= \angle$FPM(또는 $\overline{AM} = \overline{MF}$)이라면, $\triangle$AMP$\equiv \triangle$FMP이다. 따라서 $\angle$AMP $= \angle$FMP $= 90°$이고 $\overline{AM} = \overline{MF}$이다.

역으로 $\angle$AMP $= \angle$FMP $= 90°$이어도, $\overline{AP} = \overline{PF}$이고 $\overline{PM}$은 공통이므로 $\triangle$AMP$\equiv \triangle$FMP이다. 따라서 $\angle$APM $= \angle$FPM이다.

직선 PC 위에 있는 임의의 점을 P'이라고 하고, P'에서 준선에 내린 수선의 발을 B라고 하자. $\triangle$ABP'은 $\overline{P'A}$를 빗변으로 하는 직각삼각형이다. 따라서 $\overline{P'A} > \overline{P'B}$이다.

$\angle$AP'M $= \angle$FP'M이면, $\overline{AM} = \overline{MF}$이고 $\overline{MP'}$은 공통이므로 $\triangle$AMP'$\equiv \triangle$FMP'이다. 따라서 $\overline{P'A} = \overline{P'F}$이다.

그러므로 $\overline{P'F} > \overline{P'B}$이다. 다시 말하면 P를 제외한 모든 P'은 포물선의 바깥에 존재한다. 따라서 점 P를 지나는 직선 PM은 이 포물선의 접선이고 점 P는 접점이다.

결론적으로 $\angle$APF를 이등분하는 선을 긋거나 $\overline{AF}$의 수직이등분선을 그으면, 그 직선은 점 P에서 포물선에 접한다. ■

[따름정리 Ⅵ-1] 포물선의 초점에서 포물선의 임의의 접선에 내린 수선의 발은 포물선의 꼭지점에서 포물선의 축에 대해 수직인 직선 위에 놓인다.

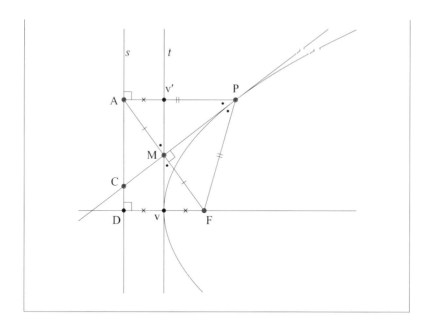

증명

그림에서 준선을 s라고 하고, 포물선의 꼭지점 v에서 포물선의 축에 수직인 직선을 t라고 하자. v'은 직선 t와 $\overline{AP}$의 교점이다. 포물선의 정의에 따라 $\overline{vF}=\overline{Dv}$이다. $s \parallel t$이고 $\angle DAP = \angle vDA = 90°$이므로 사각형 $Av'vD$는 직사각형이다. 따라서 $\overline{Av'}=\overline{Dv}$이다. 그러므로 $\overline{vF}=\overline{Av'}$이다.

또한 $\overline{AM}=\overline{MF}$이고 $\angle Av'M = \angle FvM = 90°$이므로, $\triangle AMv' \equiv \triangle FMv$이다. 따라서 $\angle AMv' = \angle FMv$이다.

또한 $\angle CMv + \angle FMv + \angle FMP = 180°$이고 $\angle FMP = 90°$이므로, $\angle CMv + \angle FMv = 90°$이다.

따라서 $\angle CMv + \angle CMA + \angle AMv' = \angle CMv + \angle CMA + \angle FMv = (\angle CMv + \angle FMv) + \angle CMA = 90° + 90° = 180°$이다.

그러므로 M은 $\overline{vv'}$ 위에 놓인다. 또한 $\overline{MF} \perp \overline{CP}$이다. ■

증명

$\triangle PMF \infty \triangle MvF$이므로 $\overline{PF} : \overline{MF} = \overline{MF} : \overline{vF}$이다. 즉 $\overline{MF}^2 = \overline{PF} \cdot \overline{vF}$이다.
그러므로 $\overline{PF}^2 : \overline{MF}^2 = \overline{PF}^2 : \overline{PF} \cdot \overline{vF} = \overline{PF} : \overline{vF}$이다. ■

[정리 VI-2]   초점을 지나는 현의 양 끝점에서 그은 접선은 준선 위에서
만나며 서로 직교한다.

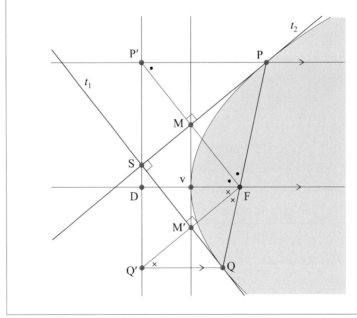

해설

현 PQ가 초점 F를 지날 때, 현 PQ의 끝점인 P와 Q에서 포물선에 접하
는 접선의 성질에 대한 정리입니다. [정리 VI-1]을 활용하면 쉽게 증명

할 수 있습니다.

증명

[정리 VI-1]에 의해 △PP′F에서 △PP′M≡△PFM이므로 ∠PP′F=∠PFP′
이다. 또한 $\overline{DF} \parallel \overline{P'P}$이므로 ∠PP′F=∠DFP′(엇각)이다. 그러므로 ∠PFP′=
∠DFP′이다. 이와 마찬가지로 △QQ′F에서 ∠QFQ′=∠DFQ′이다. 그
러므로 ∠P′FQ′=∠P′FD+∠Q′FD=90°이다.

또한 ∠FMS=PMP′=90°(맞꼭지각)이고, ∠FM′S=∠QM′Q′=90°(맞
꼭지각)이다. 그러므로 사각형 FMSM′은 직사각형이다. 따라서 ∠MSM′=
90°이다.

한편 직사각형 FMSM′에서 △FMM′≡△SM′M이다. 그러므로 두 삼각형
은 넓이가 같고 점 S에서 선분 MM′까지의 거리는 $\overline{vF}$와 같다. 포물선에
서는 $\overline{vF}=\overline{Dv}$이므로, 점 S는 선분 MM′에서 $\overline{Dv}$만큼 떨어져 있다. 그러
므로 점 S는 준선 P′Q′ 위에 있다. ■

이 정리는 해석기하학적인 방법으로도 증명할 수 있습니다. 편
의상 꼭지점 v를 (0, 0)으로, 초점 F를 (+p, 0)으로 포물선의 방정
식을 $y^2 = 4px$로 놓아봅시다. 두 점 $P(x_1, y_1)$과 $Q(x_2, y_2)$가 이 포
물선의 방정식을 만족하고, 포물선 위에 있는 어떤 점에서의 접선의
방정식은 (식 VI-3)을 이용하여 구하고, 두 직선이 직교하려면 기울
기의 곱이 −1이 되어야 한다는 사실을 활용하면, 이 정리를 해석기
하학적으로 증명할 수 있습니다. 구체적인 증명 과정은 독자 여러분
이 스스로 해보기 바랍니다.

[작도 VI-2] 포물선 위의 한 점에서 포물선에 접하는 직선

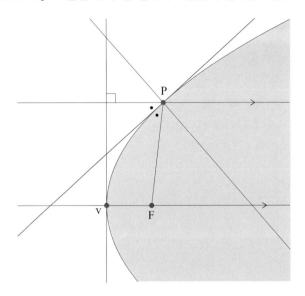

(1) 포물선 위의 한 점 P를 지나고 준선에 수직인 직선을 그립니다. 준
    선을 모르면, 점 P를 지나고 포물선의 축과 평행한 직선을 그립니다.
(2) 점 P와 포물선의 초점을 잇는 선분 PF를 긋습니다.
(3) (1)과 (2)에서 그린 두 직선이 이루는 각의 이등분선을 그리면 그것
    이 점 P에서 포물선에 접하는 직선입니다.

[작도 Ⅵ-3] 포물선 바깥의 한 점에서 포물선에 접하는 직선

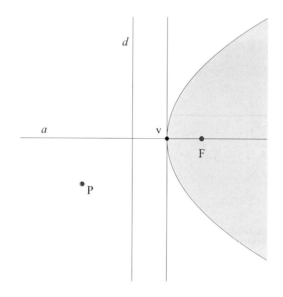

준선 d와 초점 F가 주어진 포물선이 있다고 합시다. 이 포물선의 꼭지점 v를 지나고 준선과 평행인 직선을 그립니다. 또한 이 포물선의 축 a를 그립니다. 포물선의 바깥에 있는 한 점 P에서 이 포물선에 접선을 작도하려면 어떻게 해야 할까요?

원뿔곡선을 만들 때, 원뿔의 단면을 자르는 각도가 변함에 따라 원 → 타원 → 포물선 → 쌍곡선의 순서로 원뿔곡선이 생겨납니다. 몇 가지 기하학적 성질을 보더라도 포물선은 타원과 쌍곡선의 경계에 해당하는 도형이라고 볼 수 있습니다.

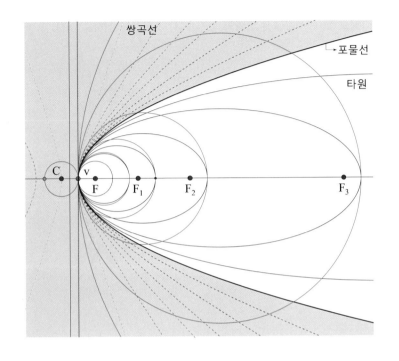

　위의 그림을 보면 중심이 F인 원이 있습니다. 원은 두 초점이 일치하는 특수한 타원이라고 볼 수 있겠지요? 그 초점을 분리시켜서 F와 F_1을 초점으로 하는 타원을 그려봅시다. 그리고 나서 한쪽 초점 F와 그쪽 꼭지점 v를 고정하고, 나머지 초점 F_1을 오른쪽으로 이동시킨다고 상상해봅시다. 그러면 위의 그림과 같이 한 초점이 F_1, F_2, F_3의 순서로 점점 오른쪽으로 이동하면 검은색 선으로 그린 타원들이 생겨납니다. 이때 F 근처에서 곡선 모양은 점점 벌어지게 되며, F_1이 오른쪽 무한대로 다가갈수록 포물선에 접근하게 됩니다. 쌍곡선의 경우에도 비슷한 상황이 벌어집니다. 쌍곡선의 오른쪽 꼭지점 v와 초점 F를 고정하고 왼쪽 초점을 왼쪽 무한대로 보내면, 쌍곡선 오른쪽 부분의 폭이 점점 좁아지면서 포물선으로 수렴합니다.

한편 앞에서 타원의 접선을 작도할 때 필요했던 초점 F와 F_1을 갖는 타원에 외접하는 원을 생각해봅시다. 그림에서 붉은색 원들이 외접원입니다. F_1이 오른쪽 무한대로 가게 되면, 다시 말해서 타원이 포물선으로 수렴할수록 외접원도 점점 커집니다. 이때 꼭지점 v를 지나는 외접원 부분은 점점 직선으로 접근하게 됩니다. 이를 근거로 유추해보면 포물선의 꼭지점 v에서 포물선의 축과 수직하게 그린 직선이 바로 타원의 외접원에 해당함을 알 수 있습니다. 쌍곡선에 접선을 작도하려면 그림에서 보듯이, 중심이 C에 있고 반지름이 $\overline{Cv}$인 원이 필요합니다. 쌍곡선의 왼쪽 초점이 왼쪽 무한대로 갈수록, 즉 쌍곡선의 오른쪽 부분이 포물선으로 수렴할수록, 이 원은 무한대로 커지는데 점 v 부근에서는 결국 직선으로 수렴합니다. 포물선의 꼭지점에서 포물선의 축과 수직으로 그린 직선이 바로 타원

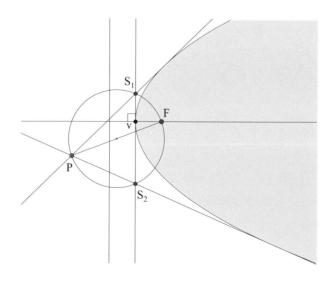

이나 쌍곡선의 접선을 그릴 때 사용하던 바로 그 원과 동일한 것입니다.

이제 포물선의 바깥에 있는 한 점 P에서 포물선에 접하는 두 접선을 작도해보겠습니다. 포물선의 꼭지점 v에서 포물선의 축과 수직을 이루는 직선을 긋습니다. 다음으로 $\overline{PF}$를 지름으로 하는 원을 작도합니다. 그 원이 꼭지점에서 포물선의 축에 수직으로 그린 직선과 만나는 두 교점 S_1과 S_2를 구합니다. 직선 $\overline{PS_1}$과 $\overline{PS_2}$가 바로 우리가 원하는 접선입니다.

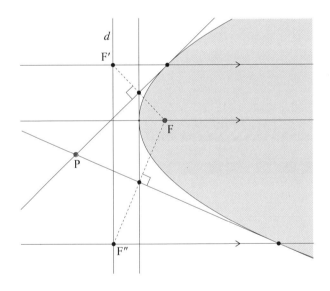

곡선에 접하는 경우에 접점을 정확하게 찾아내기가 쉽지 않습니다. 앞에서 살펴본 타원이나 쌍곡선의 경우, 한 초점에서 두 접선에 대해 거울 대칭점을 작도한 다음, 그 대칭점들과 나머지 한 초점을 지나는 직선을 그리고, 그 직선들과 접선들이 만나는 교점을 구

하면, 바로 그 두 교점이 접점이었습니다. 포물선에서도 이런 방법이 통할까요? 어? 그런데 포물선은 초점이 하나뿐이네요? 앞에서 타원이나 쌍곡선의 한 초점을 무한대로 보내면, 곡선이 포물선에 수렴한다고 했습니다. 그렇다면 포물선의 다른 초점은 무한대에 있다고 생각할 수 있습니다. 그 초점이 정확하게 어디에 있는지 짚어낼 수는 없지만 초점이 있는 방향은 알 수 있습니다. 바로 포물선의 축 방향에 있다는 것입니다. 바로 이러한 이유로 포물선의 지름은 모두 포물선의 축과 평행합니다. 그러므로 우리는 포물선의 초점 F가 두 접선에 대해 거울 대칭을 이루는 두 점 F'과 F"을 작도한 다음, 그 무한대에 있는 초점과 이 두 대칭점들을 이으면 됩니다. 즉 F'과 F"을 지나고 포물선의 축과 평행인 직선을 각각 작도합니다. 그리고 그 직선들이 처음에 작도한 두 접선과 만나는 교점을 구하면, 바로 그 두 교점이 우리가 찾는 접점입니다.

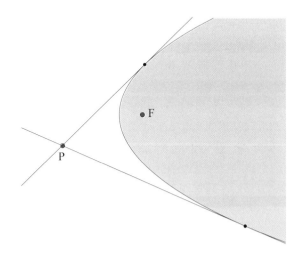

원의 바깥에 있는 한 점에서 원에 그은 두 접선의 작도

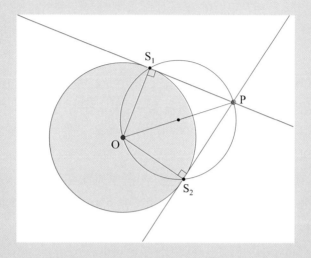

타원의 두 초점이 일치하면 그것은 원이 됩니다. 타원은 꼭지점이 두 개입니다. 타원의 바깥에 있는 한 점에서 타원에 접하는 접선을 작도할 때 꼭지점을 지름으로 하는 원을 작도하였습니다. 그런데 원은 꼭지점이 어디일까요? 타원의 두 초점이 점점 서로 접근하는 상황을 생각해봅시다. 각각의 타원에 접하는 원들은 어떻게 되나요? 그 원들은 점점 작아지다가 결국 타원이 원이 될 때, 원과 일치하게 됩니다. 그러므로 타원의 특수한 경우인 원에서는 꼭지점을 지름으로 하는 원이 그 원 자체와 일치합니다.

이 사실을 바탕으로 원의 바깥에 있는 한 점 P에서 원에 접하는 접선을 작도할 수 있습니다. 원의 중심 O와 점 P를 잇는 선분을 지름으로 하는 원을 작도합니다. 그 원과 원래의 원이 만나는 두 교점 S_1 및 S_2를 구하면, 직선 PS_1과 PS_2가 바로 우리가 원하는 두 접선입니다.

  포물선의 접선과 관련된 또 다른 성질을 알아봅시다.

[정리 Ⅵ-3] 포물선의 한 현 PQ가 있을 때, 끝점 P와 Q에서의 접선이 난나는 점 R과 현 PQ의 중점 X를 연결하는 선은 포물선의 축과 평행하다.

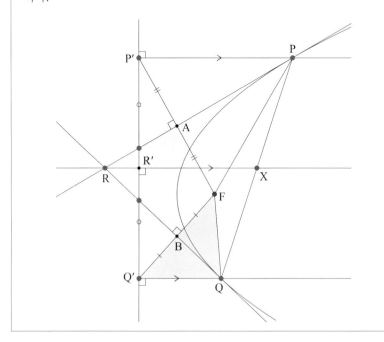

증명

[정리 Ⅵ-1]에 의해, 선분 PR은 점 A에서 $\overline{P'F}$를 수직이등분한다. 마찬가지로 선분 QR은 점 B에서 선분 $\overline{Q'F}$를 수직이등분한다. 그러므로 R은 △P'Q'F의 외심이다. 따라서 △P'Q'F에서 $\overline{P'R} = \overline{R'Q'}$이고 $\overline{RX} \perp \overline{P'Q'}$이다. 또한 $\overline{P'Q'}$은 포물선의 준선이므로, $\overline{P'Q'} \perp \overline{PP'}$이고 $\overline{P'Q'} \perp \overline{QQ'}$이다. 따라서 $\overline{RX} \mathbin{/\!/} \overline{PP'} \mathbin{/\!/} \overline{QQ'}$이다. 그러므로 $\overline{PX} : \overline{XQ} = \overline{P'R'} : \overline{R'Q'}$이다. $\overline{P'R'} = \overline{R'Q'}$이므로 $\overline{PX} : \overline{XQ} = 1 : 1$이다. 즉 $\overline{PX} = \overline{XQ}$이다. ■

[정리 VI-4] 포물선의 어떤 현 PP′과 평행인 포물선의 접선 QQ′이 있다고 하자. 이 접선 QQ′은 현 PP′의 끝점에서 포물선에 그은 두 개의 접선의 교점 D와 현 PP′의 중점 G를 지나는 선분과 점 E에서 만나며, 점 E에서 포물선에 접한다.

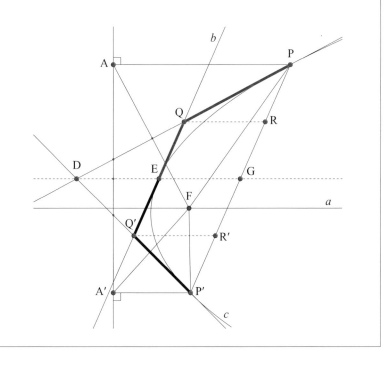

증명

포물선 c의 축을 직선 a라고 하자. 포물선 c의 어떤 현 PP′의 끝점 P와 P′에서 접선을 그어 두 접선이 만나는 점을 D라고 하자. 또한 $\overline{PP'}$의 중점을 G라고 하자. 선분 DG와 포물선의 교점 E에서 포물선에 접선을 그리고, 그것을 접선 b라고 하자. 이 접선 b가 점 P에서의 접선과 만나는 점을 Q, 점 P′에서의 접선과 만나는 점을 Q′이라고 하자.

(1) 점 D에서 포물선에 그은 접선 $\overline{\text{DP}}$와 $\overline{\text{DP}'}$에 [정리 VI-3]이 성립하므로 $\overline{\text{PG}}=\overline{\text{GP}'}$이면 $\overline{\text{DG}} \parallel a$이다.

(2) 점 Q에서 포물선에 그은 접선 $\overline{\text{QP}}$와 $\overline{\text{QE}}$에 [정리 VI-3]이 성립하므로 $\overline{\text{PR}}=\overline{\text{RG}}$이면 $\overline{\text{QR}} \parallel a$이다.

(3) 점 Q′에서 포물선에 그은 접선 $\overline{\text{Q}'\text{P}'}$과 $\overline{\text{Q}'\text{E}}$에 [정리 VI-3]이 성립하므로 $\overline{\text{GR}'}=\overline{\text{R}'\text{P}'}$이면 $\overline{\text{Q}'\text{R}'} \parallel a$이다.

그러므로 (1), (2), (3)에 의해 $\overline{\text{PR}}=\overline{\text{RG}}=\overline{\text{GR}'}=\overline{\text{R}'\text{P}'}$이고 $\overline{\text{QR}} \parallel \overline{\text{EG}} \parallel \overline{\text{Q}'\text{R}'} \parallel \overline{\text{A}'\text{P}'} \parallel \overline{\text{AP}}$이다.

한편 △PDG에서 $\overline{\text{QR}} \parallel \overline{\text{DG}}$이므로 △PDG∽△PQR이다. $\overline{\text{PR}}=\overline{\text{RG}}$이므로 $\overline{\text{PQ}}=\overline{\text{QD}}$이다. 마찬가지로 △P′DG에서 $\overline{\text{Q}'\text{R}'} \parallel \overline{\text{DG}}$이므로 △P′DG∽△P′Q′R′이다. $\overline{\text{P}'\text{R}'}=\overline{\text{R}'\text{G}}$이므로 $\overline{\text{P}'\text{Q}'}=\overline{\text{Q}'\text{D}}$이다. 또한 ∠QDQ′은 공통이다. 그러므로 △DPP′∽△DQQ′이다. $\overline{\text{PP}'} \parallel \overline{\text{QQ}'}$이다. ∎

[따름정리 VI-3] 포물선에 평행한 현들의 중점을 이으면 포물선의 축과 평행한 하나의 직선이 된다.

증명

포물선의 한 접점에서 접하는 접선의 기울기는 유일하다. 그러므로 어떤 현과 기울기가 같은 포물선의 접선과 그 접선에 접하는 접점은 유일하다. [정리 VI-4]를 통해 포물선의 평행한 현들은 그 중점이 포물선 위의 동일한 점을 지나는 것을 알 수 있다. 즉 포물선의 평행한 현들은 그 중점이 한 직선 상에 놓이며, 그 직선은 포물선의 축과 평행하다. ∎

[보조정리 VI-1] 포물선의 지름

포물선의 방정식 $y^2 = 4px$ 위의 한 점 $\text{P}(x_p, y_p)$에서 포물선의 축과 평행하게 그은 직선을 포물선의 지름이라 하며, 이것은 점 P에서 포물선에 접한 접선과 이 접선에 평행한 포물선의 현들을 이등분한다.

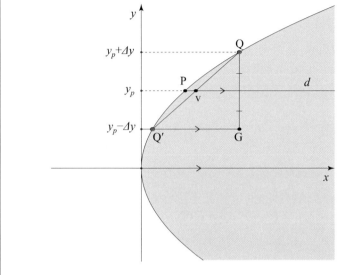

증명

앞에서 기하학으로 증명한 것을 이번에는 해석학으로 증명해보자.

그림과 같이 점 Q와 Q′의 세로좌표가 점 P의 아래와 위로 같은 거리만큼 떨어져 있다고 가정하자. 점 P에서 가로축과 평행한 직선 d를 그리고, 그 직선 d가 현 QQ′과 만나는 점을 v라고 하자. 또한 점 G는 점 Q와 Q′에서 각각 세로 방향과 가로 방향으로 그린 직선이 만나는 점이다.

△QQ′G에서 $\overline{Q'G} \parallel d$이고 직선 d가 $\overline{QG}$를 이등분하므로 삼각형의 중점 연결 정리에 의해 $\overline{Qv} = \overline{vQ'}$이다. 또한 $\overline{QQ'}$의 기울기 m을 계산해보면

$$m = \frac{x축의\ 변화량}{y축의\ 변화량} = \frac{\overline{QG}}{\overline{Q'G}}$$

이다. 그런데

$$\overline{\text{QG}} = (y_p + \Delta y) - (y_p - \Delta y) = 2\Delta y$$

이고, 포물선의 방정식에서 $x = \dfrac{y^2}{4p}$ 이므로

$$\overline{\text{Q'G}} = \frac{(y_p + \Delta y)^2}{4p} - \frac{(y_p - \Delta y)^2}{4p}$$

$$= \frac{(y_p^2 + 2\Delta y y_p + \Delta y^2) - (y_p^2 - 2\Delta y y_p + \Delta y^2)}{4p}$$

$$= \frac{\Delta y y_p}{p}$$

이다. 따라서

$$m = \frac{2\Delta y}{\dfrac{\Delta y y_p}{p}} = \frac{2p}{y_p}$$

이다.

점 $P(x_p, y_p)$에서 포물선 $y^2 = 4px$에 접하는 접선의 기울기는 포물선의 방정식을 미분해서 구한다.

$$\frac{d}{dx} y^2 = 2y \frac{dy}{dx} = 4p$$

$$\left[\frac{dy}{dx} \right]_{P(x_p, y_p)} = \frac{2p}{y_p}$$

결론적으로 현 QQ'의 기울기는 Q와 Q'의 중점 v를 지나고 포물선의 축과 평행인 직선이 포물선과 만나는 점 P에서의 접선의 기울기와 같다. 또한 이 기울기는 Δy와 무관하므로 Q와 Q'의 위치와 상관없이 포물선에서 기울기가 같은 모든 현은 그 중점을 지나는 하나의 지름을 공통으로 가지며, 그 지름은 포물선의 축과 평행하다는 결론에 이른다. ■

[보조정리 Ⅵ-2] 그림에서 $\overline{Qv}^2$를 $\overline{Pv}$로 나눈 값은 상수이다.

(식 Ⅵ-4) $$\frac{\overline{Qv}^2}{\overline{Pv}} = 상수$$

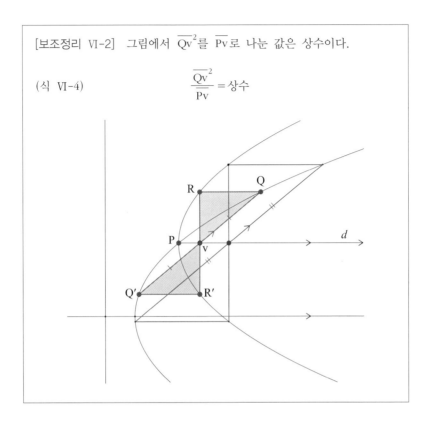

증명

[보조정리 Ⅵ-1]의 포물선과 합동인 새로운 포물선을 그리되, 그 꼭지점이 점 P에 오도록 그린다. Q와 Q′에서 포물선의 축과 평행인 직선을 그어 새로운 포물선과 만나는 점을 각각 R과 R′이라고 하자.

$\overline{RQ} \parallel \overline{Q'R'}$이고 포물선 RPR′이 직선 d에 대해 대칭이므로, $\overline{QQ'}$의 중점 v는 $\overline{RR'}$의 중점이기도 하고, 또한 $\overline{RvR'} \perp d$이다. 그러므로 $\triangle QRv \equiv \triangle Q'R'v$이다. $\overline{QQ'}$과 평행인 포물선의 다른 현을 생각해보자.(그림에서 붉은색으로 그린 삼각형을 보라.) 이 현에 대해서도 마찬가지로 R, R′, v를 그릴 수 있고, 이 경우의 v도 포물선의 지름 d 위에 놓인다. 또한 새

로운 삼각형 △QRv는 이전의 것과 닮음이다. 따라서 삼각형 변의 닮음 비기 일정하다.

(식 VI-5)
$$\frac{\overline{Qv}}{\overline{Rv}} = c_1 = 상수$$

한편 포물선 RPR′도 점 P를 원점으로 잡으면 방정식이 $y^2 = 4px$이다. 이 좌표계에서 R의 좌표가 (x, y)라면, $\overline{Pv} = x$이고 $\overline{Rv} = y$이다. 따라서 $\overline{Rv}^2 = 4p \times \overline{Pv}$이다. 즉

(식 VI-6)
$$\frac{\overline{Rv}^2}{\overline{Pv}} = 4p = c_2 = 상수$$

이다. (식 VI-5)를 제곱한 다음 (식 VI-6)를 곱하면

$$\frac{\overline{Qv}^2}{\overline{Pv}} = c = 상수$$

이다. ∎

포물선의 수직지름

포물선에도 타원이나 쌍곡선처럼 수직지름이 있습니다. 포물선의 수직지름에 어떤 정리가 성립하는지 살펴봅시다.

[정리 VI-5] 포물선의 수직지름은 그 포물선의 꼭지점과 초점 사이 거리의 4배이다.

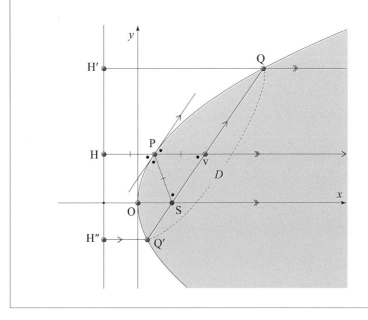

증명

포물선의 초점 S를 지나는 현 QQ'을 생각해보자. 직선 H'H"은 준선이고, 포물선의 꼭지점 O를 원점으로 하여 x축은 포물선의 축과 일치시키고 그 축에 수직인 y축을 그렸다. 또한 $\overline{QQ'}$과 평행하면서 포물선과 점 P에서 접하는 접선을 그렸다. [보조정리 VI-1]에서 증명했듯이 점 v는 현 QQ'의 중점이다.

현 QQ'의 길이를 D라고 하면

$$D = \overline{QQ'}$$
$$= \overline{QS} + \overline{SQ'}$$

이다. 포물선의 정의에 의해 $\overline{QS}=\overline{QH'}$이고 $\overline{SQ'}=\overline{H''Q'}$이므로

(식 Ⅵ-7) $$D=\overline{QH'}+\overline{H''Q'}$$

이다. 점 P에서 포물선에 접하는 접선은 ∠HPS를 이등분하며 $\overline{QQ'}$과 평행하므로, ∠PSv=∠PvS이다. 그러므로 △PvS는 이등변삼각형이다. 따라서 $\overline{Pv}=\overline{SP}$이다. 또한 포물선의 정의에 따라 $\overline{HP}=\overline{SP}$이다. 그러므로

(식 Ⅵ-8) $$\overline{Hv}=\overline{HP}+\overline{Pv}=\overline{SP}+\overline{SP}=2\times\overline{SP}$$

이다.

$\overline{QQ'}$의 중점이 v이므로 $\overline{Qv}=\overline{Q'v}$이다. $\overline{H'Q}\parallel\overline{Hv}\parallel\overline{H''Q'}$이므로 삼각형의 중점 연결 정리와 (식 Ⅵ-7)에 의해

$$\overline{Hv}=\frac{\overline{QH'}+\overline{H''Q'}}{2}=\frac{D}{2}$$

이다. 이 식과 (식 Ⅵ-8)에 의해

$$\overline{Hv}=2\times\overline{SP}=\frac{D}{2}$$

즉

(식 Ⅵ-9) $$D=4\times\overline{SP}$$

이다. 이 결과를 다시 정리하면 '포물선의 초점 S를 지나는 현 QQ'의 길이 D는 그 현의 지름과 포물선의 교점을 P라고 할 때 $\overline{SP}$의 길이의 4배이다. 즉 $D=4\times\overline{SP}$이다'가 된다.

특히 $\overline{QQ'}\parallel\overline{H'H''}$일 때, (식 Ⅵ-9)의 D를 라투스 렉툼이라고 한다. 우리말로는 수직지름 또는 통경이라고 하며, 이때 $\overline{SP}=\overline{OS}$가 된다. 즉 $\overline{SP}$는 포물선의 꼭지점과 포물선의 초점 사이의 거리와 같다. 이때도 (식 Ⅵ-9)는 성립하므로 수직지름을 L이라고 하면, (식 Ⅵ-9)에서

$D = L$이므로

(식 VI-10) $$L = 4 \times \overline{SP} = 4 \times \overline{OS}$$

이다.　　　　　　　　　　　　　　　　　　　　　　　　　　■

그런데 [보조정리 VI-2]의 (식 VI-4)에서 $\dfrac{\overline{Qv}^2}{Pv} = c =$ 상수임을 증명하였습니다. 수직지름의 경우, $\overline{Qv} = \dfrac{L}{2} = 2 \times \overline{OS}$이므로 $L = 4 \times \overline{OS}$이고 또한 $\overline{Pv} = \overline{OS}$이므로

$$c = \frac{\overline{Qv}^2}{\overline{Pv}} = \frac{(2 \times \overline{OS})^2}{\overline{OS}} = 4 \times \overline{OS} = L = 상수$$

입니다. 따라서 수직지름의 경우 (식 VI-4)는 다음과 같이 다시 쓸 수 있습니다.

(식 VI-11) $$\overline{Qv}^2 = L \cdot \overline{Pv}$$

포물선의 현 QQ′이 초점 S를 지나고 포물선의 축에 수직인 경우 $\overline{QQ'}$을 수직지름이라고 합니다. 그 포물선의 꼭지점을 원점으로 하고, 그 포물선의 축을 x축으로 하고, 또한 꼭지점을 지나는 포물선의 접선을 y축으로 삼아봅시다. 포물선 위의 한 점 P의 좌표를 (x, y)라고 합시다. 수직지름의 경우, S = v가 됩니다. 또한 포물선의 꼭지점에서 초점까지의 거리인 $\overline{OS}$를 p라고 합시다. 그러면 $x = \overline{Pv}$, $y = \overline{Qv}$입니다. 그런데 (식 VI-10)과 (식 VI-11)에서 $\overline{Qv}^2 = L \times \overline{Pv} = 4 \times \overline{OS} \times \overline{Pv}$이므로 $y^2 = 4px$가 됩니다. 이것은 초점이 $(+p, 0)$에 있고 준선이 $x = -p$인 포물선의 방정식입니다. 포물선의 방정식이

$y^2 = 4px$일 때 수직지름을 구하려면, 이 방정식에 $x = +p$를 대입하여 y의 근을 구하여 수직지름의 길이를 얻으면 됩니다. $y^2 = 4p^2$이므로 $y = \pm 2p$이고, 따라서 $L = 4p$입니다. 이는 (식 VI-10)을 해석기하학으로 구한 것입니다.

우리는 앞에서 "포물선에서 서로 평행인 현들의 중점은 모두한 직선을 지나며, 그 직선은 포물선의 축과 나란하다"라는 정리를 증명해보았습니다. 다음 그림과 같이 포물선에 어떤 현 aa'이 주어졌을 때 그것과 평행인 현들의 중점을 이으면 직선이 됩니다. 이 직선을 포물선의 지름이라고 합니다. 또한 이미 증명했듯이 지름이 포물선과 만나는 점 P에서 포물선에 접하는 접선은 이 현들과 평행을 이룹니다.

이것은 시라쿠사의 아르키메데스Archimedes(B.C.287?~B.C.212?)

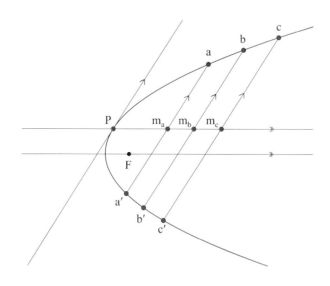

의 저술에 소개된 정리입니다.[9] 아르키메데스의 이름은 아마 다들 한 번쯤 들어보았을 것입니다. 어느 날 아르키메데스는 금으로 왕관을 만들기로 한 대장장이가 금을 빼돌리고 대신 불순물을 섞어 왕관을 만들었는지 여부를 알아낼 방법을 궁리하고 있었습니다. 그러다 그는 목욕탕에 들어가는 순간 물이 넘치는 모습을 보고 부력의 원리를 깨닫고는 벌거벗은 채로 "유레카"를 외치며 뛰어다녔다고 합니다. 아르키메데스는 오늘날 이탈리아 남쪽 시칠리아 섬에 있던 고대 그리스의 도시 시라쿠사에 살았습니다. 그는 커다란 오목거울을 만들어 적의 전함을 불태우려는 생각을 하기도 했습니다. 무엇보다도 감탄을 자아내는 그의 발명품은 '안티키테라 메커니즘'입니다. 이것은 톱니바퀴 여러 개를 정교하게 조합시켜서 해와 달의 운행 위치, 달력, 그리고 올림픽이 열리는 도시 등을 표시할 수 있게 만든 일종의 컴퓨터였습니다. 그러나 불행하게도 로마의 군대가 시라쿠사에 쳐들어왔을 때, 땅 바닥에 무언가 계산을 하면서 연구를 하고 있던 아르키메데스는 병사에게 살해되었다고 합니다. 아르키메데스가 정리한 내용은 다음과 같습니다.

[정리 VI-6] 포물선 위의 한 점 P에서 포물선의 축과 나란한 선분 PV를 그리자. 점 V를 지나고 점 P에서 접하는 포물선의 접선과 나란한 직선을 그리자. 그 직선이 포물선과 만나는 점을 Q와 Q'이라고 하면 $\overline{QV} = \overline{VQ'}$이다.

---

9 토마스 히스Thomas L. Heath 경이 편집한 『아르키메데스 저작집The Works of Archimedes』 (Dover Publications, 1953)의 233-235쪽, 248-252쪽에 나옵니다.

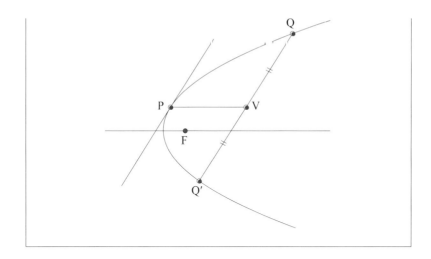

아르키메데스는 이 명제에 대한 증명은 남기지 않았고, 다만 『원뿔곡선』이라는 책에 증명이 나온다고만 기록하였습니다. 그가 인용한 『원뿔곡선』이라는 책이 지금은 남아 있지 않습니다. 아폴로니우스의 것이 아니라 아마도 유클리드가 지은 책이 아닌가 짐작하고 있습니다. 이 명제는 앞에서 기하학으로 증명하였지만, 데카르트의 해석기하학으로도 간단하게 증명할 수 있습니다.

증명

먼저 포물선의 방정식을

(식 Ⅵ-1) $$y^2 = 4px$$

라고 하자. 또한 $\overline{QQ'}$에 해당하는 직선의 방정식의 기울기가 m이고, y절편이 c라고 하면

(식 Ⅵ-12) $$y = mx + c$$

이다. 이 두 방정식을 연립해서 풀면 점 Q와 점 Q′의 좌표를 얻을 수

있다. (식 VI-1)과 (식 VI-12)에서 먼저 y를 소거해보자.

$$(mx+c)^2 = 4px$$

$$m^2x^2 + 2mcx + c^2 = 4px$$

(식 VI-13) $$m^2x^2 + 2(mc-2p)x + c^2 = 0$$

이 2차 방정식의 해를 x_1, x_2라고 하면, 각각 점 Q와 점 Q'의 x좌표가 된다. 점 $Q(x_1, y_1)$와 점 $Q'(x_2, y_2)$의 중점을 구해야 하므로, 중점 V의 좌표는

$$V(x_0, y_0) = \left(\frac{x_1 + x_2}{2}, \ \frac{y_1 + y_2}{2} \right)$$

이다. (식 VI-13)에서 두 해의 합은 중학교 때 배웠듯이

$$x_1 + x_2 = \frac{-2(mc-2p)}{m^2}$$

이다. 이제 (식 VI-1)과 (식 VI-12)에서 x를 소거하자. (식 VI-12)를 x에 대해서 풀면

$$x = \frac{y-c}{m}$$

이고, 이것을 (식 VI-1)에 대입하면

$$y^2 - \frac{4p}{m}y + \frac{4pc}{m} = 0$$

이다. 역시 y에 대한 2차 방정식이다. 위에서와 마찬가지로

$$y_1 + y_2 = \frac{4p}{m}$$

이다. 그러므로 $\overline{QQ'}$의 중점 V의 좌표는

(식 VI-14) $$V(x_0, y_0) = \left(\frac{2p - mc}{m^2}, \frac{2p}{m} \right)$$

이다. 기울기가 m으로 같고 서로 평행인 포물선의 현들을 긋는다는 것은 (식 VI-12)로 주어지는 직선에서 m이 변하지 않고 c만 변하는 것을 의미한다. 그런데 (식 VI-14)를 보면 중점의 y좌표는 c가 변하더라도 그것에 변하지 않는 상수이다. 초점의 좌표인 p는 주어진 포물선에서는 상수이고, 기울기 m도 주어진 상수이어야 평행한 현들이 되기 때문이다. 즉 c가 변하면 중점 V의 x좌표는 그에 따라 변하지만, 중점 V의 y좌표는 상수이다. 따라서 평행인 현들의 중점이 그리는 자취는 x축에 평행한 직선 $y = \frac{2p}{m}$ 이다. ■

포물선의 초점을 지나는 직선에 대해 포물선이 대칭을 이루면 그 직선을 '포물선의 축'이라고 합니다. 포물선의 축과 포물선의 교점을 꼭지점이라고 합니다. 다음 그림에서 선분 AA′, BB′, CC′, DD′, EE′, FF′ 등과 같이 포물선의 축에 대해 수직이고 서로 평행인 현을 겹세로축이라고 하고, 그 반쪽을 세로축이라고 합니다. 타원과 마찬가지로 겹세로축 중에서 초점을 지나는 것을 포물선의 라투스 렉툼, 우리말로는 포물선의 수직지름이라고 합니다. 앞에서 증명했듯이 수직지름은 꼭지점과 초점 사이의 거리를 4배 한 것과 같습니다. 다음 그림에서 $\overline{LL'} = 4 \times \overline{vF}$이 수직지름입니다.

아르키메데스의 정리를 응용하면 임의로 주어진 포물선의 축을 구할 수 있습니다. 먼저 포물선에 서로 평행한 임의의 현을 두 개 긋습니다. 두 현의 중점들을 작도한 다음, 그 중점들을 지나는 직선을 그으면 그것은 하나의 지름이 됩니다. 이 지름이 포물선의 축과 평행임을 우리는 알고 있습니다. 이 지름이 포물선과 만나는 교점이

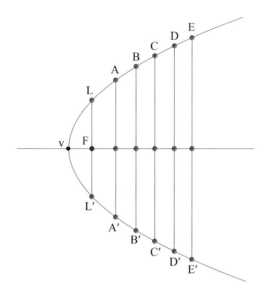

점 P입니다. 그 다음으로 그 지름에 수직선을 그려서 포물선과 만나는 두 점 A, A′을 구한 다음, 두 점의 중점 m_1을 표시합니다. 그 지름에 또 다른 수직선을 그려서 포물선과 만나는 두 점 B, B′의 중점 m_2를 구합니다. 이 두 중점 m_1, m_2를 지나는 직선을 그리면, 바로 이 직선이 포물선의 축입니다. 점 P를 지나는 지름과 평행하고 m_1이나 m_2를 지나는 직선을 그려도 됩니다.

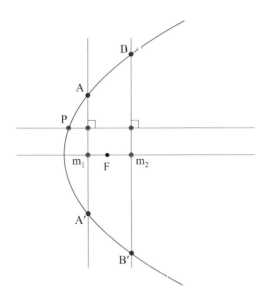

포물선의 초점

　이제 포물선의 축 위에 있는 초점을 구해봅시다. 포물선에는 아주 재미있는 성질이 많습니다. 포물선의 성질을 이용하면 포물선의 초점을 여러 가지 방법으로 찾아낼 수 있습니다. 중고등학교 때 배운 수학이면 이해가 가능하니까 곰곰이 생각하면서 따라가보고, 혹시 다른 방법이 있을지 궁리해보세요.

　먼저 포물선에 대한 재미있는 정리 몇 가지를 소개하겠습니다.

[정리 VI-7] 포물선의 성질

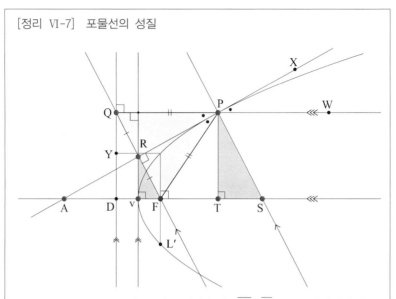

그림 VI-1. 초점 F와 준선 DQ가 주어졌을 때, $\overline{QP}=\overline{PF}$인 점 P의 집합이 바로 포물선이다. 점 v는 포물선의 꼭지점이며 직선 AvFS는 포물선의 축이다. 준선 DQ와 평행하고 꼭지점 v를 지나는 직선을 그리자. 포물선 위의 임의의 점 P에 접하는 접선이 이 직선과 만나는 점이 R이다. 또한 그 접선이 포물선의 축과 만나는 점이 A이다.

[정리 VI-7A] △PRQ≡△PRF가 성립한다.

증명

△QRU와 △FRv는 모두 직각삼각형이고, 맞꼭지각이므로 ∠QRU=∠FRv이다. 따라서 △QRU∽△FRv이다.

포물선의 정의에 의해 $\overline{Dv}=\overline{vF}$이다. $\overline{DQ}$ ∥ $\overline{vR}$이므로 $\overline{Dv}=\overline{QU}$이다. 그러므로 △QRU≡△FRv이다.

따라서 $\overline{QR}=\overline{RF}$이다. ——— (a)

포물선의 정의에 따라 $\overline{QP}=\overline{FP}$이다. ——— (b)

$\overline{PR}$은 공통이다. ——— (c)

그러므로 (a), (b), (c)에 의해 △PRQ≡△PRF이다. ■

[정리 VI-7B] 포물선의 반사 법칙
포물선의 축과 나란하게 들어오는 빛은 포물선의 초점에 모인다.

증명

△PRQ≡△PRF이므로 ∠PRQ=∠PRF=90°이고 ∠QPR=∠FPR이다.
——— (d)

점 P에 포물선의 접선을 그리고, $\overline{QP}$를 연장한 직선 QW를 그리면,
맞꼭지각이므로 ∠QPR=∠WPX이다. ——— (e)

(d)와 (e)에 의해 ∠FPR=∠WPX이다. ■

여기서 ∠WPX를 입사각, ∠FPR을 반사각이라고 하면, 포물선
에서는 축과 나란하게 입사한 광선이 초점으로 모인다는 사실을 알
수 있습니다. 반대로 초점에서 발사된 광선은 축과 나란하게 나아갑
니다. 이러한 성질을 이용하여 자동차의 헤드라이트나 손전등의 반
사경을 포물면이 되도록 만듭니다.

[정리 VI-7C] 점 P에서 접선에 수직한 직선을 긋고 그 직선이 포물선
의 축과 만나는 점을 S라고 하자. 점 P에서 포물선의 축에 내린 수선의
발을 T라고 하면, $\overline{TS}=2\overline{vF}=\overline{LF}$=반통경이다.

증명

초점 F에서 접선에 수직선을 긋고 그 교점을 R이라고 하자. 또한 점 P에
서 준선에 내린 수선의 발을 점 Q라고 하자. 그러면 주어진 조건에 의해

$\overline{PS} \perp \overline{RP}$이고, [정리 VI-7A]에 의해 $\angle PRQ = \angle PRF = 90°$이므로 $\overline{QF} \perp \overline{RP}$이다. 그러므로 $\overline{PS} /\!/ \overline{QF}$이다. 또한 포물선의 정의에 따라 $\overline{QP} /\!/ \overline{FS}$이다. 그러므로 사각형 QPSF는 평행사변형이다.

(1) 평행사변형 QPSF에서 $\overline{RF} /\!/ \overline{PS}$이므로 $\triangle APS \backsim \triangle ARF$이다.

그런데 $\overline{PS} = \overline{QF}$이고 $\overline{QF} = 2\overline{RF}$이므로, $\overline{PS} = 2\overline{RF}$이다.

$\triangle APS$와 $\triangle ARF$의 닮음비에서

$$\overline{AF} : \overline{AS} = \overline{RF} : \overline{PS} = \overline{RF} : 2\overline{RF} = 1 : 2$$

이다. 그러므로 점 F는 $\overline{AS}$를 이등분한다.(즉 $\overline{AF} = \overline{FS}$이다.)

(2) $\triangle APS \backsim \triangle ARF$이고 $\overline{AF} = \overline{FS}$이므로 $\overline{AR} = \overline{RP}$이다.

$\triangle APT \backsim \triangle ARv$이고 $\overline{AR} = \overline{RP}$이므로 $\overline{Av} = \overline{vT}$이다.

(3) $\triangle RvF \backsim \triangle PTS$이다.

$\angle RvF = \angle PTS = 90°$이고 $\overline{RF} /\!/ \overline{PS}$이므로 $\angle RFv = \angle PST$(동위각)이다. 그러므로 $\triangle RvF \backsim \triangle PTS$이다. 그런데 (1)에서 $\overline{PS} = 2\overline{RF}$이므로 $\overline{TS} = 2\overline{vF}$이다.

포물선의 현 중에서 초점 F에서 축과 직교하는 것을 수직지름 또는 통경이라고 하므로 〈그림 VI-1〉에서 선분 LL′이 수직지름이고 $\overline{LL'} = 2\overline{LF}$이다.

포물선의 정의에 따라 $\overline{YL} = \overline{LF}$, $\overline{YL} /\!/ \overline{DF}$, $\overline{YD} /\!/ \overline{LF}$이므로 사각형 YLFD는 정사각형이다. 따라서 $\overline{YL} = \overline{DF} = \overline{LF}$이다.

포물선의 정의에 따라 $\overline{Dv} = \overline{vF}$이므로 $\overline{YL} = \overline{DF} = \overline{Dv} + \overline{vF} = 2\overline{vF}$이고, (3)에 따라 $\overline{YL} = 2\overline{vF} = \overline{TS}$이다. $\overline{YL} = \overline{LF}$이므로 $\overline{LF} = \overline{TS}$이다. 따라서

$$\overline{TS} = \frac{1}{2}\overline{LL'}$$

이다. 즉 포물선 위의 임의의 점 P에서 포물선의 축에 내린 수선의 발 T와 그 점 P에서 접선에 대해 수직인 직선이 포물선의 축과 만나는 점 S

사이의 거리는 수직지름 $\overline{LL'}$의 절반인 $\overline{LF}$와 같다. ■

지금까지 중학교 때 배우는 유클리드 평면기하학에서 포물선과 관련된 몇 가지 정리를 증명해보았습니다. 고등학교 때 배우는 데카르트의 해석기하학으로도 이 정리들을 증명해볼 수 있습니다. 함께 해봅시다.

증명

포물선 위에 있는 임의의 점 $P(x_1, y_1)$에서 포물선에 접하는 접선의 방정식은 (식 VI-3)에서 구했으므로

$$y_1 y = 2p(x + x_1)$$

이다. $\overline{Av}$의 길이에 해당하는 x절편을 구하려면 이 식에 $y=0$을 대입하면 되므로, $x = -x_1$이다. 따라서 $\overline{Av} = x_1$이다. 그런데 점 T는 점 P에서 내린 수선의 발이므로 $\overline{vT}$는 점 P의 x값이며, 따라서 $\overline{vT} = x_1$이다. 그러므로 $\overline{Av} = \overline{vT}$이다.

점 R의 좌표는 접선의 y절편이다. 즉 (식 VI-3)에 $x=0$을 대입했을 때 y값을 구하면 된다. 점 $P(x_1, y_1)$는 포물선 위의 한 점이므로 포물선의 방정식을 만족한다. 따라서 $y_1^2 = 4px_1$이다. 이 두 식을 연립하면

$$y = \frac{1}{2} y_1$$

이다. 즉 $\overline{Rv} = \frac{1}{2} y_1$이다. $\overline{PT}$는 점 $P(x_1, y_1)$의 y값에 해당하므로 $\overline{PT} = y_1$이다. 따라서 $\overline{PT} = 2\overline{Rv}$이다.

점 $R\left(0, \frac{1}{2} y_1\right)$을 지나고 접선에 수직인 직선을 구해보자. 점 P에서 포물선에 접하는 직선의 기울기를 m, 그 접선에 수직인 직선의 기울기를 m'

이라고 하면 $mm' = -1$이다. (식 VI-3)에서 접선의 기울기 $m = \dfrac{2p}{y_1}$이고 따라서

$$m' = -\frac{y_1}{2p}$$

이다. 따라서 점 $R\left(0, \dfrac{1}{2}y_1\right)$을 지나고, 기울기가 $m' = -\dfrac{y_1}{2p}$인 직선의 방정식은

$$y = -\frac{y_1}{2p}x + \frac{1}{2}y_1$$

이다. 이제 이 방정식이 포물선의 축과 만나는 점 F, 즉 x절편을 구하자. $y = 0$을 대입하여 x에 대해 풀면 $x = p$이다. 이것은 방정식이 $y^2 = 4px$로 주어지는 포물선의 초점에 해당한다. 즉 포물선 위의 임의의 점 P에서 접선을 긋고, 포물선의 꼭지점에서 축에 대해 수직선을 그린 다음, 접선과 수직선이 만나는 점에서 접선에 수직인 직선을 그려서, 그 직선이 포물선의 축과 만나는 점을 구하면, 그 점이 초점이 된다.

점 $P(x_1, y_1)$에서 포물선에 접하는 접선에 수직하고 점 P를 지나는 직선의 방정식을 구하면

$$y = -\frac{y_1}{2p}(x - x_1) + y_1$$

이다. 점 S의 좌표는 이 직선의 x절편이므로 $y = 0$을 대입하면, $x = x_1 + 2p$이다. 즉 S$= (x_1 + 2p, 0)$이다. 또한 점 T의 좌표는 점 P에서 축에 내린 수선의 발이므로 T$= (x_1, 0)$이다. 따라서 $\overline{TS} = (x_1 + 2p) - x_1 = 2p$이다. 한편 포물선의 초점을 지나며 포물선의 축에 수직인 직선을 그릴 때, 그 직선과 포물선이 만나는 두 점 사이의 거리를 수직지름이라고 한다. 수직지름의 양끝인 L과 L$'$의 좌표는 $x = p$일 때 포물선의 방정식을 만족하는 y값이므로, $y^2 = 4p(p) = 4p^2$을 풀면 된다. 이것을 풀면 $y = \pm 2p$

이므로, $L=(p,\ +2p)$, $L'=(p,\ -2p)$이다. 즉 $\overline{LF}=2p$이다. 그러므로 $\overline{TS}=\overline{LF}=\dfrac{1}{2}\overline{LL}$ 이 성립한다. ∎

지금까지 증명한 내용을 바탕으로 포물선의 초점을 찾는 방법을 몇 가지 고안할 수 있습니다.

[작도 Ⅵ-4] 포물선의 초점
(1) 포물선 위의 어떤 점 P에 접선을 긋고, 포물선의 꼭지점 v에서 포물선의 축과 수직인 직선을 긋습니다. 두 직선이 만나는 점 R에서 접선에 수직인 직선을 그리면, 그 직선이 포물선의 축과 만나는 점이 바로 포물선의 초점입니다.(이 방법은 준선의 위치를 모르는 상황에서도 초점을 구할 수 있고 $\overline{Dv}=\overline{vF}$를 이용하여 준선을 구할 수 있으므로 편리합니다.)
(2) 점 P에서 접선을 작도하고, 그 점에서 그 접선에 수직인 직선 PS를 그립니다. 직선 PS와 평행이면서 점 R을 지나는 직선을 그립니다.

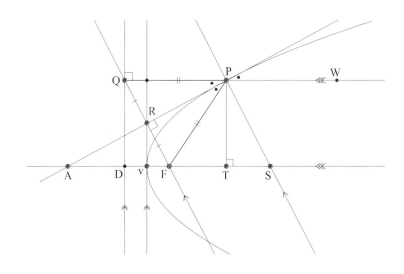

그 직선이 포물선의 축과 만나는 점이 바로 초점입니다.

(3) 점 P에서 접선과 수직인 선을 그어 그 선이 포물선의 축과 만나는 점을 S라고 하고, 또 그 접선이 포물선의 축과 만나는 점을 A라고 합시다. 점 A와 점 S의 중점이 바로 포물선의 초점입니다.(이 방법은 $\overline{AF} = \overline{FS}$임을 이용하였습니다. 방법 (1), (2), (3) 모두 접선에 수직인 직선을 한 번은 그려야 합니다.)

(4) 각의 이등분을 작도하는 방법을 적용하여 $\angle QPR = \angle FPR$임을 이용하거나 '입사각＝반사각'이고 $\overline{PS} \perp \overline{PA}$이므로 $\angle WPS = \angle FPS$가 된다는 사실을 이용하는 방법도 있습니다.

포물선의 반사 법칙

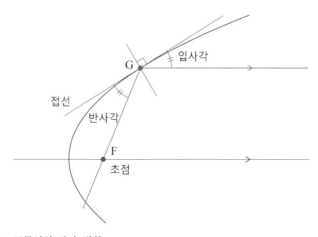

그림 VI-2. 포물선의 반사 법칙.

타원이나 쌍곡선과 마찬가지로 포물선에서도 '반사 법칙'이 성립합니다. 앞의 〈그림 VI-1〉을 보면 점 P에서의 접선은 $\angle QPF$를 이등분합니다. 또한 점 P에서 포물선에 접하는 접선과 점 P를 지나고 포물선의 축과 나란한 직선이 이루는 두 각 ∠QPR과 ∠XPW는 맞꼭지각으로 같습니다. 따라서 〈그림 VI-2〉와 같이 '입사각＝반사각'이 성립합니다. 즉 포물선의 축과 평행으로 입사하는 빛은 초점에 모이는 특성이 있습니다.

이러한 특징을 활용하면 포물선의 초점을 구할 수 있습니다. 먼저 포물선의 축과 평행인 직선 즉 포물선의 지름을 긋습니다. 그 직선이 포물선과 만난 점을 G라고 합시다. 그 점 G에서 포물선에 접선을 작도합니다. 점 G에서 그 접선에 수직선을 긋습니다. 지름과 접선이 이루는 각을 입사각이라고 합시다. 입사각이 반사각이 같도록 직선 GF를 그어줍니다. 포물선의 축과 직선 GF가 만나는 점이 바로 포물선의 초점입니다.

포물선에서 성립하는 반사 법칙은 일상생활에서도 매우 유용한 성질입니다. 자동차의 헤드라이트나 손전등의 반사경의 단면을 포물선 모양으로 만들고 전구를 초점 F의 위치에 놓으면 어떻게 될까요? 빛이 흩어지지 않고(!) 포물선의 축 방향으로 빔beam을 이루고 나가겠지요? 흩어지거나 모이지 않고 나아가므로 멀리까지 빛이 전달됩니다. 아주 유용한 성질이지요?

인공위성 TV를 보려면 인공위성에서 오는 TV전파를 받기 위해 접시안테나를 세워야 합니다. 사람들은 흔히 이 접시안테나를 '파라볼라안테나'라고 부릅니다. 파라볼라는 포물선이라는 뜻으로 접시안테나의 단면이 포물선이라서 붙여진 이름입니다. 접시의 역할은 전파를 받아들이는 것은 아니라 전파가 초점에 모이도록 해주는 것입니다. 실제로 전파를 감지하는 장치는 포물면의 초점에 달려 있습니다. 새 소리를 모아서 잘 들리게 해주는 장치도 이와 같은 원리를 사용한 것입니다. 이 장치에도 단면이 포물선 모양인 안테나가 달려 있고, 그 초점에 마이크로폰이 설치되어 있습니다.

과학관에 놀러 가면 볼 수 있는 포물선이 있습니다. 〈그림 VI-3〉과 같이 길쭉한 직육면체 모양의 수조를 만들어서 그 안에 물을 넣고, 직육면체의 중심축을 회전축에 맞춰서 빙글빙글 돌리면 어떻게 될까요? 물 표면의 가운데가 포물선 모양으로 오목하게 들어갑니다. 대학교 1학년 때 배우는 일반 물리학에서 다루는 내용입니다.

천문학자들과 공학자들은 이 재미있는 현상을 천문학자들이 사

그림 VI-3. 수조가 회전하면 수조에 담긴 물의 표면이 포물선 모양이 된다.

용할 거대한 천체망원경 만드는 데 적용했습니다. 요즘은 구경□徑
을 크게 만들기 쉬운 반사망원경을 수로 만듭니다. 반사망원경은 렌
즈 대신에 거울로 빛을 모읍니다. 거울로 만들었기 때문에 렌즈에서
발생하는 색수차가 생기지 않습니다. 천체는 아주 멀리 있기 때문에
빛살들이 서로 평행한다고 가정할 수 있습니다. 평행으로 입사하는
빛을 한 초점에 모으려면 천체망원경의 반사경은 포물면인 것이 좋
겠지요. 단면이 포물선인 면을 포물면이라고 합니다.

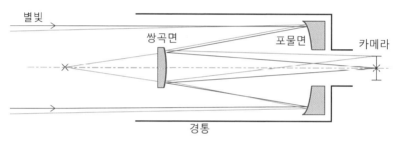

그림 Ⅵ-4. 카세그레인 타입 망원경의 구조. 주반사경의 단면은 포물면으로 하고, 부
반사경의 단면은 쌍곡면으로 한다.

거대 마젤란 망원경

요즘 남아메리카 칠레의 높은 산 위에서는 거대 마젤란 망원경이 만들
어지고 있습니다. 우리나라의 천문학자들도 이 프로젝트에 참여하고 있
습니다. 이 망원경에 장착될 반사경은 지름이 약 8미터인 망원경 일곱
장을 모아서 하나의 포물면을 만드는 것입니다. 전체 반사경의 지름은
약 25미터 정도입니다. 그 엄청난 크기를 상상해보세요! 도대체 이렇게
큰 반사경은 어떻게 만들까요?
이 망원경에 장착될 거대한 반사경을 만드는 곳은 미국의 애리조나 대
학교에 있는 리처드 에프 캐리스Richard F. Caris 반사경 연구소입니다. 필

자도 한번 가서 구경을 했습니다. 회전 성형 공법spin casting method라는 기술을 사용하는데, 그 과정은 이렇습니다.

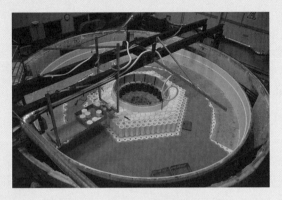

(1) 동그란 화로 안에 석회로 만든 육각형 기둥을 죽 세웁니다. 거울을 만드는 유리의 두께는 약 20~30센티미터이고 지름도 8미터나 됩니다. 유리의 무게는 40~50톤이나 됩니다. 유리와 돌멩이의 무게가 비슷하다고 보고 진짜 엄청난 크기의 바윗덩어리를 상상해보세요. 그래서 무게를 줄이기 위해 거울의 반사면이 아닌 뒷면에 마치 벌집처럼 구멍이 생기도록 만듭니다. 그러기 위해 석고로 만든 육각형 기둥을 세우는 것이지요. 이런 벌집 모양의 틀이 가장 가벼우면서도 강도가 가장 세다고 합니다.

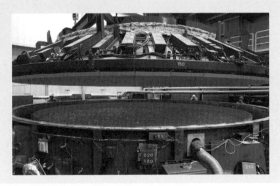

(2) 그 위에 거울의 재료가 되는 유리 덩어리를 깝니다. 이 유리는 그냥 보통 유리가 아니고, 온도가 변해도 잘 늘어나거나 줄어들지 않는 특수 재질의 유리입니다. 당연히 비싸겠지요? 이제 전열선이 장치되어 있는 화로의 뚜껑을 덮습니다.

(3) 미리 계산된 포물면이 만들어지도록 회전수를 정하여 천천히 돌리면서 화로에 열을 가합니다. 일반적인 유리는 규산염으로 되어 있는데, 고려청자나 조선백자를 구울 때도 흙 속에 있는 규산염이 녹았다가 굳으면서 유리가 되어 도자기의 표면이 유리로 발라지는 것입니다. 그 가마의 온도는 섭씨 1250도나 됩니다. 망원경의 반사경을 주조할 때도 이 정도의 온도로 가열해서 규산염이 액체가 되도록 합니다. 회전하는 물이 포물면을 이루듯이 액체 유리도 포물면을 이루겠지요?

(4) 이제 온도를 서서히 낮추어줍니다. 너무 빨리 식으면 유리가 균열이 생기거나 깨질 수 있으니 미리 계획을 세워 온도를 낮춥니다.

(5) 주조가 끝난 유리는 수직으로 세운 다음, 고압의 물을 분사해서 뒷면의 석고를 떼어내고 잘 다듬어줍니다.

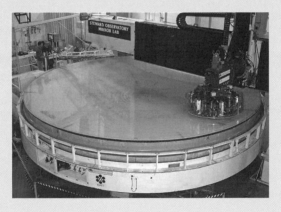

(6) 거울의 반사면이 될 부분이 매끈한 포물면이 되도록 연마합니다.

(7) 연마가 끝나면, 레이저 빛을 쏘아서 반사면이 정확하게 연마되었는지 측정합니다. 이 측정을 하려면, 높은 곳에서 레이저를 쏘아주고 반사된 레이저 빛을 받아서 분석합니다. 그래서 반사경 연구소는 미식축구 구장의 관중석 아래에 지었습니다. 높은 건물을 따로 짓는 것보다 저렴했거든요.

(8) 측정과 연마를 반복해서 오차 범위 이내로 들어오면 증착기에 넣고 반사면에 거울 막을 입힙니다. 즉 코팅을 하는 것입니다. 대개는 반사율이 좋은 알루미늄을 증발시켜서 유리 표면에 달라붙도록 합니다. 적외선을 관찰하는 망원경의 경우, 적외선도 잘 반사시키는 금으로 막을 입히기도 합니다.

(9) 반사경 뒷부분에 반사경의 모양 변형을 막아주는 능동광학계 장치를 달고 망원경 틀에 설치합니다.

◇

제7장

뉴턴의
만유인력의 법칙

아이작 뉴턴에게 바치는 에드먼드 핼리의 찬사

위내한 과학자 **아이작 뉴턴**
수학과 물리학에서 이룩한 그의 업적
우리 시대와 우리 겨레의 크나큰 자랑
– 에드먼드 핼리

보라, 눈을 들어 하늘의 무늬를![10]
질량의 균형과 신비로운 계산을!
성스럽도다!
여기, 신들이 우주의 틀을 잡을 때 내버려두지 않고
그분이 세상의 단단한 기초로 삼으셨던 법칙을 생각해보라.

하늘의 가장 깊숙한 곳, 이제 얻었구나.
모습을 드러내니, 더 이상 숨길 수 없다.

---

10 이 시의 영어 제목은 Ode to Isaac Newton입니다. 영어 번역문은 다음 사이트에서 찾아볼 수 있습니다. http://www.ebyte.it/logcabin/belletryen/IsaacNewton_Ode ByHalley.html

가장 먼 궤도를 돌리는 힘.
태양은 용상에 앉아 모두에게 명한다.
나를 향해 기울어지고 내려오라.
그러나 별들은 길을 바꾸지 않네.
곧장 나아가라. 끝없는 허공을 움직이듯이.
그러나 그를 중심에 두고 속도를 높여라
흔들림 없는 타원으로. 이제 우리는 알게 되었네.
혜성들이 급히 방향을 바꾸는 까닭을.
한때는 공포의 근원이었으나 이제는 더 이상
수염 달린 별이 나타나도 떨지 않네.

마침내 우리는 알았네 그 이유를. 은빛 달이 왜
고르지 않은 걸음을 걷는지,
마치 그 걸음이 숫자로 나타내지는 게 싫은 것처럼…
지금껏 어느 천문학자도 알지 못했지.
왜 계절이 가고 또 오는지.
시간은 왜 영원히 앞으로 가는지.
저 깊은 바다의 힘도 알게 되었네.
떠돌이 달의 여신 신시아가 어떻게 조류를 불러일으켜,
모래톱 드러낸 해변을 따라
파도가 해초를 던져버리는지.
뱃사람들은 그러려니 했었지만, 이제 알게 되었네.
무엇이 파도를 높이 들어올려 해변을 치도록 하는지.

고대의 선현들의 속을 썩였고,
우리의 똑똑한 학자들도 종종 헛된 말다툼만 소리 높였던 일, 이제 보이네.

이성의 빛 속에서, 무지의 구름이
마침내 과학에 의해 걷혔네.
의혹의 우울한 수렁에 드리운 의심이
천재가 빌려준 날개를 타고 날아가버리네.
신들의 저택을 꿰뚫고
하늘의 높이를 재노라. 오! 유한한 인간들이여,
일어나라! 그리고 세속의 번뇌를 떨쳐버리고
하늘이 주신 성정性情을 배우고
짐승처럼 버려진 존재가 아닌 인간의 사상과 삶을 배워라.

법률을 만들어
도둑과 살인자를 없애고,
간음과 믿음을 깨는 범죄를 억누르고,
방랑하는 사람들을 도시에 모으고,
담을 둘러 나라를 만든 사람들,
곡식의 신 케레스의 선물로 종족을 축복한 사람들,
포도를 짜서 포도주를 만든 사람,
혹은 나일강에 자라는 갈대로
직물을 만든 사람,
소리의 기호를 써서 음성을 표현한 사람!
주목하라. 인간에게 빛을 주는 것을.
인생을 비참함에서 벗어나
행복으로 바뀌게 해주도다. 하여 이제 보라.
신들의 잔치에 초청받아
하늘나라의 정치를 논하는구나.
세계의 변하지 않는 질서와

그 역사의 영겁을 구분해내도다.

그리하여 하늘의 감로를 음미하며
우리 함께 노래로 '뉴턴' 그의 이름을 찬미하리로다.
뮤즈들의 이름으로
그가 숨겨져 있던 진리의 보물 창고를 열었으니.
그의 정신을 통해 태양의 신 포이보스가
신성하게 빛나는구나.
사멸의 존재 중에 그 누가 신들에게 더 가까이 다가갈 수 있겠는가?

　　이 시는 원래 1686년에 천문학자 에드먼드 핼리가 뉴턴을 기리
며 라틴어로 쓴 시입니다. 이후 리언 리처드슨Leon Richardson이 영어
로 번역한 것을 우리말로 번역해보았습니다. 뉴턴은 무지의 어둠 속
에 한 줄기 빛이었고, 뉴턴 덕분에 인류는 문명을 얻었으며 신들과
함께 우주를 논할 수 있게 되었다는 내용의 시입니다. 시적으로 과
장한 말이겠지만 뉴턴의 업적이 얼마나 중요한지 웅변해주는 듯합
니다. 흔히 뉴턴이 근대 물리학, 나아가 근대 과학을 창시했다고도
말할 정도니까요. 뉴턴이 살았던 케임브리지 대학에 가보면 뉴턴은
마치 '학문의 신'이 아닌가 싶을 정도로 추앙받고 있습니다. 우리가
읽었던 위인전이나 과학사 책으로는 도대체 뉴턴을 왜 그렇게 추앙
하는지 느끼기 힘들 것입니다. 뉴턴의 저서 『프린키피아』의 제목만
들어보았지 실제로 읽어본 사람은 많지 않기 때문입니다.

그림 Ⅶ-1. 케임브리지 대학 트리니티 칼리지 성당에 있는 뉴턴 동상 앞의 필자.

뉴턴의 『프린키피아』와 운동 법칙

"두 물체 사이의 중력은 물체 각각의 중력질량의 곱에 비례하고
두 물체 사이의 거리의 제곱에 반비례하는 잡아당기는 힘이다."

이것은 우리가 일반적으로 알고 있는 뉴턴의 만유인력 법칙입

니다. 어떤 힘이 두 물체 사이의 거리의 제곱에 반비례하므로 '역제
곱의 법칙'이라고도 합니다. 그런데 뉴턴이 『프린키피아』에서 만유
인력을 이와 같이 법칙으로 명시한 것은 아닙니다. 다만 행성이 원
뿔곡선 궤도를 가지려면 태양이 행성에 작용하는 구심력이 거리의
제곱에 반비례해야 함을 증명하고 역으로 구심력이 거리의 제곱에
반비례하면 행성의 궤도는 원뿔곡선을 갖는다는 사실을 증명해 놓
았습니다.

　뉴턴이 대단한 천재라서 어느 날 갑자기 중력 법칙을 발견해낸
것은 아닙니다. 뉴턴 이전에 갈릴레이나 케플러와 같은 과학자들이
발견한 몇 가지 사실을 바탕으로 중력 법칙을 찾아낼 수 있었던 것
입니다. 요하네스 케플러는 행성 운동에 관한 세 가지 법칙을 발견
하였습니다.

1. 행성은 태양을 한 초점에 두고 타원 궤도로 공전한다.(타원 궤
   도의 법칙)
2. 행성과 태양을 연결하는 선이 단위시간 동안 휩쓸고 지나가는
   면적은 일정하다.(면적 속도 일정의 법칙)
3. 행성의 공전 주기의 제곱은 행성 궤도의 장반경의 세제곱에
   비례한다.(조화의 법칙)

　이는 뒤에서 더 자세히 살펴보겠습니다. 또한 갈릴레이는 관성
의 법칙과 낙체의 법칙을 발견하였습니다. 관성의 법칙이란 '물체에
외부의 힘이 작용하지 않는다면 원래의 운동 상태를 유지한다'라는
것입니다. 또한 낙체의 법칙은 '자유 낙하하는 물체가 떨어지는 거
리는 시간의 제곱에 비례한다'라는 것입니다. 뉴턴은 이러한 발견들

을 바탕으로 운동에 관한 공리를 생각해내고, 그 공리로부터 '천체가 타원 궤도를 그리려면 중력은 거리의 제곱에 반비례해야 한다'라는 사실을 증명하였습니다. 이 지식은 『프린키피아』의 맨 앞부분에 나옵니다. 사람들은 '뉴턴이 어떻게 이런 놀라운 지식을 증명해냈을까?' 하는 의문을 품게 마련이지요. 우리나라의 중학교와 고등학교 수학 수준은 매우 높아서 뉴턴의 『프린키피아』에 나오는 설명을 이해할 수 있을 정도랍니다. 그렇다면 우리 한번 도전해볼까요? 지금까지 힘들게 원뿔곡선의 여러 가지 성질들을 살펴보았는데 뉴턴의 『프린키피아』에 나오는 역제곱의 법칙을 증명해보는 것이 이 책의 백미가 되겠습니다.

뉴턴은 유클리드의 『기하원론』과 데가르트의 『철학의 원리』를 본받아 『프린키피아』에 '공리 체계'로 이론을 서술하였습니다. 공리라는 것은 증명할 수는 없으나 또는 증명할 필요도 없이 자명하게 참인 언명들을 말하는데, 여기에는 정의, 상식, 공준이 있습니다. 『프린키피아』의 첫 번째 정의는 '질량은 밀도와 부피를 곱한 양'이라는 것이고, 두 번째 정의는 '운동량은 속도와 질량을 곱한 양'이라는 것입니다. 계속해서 관성, 외력, 구심력 등의 물리량을 차례로 정의하고 있습니다. 그 다음에 나오는 것은 공준입니다. 공준은 영어로 포스튤레이트postulate라고 하며 과학에서는 법칙law 또는 원리principle라고 부릅니다. 뉴턴이 제시한 공준은 단 세 개입니다. 이것을 그는 '운동 법칙'이라고 불렀고, 우리는 '뉴턴의 운동 법칙'이라고 합니다.

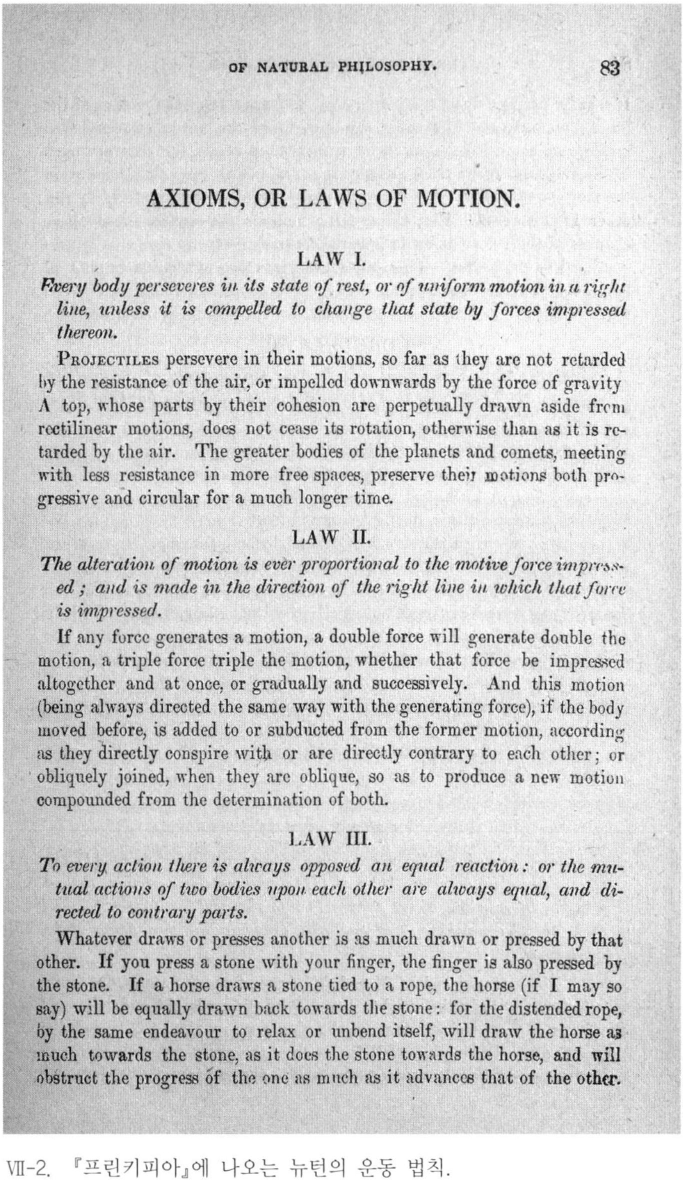

AXIOMS, OR LAWS OF MOTION.

LAW I.

Every body perseveres in its state of rest, or of uniform motion in a right line, unless it is compelled to change that state by forces impressed thereon.

PROJECTILES persevere in their motions, so far as they are not retarded by the resistance of the air, or impelled downwards by the force of gravity A top, whose parts by their cohesion are perpetually drawn aside from rectilinear motions, does not cease its rotation, otherwise than as it is retarded by the air. The greater bodies of the planets and comets, meeting with less resistance in more free spaces, preserve their motions both progressive and circular for a much longer time.

LAW II.

The alteration of motion is ever proportional to the motive force impressed ; and is made in the direction of the right line in which that force is impressed.

If any force generates a motion, a double force will generate double the motion, a triple force triple the motion, whether that force be impressed altogether and at once, or gradually and successively. And this motion (being always directed the same way with the generating force), if the body moved before, is added to or subducted from the former motion, according as they directly conspire with or are directly contrary to each other; or obliquely joined, when they are oblique, so as to produce a new motion compounded from the determination of both.

LAW III.

To every action there is always opposed an equal reaction : or the mutual actions of two bodies upon each other are always equal, and directed to contrary parts.

Whatever draws or presses another is as much drawn or pressed by that other. If you press a stone with your finger, the finger is also pressed by the stone. If a horse draws a stone tied to a rope, the horse (if I may so say) will be equally drawn back towards the stone: for the distended rope, by the same endeavour to relax or unbend itself, will draw the horse as much towards the stone, as it does the stone towards the horse, and will obstruct the progress of the one as much as it advances that of the other.

그림 Ⅶ-2. 『프린키피아』에 나오는 뉴턴의 운동 법칙.

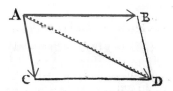

그림 Ⅶ-3.　평행사변형의 법칙으로 알짜힘을 계산한다.

운동 제1법칙: 모든 물체는 바깥에서 힘이 작용하지 않는 한 정지해 있거나 또는 직선 상의 등속 운동을 유지한다.(관성의 법칙)
운동 제2법칙: 물체의 운동 변화는 가해지는 알짜힘에 비례한다. 그리고 그 변화는 가해지는 힘의 방향으로 이루어진다.(가속도의 법칙)
운동 제3법칙: 모든 작용에는 항상 동일한 크기의 반작용이 있다. 즉 두 물체가 서로에게 가하는 작용은 그 크기가 같고 방향은 반대이다.(작용반작용의 법칙)

세 가지 운동 법칙을 수립한 다음 [따름정리 1]이 나옵니다. 어떤 물체에 두 가지 힘이 작용할 때, 두 힘을 평행사변형의 이웃한 변이라 생각하면 대각선 방향으로 힘이 작용하는 것과 같다는 것입니다. 고등학교 물리 시간에 배우는 것이고, 고등학교 수학에서 배우는 벡터의 합을 이야기하는 것입니다. 조금 어렵게 말하자면 힘이 벡터량이라는 뜻입니다. 그 다음에는 미분과 적분에 대해 짤막하게 서술하였습니다. 이상의 내용이 『프린키피아』 제1권 제1장의 내용입니다. 다음에 나오는 제1권 제2장은 행성 운동의 원인이 되는 구심력의 성질을 연구하고 있습니다. 중력의 궤도가 원뿔곡선일 때, 중력은 거리에 대한 역제곱의 법칙을 따른다는 사실을 증명하는 데 필요한 기본적인 내용이라고 할 수 있습니다.

뉴턴의 『프린키피아』 제1권 제2장에 나오는 첫 번째 정리인 [명제 1, 정리 1]은 케플러의 행성 운동에 관한 제2법칙입니다.

> "힘의 중심이 고정되어 있고 어떤 물체가 그 둘레를 공전할 때, 그 중심과 물체를 잇는 반경이 그리는 면적은 일정한 평면을 유지하며 시간에 비례한다."

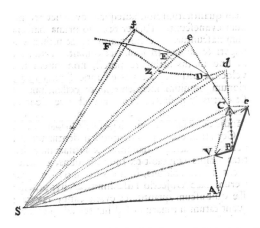

그림 Ⅶ-4. 점 S에 고정되어 있는 태양이 작용하는 구심력에 의해, 아주 짧은 단위시간 동안 행성이 연속적으로 운동하는 것을 그린 그림이다.

여기서 뉴턴의 천재성이 나타납니다. 뉴턴은 이것을 다음과 같이 이해했습니다. 〈그림 Ⅶ-4〉는 일정한 시간 δt 가 흐를 때마다 행성이 A, B, C, D, E 등으로 운동하는 것을 나타낸 것입니다. 앞에서 다뤘듯이 뉴턴의 운동 제1법칙은 '물체에 가해지는 알짜힘이 0이면 그 물체는 등속 운동을 한다'라는 것입니다. 바로 이 관성의 법칙에 따라 처음에 점 B에 있던 행성은 외부에서 힘이 가해지지 않는다면 점 c로 가게 됩니다. 그런데 점 S에 있는 태양이 이 행성에 구심력을 작용한다고 합시다. 뉴턴의 운동 제2법칙에 의해 행성은 가속을 받으므로 점 c가 아니라 점 C로 가게 됩니다. 중력은 끌어당기는 힘이므로 '행성이 태양 쪽으로 떨어지게 되는 것'이지요. 점 C에서도 마찬가지로 점 d 대신에 점 D로 떨어지고, 다음엔 점 E로, 점 F로 떨어지는 것을 계속 되풀이합니다.

뉴턴이 케임브리지 대학 학생이었을 때, 마침 흑사병이 돌아서 휴교하는 바람에 고향에 내려가 있었습니다. 어느 날 정원에서 사과가 사과나무에서 땅으로 떨어지는 것을 보았습니다. 이 광경을 보고 뉴턴은 '아하! 달도 사과처럼 지구로 떨어지는 것이로구나!'라는 깨달음을 얻었다고 합니다.[11] 『프린키피아』에는 사과 이야기가 나오지는 않지만 행성이 태양을 향해 떨어진다고 보고 있습니다. 뉴턴의 사과가 근거가 없는 이야기는 아닐 것 같습니다. 이 이야기의 사실 여부를 떠나 뉴턴에게 '달이 지구로 떨어지고, 행성이 태양으로 떨어진다'라는 것을 볼 수 있는 통찰력이 있었다는 점이 중요하지 않을까요?

---

11 뉴턴의 사과 이야기는 프랑스의 계몽사상가 볼테르가 뉴턴이 죽던 해에 처음 언급하였는데, 이 이야기를 뉴턴의 조카인 캐서린에게 들었다고 덧붙였다. 이 이야기의 신빙성에 대해서는 의견이 갈리는데, 뉴턴의 저작과 편지 등을 편집했던 화이트사이드는 이 일화를 근거 없는 것으로 일축했지만, 뉴턴에 대해서 가장 권위 있는 전기를 쓴 웨스트폴은 뉴턴이나 그의 조카가 거짓말을 했을 만한 이유가 없다는 근거를 들어 이를 개연성이 있는 것으로 보고 있다.(홍성욱, 2001, 「신화가 된 과학자들」, 《과학동아》, 7월호.)

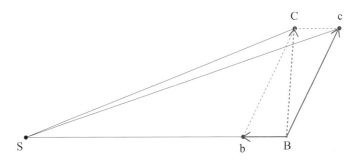

그림 Ⅶ-5. 〈그림 Ⅶ-4〉의 일부인 △SBC를 그린 그림이다. 점 S에 있는 태양의 구심력이 없다면 행성은 $\vec{Bc}$로 운행하겠지만 행성은 태양에 의한 힘을 받아 $\vec{Cc}$ 또는 $\vec{bB}$만큼 태양으로 떨어진다. 벡터의 합에 의해 행성은 $\vec{BC}$의 경로로 움직인다. $\vec{bB}$ // $\vec{Cc}$임에 유의하자.

행성이 태양으로 얼마만큼 떨어질까요? 〈그림 Ⅶ-4〉에서 △SBC 부분만 똑 떼어 살펴봅시다. 점 B에 있던 행성은 태양의 구심력이 없었다면, 점 c로 움직였을 것입니다. 그런데 이 행성에 아주 짧은 시간 동안 태양의 구심력이 작용하면 행성은 가속을 받아 태양 쪽으로 $\vec{bB}$ 만큼 떨어질 것입니다. 그 결과 행성은 점 B에서 점 C로 움직입니다. 이것을 현대 수학의 벡터 기호로 나타내면

$$\vec{Bc} + \vec{Bb} = \vec{BC}$$

입니다. 앞에서 보았듯이 뉴턴은 이럴 때 평행사변형의 법칙에 따라 계산하였습니다. 즉 〈그림 Ⅶ-5〉에서 $\overline{bB}$ // $\overline{Cc}$입니다. △SBC와 △SBc 는 밑변이 $\overline{SB}$로 공통이고 $\overline{bB}$ // $\overline{Cc}$ 또는 $\overline{SB}$ // $\overline{Cc}$이므로 높이가 같습니다. 따라서 두 삼각형의 면적은 같습니다. 일정한 시간 δt가 흘러 행성이 점 C에서 점 D로 움직일 때도 같은 원리로 삼각형의 면적은 같습니다. 이것이 바로 단위시간 동안 행성의 반지름이 훑고

지나는 면적이 일정하다는 케플러의 행성 운동 제2법칙입니다.

행성이 점 B에서 점 C로 이동하는 동안 받는 힘의 방향이 SB와 나란하지 않고 점 S를 향해 달라져야 하는 것이 아니냐고 생각하는 분도 있을 것입니다. 그러나 δt가 아주 짧은 시간이라면 점 B에서 행성에 작용하는 힘이라고 봐도 크게 틀리지 않다고 볼 수 있습니다. 이와 같이 궤도 상의 모든 점에서 구심력이 힘의 원점을 향할 때, 우리는 이 힘을 '중심력'이라고 합니다. 중심력의 크기는 두 천체 사이의 거리에 따라 정해집니다. 이러한 지식을 염두에 두고 이제 행성의 공전 주기가 타원 궤도일 때, 태양과 행성 사이에 어떤 힘이 작용하는지 알아봅시다.

『프린키피아』 명제 6, 정리 5, 따름정리 1

어떤 천체가 곡선 APQ를 그리며 중심 S의 둘레를 돌고 있다. 선분 ZPR은 점 P에서 이 곡선에 접하는 접선이다. 곡선 위의 다른 점 Q에서 $\overline{QR} \parallel \overline{SP}$가 되도록 접선 위에 R을 정하고 $\overline{QR}$을 그린다. 점 Q에서 $\overline{SP}$에 내린 수선의 발을 T라고 하자. 그러면 점 S에서 점 P에 있는 행성에 작용하는 구심력 F는

(식 Ⅶ-1)
$$F \propto \frac{\overline{QR}}{\overline{SP}^2\,\overline{QT}^2}$$

에 비례한다.

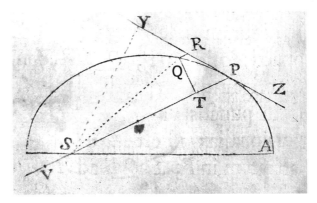

그림 Ⅶ-6. 곡선 궤도를 운행하는 행성. S에 태양이 있고 P에 행성이 있다. $\overline{YZ}$ 는 점 P에서 곡선에 접하는 직선이고, 점 T는 점 Q에서 $\overline{SP}$에 내린 수선의 발이며 △SPQ의 높이에 해당한다. 행성이 타원 위의 한 점 P에서 아주 짧은 시간이 흐른 뒤 점 Q로 이동하는 경우이며 $\overline{QR} \parallel \overline{SP}$임에 유의하자.

증명

앞에서 살펴보았듯 어떤 행성은 바깥에서 힘이 작용하지 않으면 직선 운동을 한다. 그런데 점 S에 있는 태양이 행성에 구심력(중력)을 작용하면 그 힘에 의해 행성은 원래의 직진 궤도를 벗어나 살짝 잡아당겨진다. 〈그림 Ⅶ-6〉처럼 점 P에 있던 행성이 아주 짧은 시간 δt 동안 점 Q로 운동했다고 하자. 뉴턴의 운동 제1법칙, 즉 갈릴레이의 관성의 법칙에 따르면, 태양의 구심력이 작용하지 않을 경우, 행성은 점 R로 직선 운동 할 것이다. 행성의 속도가 v였다면 그 거리는 $\overline{PR} = v \cdot \delta t$가 된다. 그런데 행성은 태양의 구심력 F 때문에 가속도 $a = \dfrac{F}{m}$를 받으므로 태양 쪽으로 $\overline{QR}$만큼 떨어진다(뉴턴의 운동 제2법칙). 그 떨어진 거리 $\overline{QR}$은 갈릴레이의 낙체 법칙에 의해 시간의 제곱에 비례하므로

(식 Ⅶ-2)
$$\overline{QR} = \frac{1}{2}a(\delta t)^2 = \frac{1}{2}\frac{F}{m}(\delta t)^2$$

이다.[12]

δt 동안 선분 SP가 훑고 가는 면적을 계산해보자. 그 면적은 〈그림 Ⅶ-6〉에서 △SPQ의 면적으로 근사된다. $\delta t \to 0$인 극한에서는 이 삼각형의 넓이가 선분 SP가 훑고 지나갈 때 생기는 호의 면적과 같다고 볼 수 있다. 점 T가 점 Q에서 선분 SP에 내린 수선의 발이므로 △SPQ의 면적 S는

(식 Ⅶ-3)
$$S = \frac{1}{2} \times 밑변 \times 높이 = \frac{1}{2}\overline{SP} \cdot \overline{QT}$$

이다. 이 면적은 케플러의 행성 운동에 관한 제2법칙인 '면적 속도 일정의 법칙'에 따라, 선분 SP가 단위시간에 훑고 지나가는 면적을 $\dot{A}$라고 했을 때

(식 Ⅶ-4)
$$S = \dot{A}\delta t$$

와 같다. (식 Ⅶ-3)과 (식 Ⅶ-4)은 등식이므로

(식 Ⅶ-5)
$$\delta t = \frac{\overline{SP} \cdot \overline{QT}}{2\dot{A}}$$

이다. 따라서 (식 Ⅶ-5)를 (식 Ⅶ-2)에 대입하면

$$\overline{QR} = \frac{1}{2}\frac{F}{m}\left(\frac{\overline{SP} \cdot \overline{QT}}{2\dot{A}}\right)^2$$

이다. F에 대해 정리하면

(식 Ⅶ-6)
$$F = 8m\dot{A}^2 \times \frac{\overline{QR}}{\overline{SP}^2 \cdot \overline{QT}^2}$$

이다.　　　　　　　　　　　　　　　　　　　　　　　　　　■

---

12 고등학교 물리 시간에 배우는 낙체의 법칙입니다. 자유 낙하하는 물체가 t시간 동안 떨어진 거리 S는 중력가속도를 g라고 할 때, $S = \frac{1}{2}gt^2$가 됩니다.

『프린키피아』에 나오는 그 다음 정리들을 통해, 뉴턴은 위의 관계식에서 $\dfrac{\overline{QT}^2}{\overline{QR}}$이 주어진 궤도의 수직지름과 같음을 보입니다. 수직지름은 통경이라고도 하고 라틴어로는 라투스 렉툼이라고 합니다. 수직지름은 모든 원뿔곡선에 있으며, 초점에서 장축에 수직인 선을 그었을 때 그 수직선과 원뿔곡선이 만나는 두 교점 사이의 거리, 즉 초점을 지나는 겹세로축의 길이를 말합니다. 그 절반은 세로축, 반통경, 세미-라투스 렉툼이라고 부릅니다.

〈그림 Ⅶ-7〉에서 타원의 장반경을 a, 단반경을 b라고 하면 타원의 정의에 의해 $\overline{FB} + \overline{F'B} = 2a$인데, $\overline{FB} = \overline{F'B}$이므로 $\overline{FB} = a$입니다. 또한 $\overline{BC}$는 단반경이므로 $\overline{BC} = b$입니다. 피타고라스의 정리에 의해 $\overline{FC} = \sqrt{a^2 - b^2}$입니다. $\triangle FPF'$에서 수직반지름 $\overline{FP}$를 x, $\overline{PF'}$을 y로 정의하면 타원의 정의에 의해 $x + y = 2a$이고 피타고라스의 정

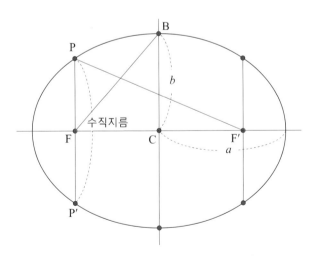

그림 Ⅶ-7. $\overline{PP'}$을 수직지름이라고 한다.

리에 의해 $\overline{FF'}^2 + \overline{PF}^2 = \overline{PF'}^2$ 이므로 $(2\overline{FC})^2 + x^2 = 4(a^2 - b^2) + x^2 = y^2$이 됩니다. 이 두 방정식을 연립해서 풀면 세로축의 길이 x는

$$x = \frac{b^2}{a}$$

이고 수직지름의 길이 $\overline{PP'}$, 즉 L은

(식 Ⅶ-7) $\qquad\qquad L = 2x = \dfrac{2b^2}{a}$

입니다. 이 수직지름은 행성의 위치와는 상관없이, 주어진 타원에 대해 항상 일정한 값이므로 (식 Ⅶ-6)에서 $\dfrac{QR}{\overline{QT}^2}$은 상수이고, 태양이 행성에게 작용하는 구심력(중력)은 둘 사이의 거리 $\overline{SP}$의 제곱에 반비례하게 되는 것이지요.

　뉴턴의 『프린키피아』 제1권 제3장에 나오는 첫 번째 정리는 [명제 11, 문제 6]으로 '천체가 타원 궤도로 움직이면 타원의 초점을 향해 거리의 제곱에 반비례하는 구심력이 작용한다'라는 사실을 증명하고 있습니다. 이와 같이 힘이 거리의 제곱에 반비례하는 것을 '역제곱의 법칙'이라고 합니다. 『프린키피아』 제1권 제3장에는 곧이어 [명제 12, 문제 7]에서 쌍곡선 궤도일 때, [명제 13, 문제 8]에서 포물선 궤도일 때에도 중력에 역제곱의 법칙이 성립한다는 내용이 실려 있습니다. 즉 한 자리에 고정되어 있는 태양 주위를 행성이 공전하는 경우, 그 행성의 궤도가 원뿔곡선을 이룬다면, 둘 사이에 작용하는 만유인력에 역제곱의 법칙이 성립한다는 것이지요.

SECTION III.

Of the motion of bodies in eccentric conic sections.

PROPOSITION XI.   PROBLEM VI.

If a body revolves in an ellipsis ; it is required to find the law of the centripetal force tending to the focus of the ellipsis.

Let S be the focus
of the ellipsis. Draw
SP cutting the diame-
ter DK of the ellipsis
in E, and the ordinate
Qv in x ; and com-
plete the parallelogram
QxPR. It is evident
that EP is equal to the
greater semi-axis AC :
for drawing HI from
the other focus H of
the ellipsis parallel to
EC, because CS, CH
are equal, ES, EI will

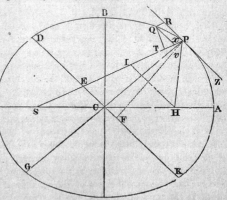

be also equal; so that EP is the half sum of PS, PI, that is (because of
the parallels HI, PR, and the equal angles IPR, HPZ), of PS, PH, which
taken together are equal to the whole axis 2AC. Draw QT perpendicu-
lar to SP, and putting L for the princi al latus rectum of the ellipsis (or for
$\dfrac{2BC^2}{AC}$), we shall have L × QR to L × Pv as QR to Pv, that is, as PE
or AC to PC ; and L × Pv to GvP as L to Gv ; and GvP to Qv^2 as PC^2
to CD^2 ; and by (Corol. 2, Lem. VII) the points Q and P coinciding, Qv^2
is to Qx^1 in the ratio of equality ; and Qx^2 or Qv^2 is to QT^2 as EP^2 to
PF^2, that is, as CA^2 to PF^2, or (by Lem. XII) as CD^2 to CB^2. And com-
pounding all those ratios together, we shall have L × QR to QT^2 as AC
× L × PC^2 × CD^2, or 2CB^2 × PC^2 × CD^2 to PC × Gv × CD^2 ×
CB^2, or as 2PC to Gv. But the points Q and P coinciding, 2PC and Gv
are equal. And therefore the quantities L × QR and QT^2, proportional
to these, will be also equal. Let those equals be drawn into$\dfrac{SP^2}{QR}$, and L
× SP^2 will become equal to$\dfrac{SP^2 × QT^2}{QR}$. And therefore (by Corol. 1 and
5, Prop. VI) the centripetal force is reciprocally as L × SP^2, that is, re-
ciprocally in the duplicate ratio of the distance SP. Q.E.I.

그림 Ⅶ-8. 『프린키피아』 제1권 제3장 [명제 11, 문제 6].

또한 뉴턴은『프린키피아』제1권 제3장 [명제 14, 정리 6]에 케플러의 행성 운동에 관한 제2법칙인 '면적 속도 일정의 법칙'을 증명합니다. 그 다음에 나오는 [명제 15, 정리 7]에는 케플러의 행성 운동에 관한 제3법칙인 '조화의 법칙'을 증명합니다. 뉴턴은『프린키피아』제1권 제3장의 마지막인 [명제 17, 문제 9]에 '태양과 행성 사이의 중력이 역제곱의 법칙을 따른다면 그 행성의 궤도는 주어진 속력에 따라 여러 원뿔곡선 가운데 하나를 돌게 된다'라는 것을 증명합니다. 즉 행성의 공전 궤도가 원뿔곡선이면 태양과 행성 사이의 중력은 역제곱의 법칙을 따른다는 사실과, 역으로 태양과 행성 사이의 중력이 역제곱의 법칙을 따르면 행성의 공전 궤도는 원뿔곡선 가운데 하나가 된다는 사실을 모두 증명함으로써 두 명제는 '필요충분조건'을 만족하게 되는 것입니다.

타원 궤도일 때의 만유인력 법칙 유도

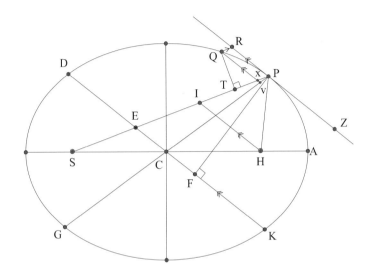

그림 Ⅶ-9. 『프린키피아』제1권 제3장 [명제 11, 문제 6]을 풀기 위한 그림이다. 태양은 타원의 초점 S에 있고, 다른 초점은 H이다. 행성은 점 P에 있다가 짧은 시간이 흐른 뒤 점 Q로 이동한다. 직선 ZPR은 점 P에서 타원에 접하는 직선이다. $\overline{PG}$와 $\overline{DK}$는 켤레 지름이다. 점 Q에서 $\overline{PR}$에 평행이 되게 직선을 그어서 $\overline{PS}$와 만난 점을 x라고 하고, $\overline{CP}$와 만난 점을 v라고 한다. QRPx는 평행사변형이다. 점 T는 점 Q에서 $\overline{PS}$에 내린 수선의 발이고, 점 F는 점 P에서 $\overline{DK}$에 내린 수선의 발이다. 초점 H를 지나고 $\overline{DK}$와 평행한 직선을 그리고 이 직선이 $\overline{PS}$와 만나는 점을 I라고 한다. $\overline{PS}$와 $\overline{DK}$의 교점을 E라고 한다.

　　『프린키피아』제1권 제3장 [명제11, 문제 6]은 "천체가 타원 궤도로 움직일 때, 타원의 초점을 향하는 구심력이 역제곱의 법칙을 따른다"라는 것입니다. 이제 이 명제를 증명해봅시다. 자, 이제 다시 뉴턴의 마음속으로 들어갑니다. 뉴턴은 요하네스 케플러의 행성 운동에 관한 제1법칙 '행성의 궤도는 태양을 한 초점에 둔 타원을 그린다'를 잘 알고 있었습니다. 뉴턴은 그래서 〈그림 Ⅶ-9〉와 같이 점 S에 태양이 있고 그 둘레를 행성이 타원 궤도를 따라 공전하는 경우, 두 천체 사이의 구심력이 어떤지 생각해보았습니다.

증명

『프린키피아』 제1권 제3장 [명제 11, 문제 6]에 서술되어 있는 내용을 따라 〈그림 Ⅶ-9〉를 읽어보자. 타원의 초점 S에 태양에 고정되어 있다. 타원 위에 있는 임의의 점 P에 접선을 그은 것이 직선 ZPR이다. 이 접선과 평행이면서 타원의 중심 C를 지나는 지름을 $\overline{DK}$라고 하고, 점 P와 타원의 중심 C를 지나 직선을 그릴 때 그 맞은편 타원에서 만나는 점을 G라고 하면 $\overline{DK}$와 $\overline{PG}$는 서로 켤레지름이다. 직선 $\overline{PS}$를 그릴 때 타원의 지름 $\overline{DK}$와 만나는 점을 E라고 하자.

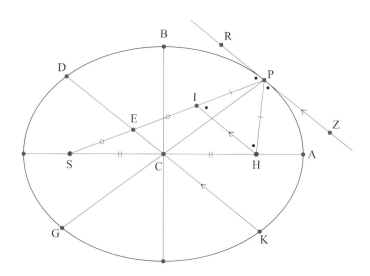

'그러면 $\overline{\mathrm{EP}}$는 타원의 장축의 절반인 $\overline{\mathrm{AC}}$와 길이가 같음이 명백하다. 타원의 다른 초점 H로부터 $\overline{\mathrm{EC}}$에 평행하도록 $\overline{\mathrm{HI}}$를 그으면, $\overline{\mathrm{CS}} = \overline{\mathrm{CH}}$이므로 $\overline{\mathrm{ES}} = \overline{\mathrm{EI}}$이다. 따라서

$$\overline{\mathrm{EP}} = \frac{1}{2}(\overline{\mathrm{PS}} + \overline{\mathrm{PI}})$$

이다. 또한 $\overline{\mathrm{HI}} /\!/ \overline{\mathrm{PR}}$이고, 입사각과 반사각이 같아서 $\angle \mathrm{IPR} = \angle \mathrm{HPZ}$이므로

$$\overline{\mathrm{EP}} = \frac{1}{2}(\overline{\mathrm{PS}} + \overline{\mathrm{PH}})$$

이다. 그런데 타원의 정의에 따라 $\overline{\mathrm{PS}} + \overline{\mathrm{PH}} = 2\overline{\mathrm{AC}}$이므로, $\overline{\mathrm{EP}} = \overline{\mathrm{AC}}$이다.'

뉴턴은 '$\overline{\mathrm{EP}} = \overline{\mathrm{AC}}$임이 명백하다'라며 간단하게 증명해보인다. 우리는 [정리 Ⅳ-8]에서 이미 이 정리를 증명했다.

〈그림 Ⅶ-6〉에서 태양의 구심력이 작용할 때 행성이 이동한 위치를 Q라고 하고 태양의 구심력 없이 관성만 작용할 때 움직인 위치를 R이라고 하자. 점 Q를 지나고 선분 PR에 평행한 직선을 그릴 때, 그 직선이 $\overline{\mathrm{SP}}$와 만나는 점을 x라고 하고, $\overline{\mathrm{CP}}$와 만나는 점을 v라고 하자. 그러면 '면적 속도 일정의 법칙'에 의해 사각형 QRPx는 평행사변형이 된다. 그러면 $\overline{\mathrm{Px}} = \overline{\mathrm{QR}}$이다. 〈그림 Ⅶ-10〉에서 붉은색으로 칠한 △PEC와 △Pxv는 서로 닮음이다. $\overline{\mathrm{EC}} /\!/ \overline{\mathrm{xv}}$이고 $\angle \mathrm{EPC}$는 공통이기 때문이다. 따라서 삼각형의 닮음비에 의해

$$\overline{\mathrm{Px}} : \overline{\mathrm{Pv}} = \overline{\mathrm{EP}} : \overline{\mathrm{CP}}$$

이다. 그런데 위에서 $\overline{\mathrm{Px}} = \overline{\mathrm{QR}}$이고 $\overline{\mathrm{EP}} = \overline{\mathrm{AC}}$이므로

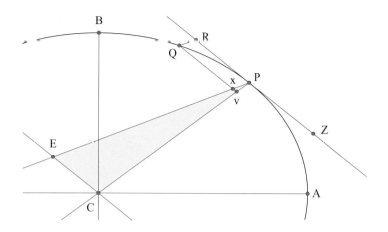

그림 Ⅶ-10. 〈그림 Ⅶ-9〉에서 △PEC와 평행사변형 QRPx 부분을 확대하였다. △PEC∽ △Pxv이고 Q → P일 때, x → v이다.

$$\overline{QR} : \overline{Pv} = \overline{EP} : \overline{CP} = \overline{AC} : \overline{CP}$$

이다. 좌변에 수직지름을 곱해도 등식은 성립한다.

(식 Ⅶ-8) $$L \cdot \overline{QR} : L \cdot \overline{Pv} = \overline{AC} : \overline{CP}$$

또한 나중에 계산할 때 편리하도록 다음의 비례식을 적어두자. 비례식의 두 항을 똑같이 $\overline{Pv}$로 나눠준 것 뿐이다.

(식 Ⅶ-9) $$L \cdot \overline{Pv} : \overline{Gv} \cdot \overline{Pv} = L : \overline{Gv}$$

다음으로 [정리 Ⅳ-6]에서 증명한 원뿔 정리를 적용하면 다음과 같은 비례식을 얻는다.

(식 Ⅶ-10) $$\overline{Gv} \cdot \overline{Pv} : \overline{Qv}^2 = \overline{CP}^2 : \overline{CD}^2$$

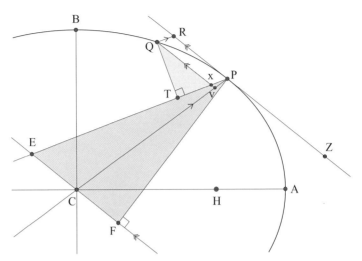

그림 Ⅶ-11. 〈그림 Ⅶ-9〉에서 △TQx와 △FPE 부분을 확대했다. ∠QTx=∠PFE=90°이고 $\overline{Qx}$ ∥ $\overline{EF}$이므로 △TQx∽△FPE이다.

그런데 점 Q에서 $\overline{SP}$에 내린 수선의 발을 T라고 하고 점 P에서 $\overline{DK}$에 내린 수선의 발을 F라고 하면 △TQx∽△FPE이다. 왜냐하면 △TQx와 △FPE는 ∠QTx=∠PFE=90°로 직각삼각형이고 $\overline{Qx}$ ∥ $\overline{EF}$이므로 ∠QxT=∠FEP (엇각)이기 때문이다. 따라서 삼각형의 닮음비 법칙에 의해

$$\overline{Qx} : \overline{QT} = \overline{EP} : \overline{PF}$$

이다. 모든 항을 제곱해도 비례식은 성립하므로

$$\overline{Qx}^2 : \overline{QT}^2 = \overline{EP}^2 : \overline{PF}^2 = \overline{AC}^2 : \overline{PF}^2$$

이다. 맨 뒤의 등식에는 $\overline{EP}=\overline{AC}$를 적용했다. 그런데 Q → P인 경우, 즉 행성이 P에서 Q로 운동하는 동안 흐른 시간이 매우 짧다면 $\overline{Qv}=\overline{Qx}$가 되는 것이 자명하다. 따라서 위의 식은

(식 Ⅶ-11)　　　　　$$\overline{Qv}^2 : \overline{QT}^2 = \overline{AC}^2 : \overline{PF}^2$$

가 된다. 그리고 [정리 Ⅳ-7]에 의해 타원에 외접하는 평행사변형의 넓이는 모두 같으므로 $\overline{CD}\cdot\overline{PF}=\overline{AC}\cdot\overline{CB}$이나. 이것을 비례식으로 쓰면 $\overline{AC}:\overline{PF}=\overline{CD}:\overline{CB}$이다. 이 관계식을 제곱하여 (식 Ⅶ-11)의 우변에 대입하면

(식 Ⅶ-12) $$\overline{Qv}^2:\overline{QT}^2=\overline{CD}^2:\overline{CB}^2$$

이다.

마지막으로 (식 Ⅶ-8), (식 Ⅶ-9), (식 Ⅶ-10), (식 Ⅶ-12)의 양변을 모두 곱하자. 계산이 편리하도록 비례식을 분수식으로 고쳐서 곱하자. 이 식들의 좌변은 서로 꼬리에 꼬리를 물고 약분이 되도록 짜여 있다.

$$(좌변)=\frac{L\cdot\overline{QR}}{L\cdot\overline{Pv}}\times\frac{L\cdot\overline{Pv}}{\overline{Gv}\cdot\overline{Pv}}\times\frac{\overline{Gv}\cdot\overline{Pv}}{\overline{Qv}^2}\times\frac{\overline{Qv}^2}{\overline{QT}^2}=\frac{L\cdot\overline{QR}}{\overline{QT}^2}$$

$$(우변)=\frac{\overline{AC}}{\overline{CP}}\times\frac{L}{\overline{Gv}}\times\frac{\overline{CP}^2}{\overline{CD}^2}\times\frac{\overline{CD}^2}{\overline{CB}^2}=\frac{2\overline{CP}}{\overline{Gv}}$$

우변의 수직지름 L은 (식 Ⅶ-7)에서 구했듯이 $L=\dfrac{2\overline{CB}^2}{\overline{AC}}$이므로 이를 적용해 계산한 것이다. 따라서 (좌변)＝(우변)을 적어보면

(식 Ⅶ-13) $$\frac{L\cdot\overline{QR}}{\overline{QT}^2}=\frac{2\overline{CP}}{\overline{Gv}}$$

이다.

그런데 행성이 P에서 Q로 운동하는 동안 흐른 시간이 매우 짧다면 Q → P이고 v → P가 되므로 $\overline{Gv}$ → $\overline{GP}$로 수렴하는 것이 자명하다. 따라서 $2\overline{CP}=\overline{GP}=\overline{Gv}$가 된다. 그러므로 (식 Ⅶ-13)의 우변은 1로 수렴한다. 따라서 (식 Ⅶ-6)에서 구한 구심력(중력)은

$$F = 8m\dot{A}^2 \times \frac{\overline{QR}}{\overline{SP}^2 \cdot \overline{QT}^2} = \frac{8m\dot{A}^2}{L} \frac{1}{\overline{SP}^2}$$

이다. 그런데 주어진 타원 궤도에 대해 $\dot{A}$는 '면적 속도 일정의 법칙'에 의해 상수이고, m은 행성의 질량이므로 상수이며, L도 타원 궤도의 수직지름이므로 상수이다. 따라서

$$F \propto \frac{1}{\overline{SP}^2}$$

가 성립한다. ■

즉 타원의 한 초점에 있는 태양이 그 둘레를 타원 궤도를 따라 공전하는 행성에게 작용하는 구심력은 두 천체 사이의 거리의 제곱에 반비례하는 것입니다! 유레카! 드디어 타원 궤도를 일으키는 중력이 '역제곱의 법칙'을 따르는 것을 구했습니다.

뉴턴은 '역제곱의 법칙'을 알아내는 과정에서 그가 제안한 물체의 운동에 관한 '제1법칙'과 '제2법칙'만을 공리로 설정하였고, 갈릴레이가 발견한 '관성의 법칙'과 '낙체의 법칙' 그리고 케플러가 발견한 행성 운동에 관한 '제1법칙'과 '제2법칙'을 참고하였습니다. 간단하면서도 엄밀하게 논리적으로 증명된 물리 이론입니다. 이로써 '역학'이라는 물리학 분야가 태어났고, 뉴턴의 만유인력의 법칙은 과학사에서 근대 물리학의 시작을 알리는 이정표가 되었습니다.

쌍곡신 궤도일 때의 반유인력 법칙 유노

『프린키피아』제1권 제3장 [명제 12, 문제 7]은 "천체가 쌍곡선 궤도로 움직일 때, 쌍곡선의 초점을 향하는 구심력의 법칙을 찾아라"라는 것입니다. 예를 들면 어떤 혜성이 태양을 한 초점에 둔 쌍곡선 궤도를 갖는다고 하면, 그때 태양이 혜성에 작용하는 힘은 어떠한지 알아내자는 것입니다.

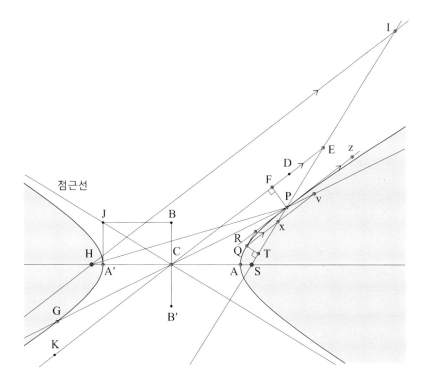

그림과 같이 어떤 혜성이 쌍곡선 궤도로 운행한다고 합시다. 쌍곡선의 한 초점 S에는 태양이 있고, H는 쌍곡선의 다른 초점입니다. 혜성은 현재 점 P에 있는데, 조금 후에 점 Q로 이동한다고 합시다. A와 A′은 쌍곡선의 주요 꼭지점이고, B와 B′은 보조 꼭지점입니다.[13] 그림에는 참고할 수 있도록 점근선은 $\overline{CJ}$ 하나만 그렸습니다. 이 쌍곡선의 켤레 쌍곡선은 점근선은 동일하되 점 B와 B′에 꼭지점이 있습니다.

행성의 현재 위치 P와 쌍곡선의 중심 C를 관통하는 직선 PG는 지름이고, $\overline{DK}$는 그 켤레지름입니다. 켤레지름 DK는 점 P에서 쌍곡선에 접하는 접선과 평행이고, 점 D와 점 K에서 켤레 쌍곡선과 만납니다.

$\overline{QR}$은 직선 SP와 평행이고 $\overline{QT}$는 $\overline{SP}$에 수직을 이루게 긋습니다. 점 Q에 점 P에서의 접선 RPz와 나란한 직선을 그어서 그 직선이 $\overline{SP}$와 만나는 점을 x, 직선 PG와 만나는 점을 v라고 합시다. 점 E는 직선 $\overline{SP}$와 $\overline{DK}$의 연장선이 만나는 점이고, 점 F는 점 P에서 $\overline{DK}$에 내린 수선의 발입니다. 점 I는 $\overline{SP}$의 연장선과 $\overline{DK}$와 평행하고 초점 H를 지나는 직선이 만나는 점으로 정의합시다.

문제에서 주어진 $\overline{Qv} /\!/ \overline{RPz} /\!/ \overline{DK} /\!/ \overline{IH}$라는 조건이 증명 과정의 핵심입니다.

---

13 쌍곡선 $\dfrac{x^2}{a^2} - \dfrac{y^2}{b^2} = 1$의 켤레 쌍곡선은 $\dfrac{x^2}{a^2} - \dfrac{y^2}{b^2} = -1$이다. 두 쌍곡선은 점근선이 $y = \pm\dfrac{b}{a}x$로 같다. 두 쌍곡선의 꼭지점은 각각 A(+a, 0)와 A′(−a, 0), 그리고 B(0, +b)와 B′(0, −b)인데, A와 A′을 주요 꼭지점, B와 B′을 보조 꼭지점이라고 한다.

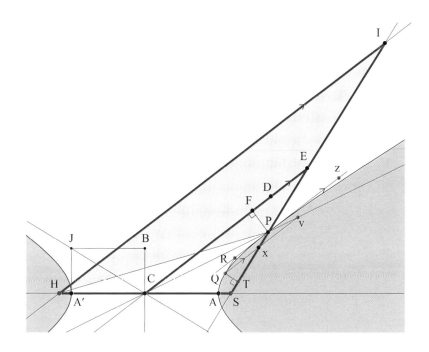

증명

(1) $\overline{EP} = \overline{AC}$

그림에서 붉은색 선으로 강조하여 나타낸 △SHI와 그 안에 있는 △SCE를 보자.

여기서 $\overline{IH} /\!/ \overline{DK}$ 즉 $\overline{IH} /\!/ \overline{CE}$이고, 쌍곡선의 정의에 의해 $\overline{HC} = \overline{SC}$이므로 $\overline{IE} = \overline{ES}$이다.

한편 쌍곡선의 반사 법칙에 의해 $\angle IPz = \angle HPR$이다.

또한 $\overline{IH} /\!/ \overline{RPz}$이므로 $\angle PIH = \angle IPz$(엇각)이고 $\angle PHI = \angle HPR$(엇각)이다. 따라서 $\angle PIH = \angle PHI$이다. 즉 위의 그림에서 붉은색인 △PHI는 $\overline{IP} = \overline{HP}$인 이등변삼각형이다.

그러므로

$$\overline{EP} = \overline{ES} - \overline{SP}$$

$$= \frac{\overline{IS}}{2} - \overline{SP} \quad [\because \ \overline{IE} = \overline{ES}, \ \overline{IS} = \overline{IE} + \overline{ES}]$$

$$= \frac{\overline{IS} - \overline{SP} - \overline{SP}}{2} \quad [\text{통분}]$$

$$= \frac{\overline{IP} - \overline{SP}}{2} \quad [\because \ \overline{IS} - \overline{SP} = \overline{IP}]$$

$$= \frac{\overline{HP} - \overline{SP}}{2} \quad [\because \ \overline{IP} = \overline{HP}]$$

$$= \frac{\overline{AA'}}{2} \quad [\text{쌍곡선의 정의에 의해} \ \overline{HP} - \overline{SP} = \overline{AA'} = 2\overline{AC}]$$

$$= \overline{AC}$$

(2) 수직지름을 정의하자.

(식 Ⅴ-3)에서와 같이 $a = \overline{AC}$이고 $b = \overline{BC}$일 때, 수직지름을 다음과 같이 정의하자.

$$L = \frac{2\overline{BC}^2}{\overline{AC}}$$

(3) 한편 다음의 관계가 성립한다.(다음 그림을 참고하라.)

$$L \cdot \overline{QR} : L \cdot \overline{Pv} = \overline{QR} : \overline{Pv} \quad [\text{사각형 PRQx는 평행사변형이므로} \ \overline{QR} = \overline{Px}]$$

$$= \overline{Px} : \overline{Pv} \quad [\overline{Qv} /\!/ \overline{DK} \text{이므로} \ \triangle Pxv \backsim \triangle PEC]$$

$$= \overline{EP} : \overline{CP}$$

따라서

$$\overline{QR} = \overline{Pv}\frac{\overline{EP}}{\overline{CP}}$$

이다.

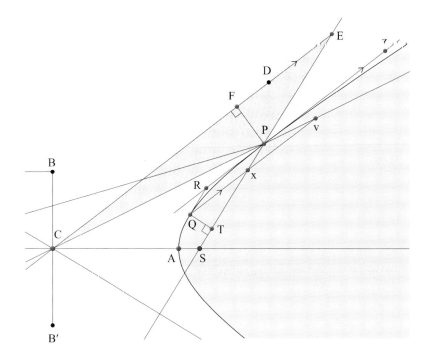

(4) [정리 Ⅴ-8]에서 증명한 쌍곡선의 원멱 정리에 의해

$$\overline{Pv} \cdot \overline{vG} : \overline{Qv}^2 = \overline{CP}^2 : \overline{CD}^2$$

이다. 즉

$$\overline{Qv}^2 = \overline{Pv} \cdot \overline{vG} \cdot \frac{\overline{CD}^2}{\overline{CP}^2}$$

이다.

(5) △QTx ∽ △PFE

∠QxT = ∠PEF [Qx∥FE이므로 동위각]

∠QTx = ∠PFE = 90° [수선의 발로 정의함]

그러므로 $\triangle QTx \backsim \triangle PFE$이다.

따라서 $\triangle QTx$와 $\triangle PFE$의 닮음비 법칙에 의해

$$\overline{Qx}^2 : \overline{QT}^2 = \overline{EP}^2 : \overline{PF}^2$$
$$= \overline{AC}^2 : \overline{PF}^2 \quad [\because (1)에서\ \overline{EP} = \overline{AC}]$$
$$= \overline{CD}^2 : \overline{BC}^2 \quad [\because [정리\ V\text{-}7]에\ 의해\ \overline{AC} \cdot \overline{BC} = \overline{CD} \cdot \overline{PF}]$$

즉

$$\overline{QT}^2 = \overline{Qx}^2 \, \frac{\overline{BC}^2}{\overline{CD}^2}$$

이다.

(6) $Q \to P$인 극한을 취하면, $\overline{xv} \to 0$이므로 $\overline{Qv}^2 : \overline{Qx}^2 \to 1 : 1$이다.

이제 (1)에서 (6)까지의 성질을 모두 적용하여 쌍곡선을 그리며 도는 천체에 작용하는 구심력이 역제곱의 법칙을 따르는지 증명해보자. 먼저 $L \cdot \overline{QR} : \overline{QT}^2$을 생각해보자. (3)과 (5)에 의해

$$L \cdot \overline{QR} : \overline{QT}^2 = L \cdot \overline{Pv} \cdot \frac{\overline{EP}}{\overline{CP}} : \overline{Qx}^2 \frac{\overline{BC}^2}{\overline{CD}^2}$$

이다. 그런데 (6)에 의해 $\overline{Qx} \to \overline{Qv}$이므로

$$\to L \cdot \overline{Pv} \cdot \frac{\overline{EP}}{\overline{CP}} : \overline{Qv}^2 \frac{\overline{BC}^2}{\overline{CD}^2}$$

이다. (1)에서 $\overline{EP} = \overline{AC}$이고, (4)의 원멱 정리에 의해

$$= L \cdot \overline{Pv} \cdot \frac{\overline{AC}}{\overline{CP}} : \left(\overline{Pv} \cdot vG \cdot \frac{\overline{CP}^2}{\overline{CP}^2} \right) \frac{\overline{BC}^2}{\overline{CP}^2}$$

가 된다. $\overline{Pv}$와 $\overline{CD}^2$을 약분한 다음 $\overline{CP}^2$을 곱하면

$$= L \cdot \overline{AC} \cdot \overline{CP} : \overline{vG} \cdot \overline{BC}^2$$

이다. (2)에서 구한 수직지름 L을 대입하면

$$= \frac{2\overline{BC}^2}{\overline{AC}} \overline{AC} \cdot \overline{CP} : \overline{vG} \cdot \overline{BC}^2$$

$$= 2\overline{CP} : \overline{vG}$$

$Q \to P$이면 $v \to P$가 되므로 $\overline{vG} \to \overline{PG}$이다. 따라서

$$\to 2\overline{CP} : \overline{PG}$$

이다. 그런데 $\overline{PG} = 2\overline{CP}$이므로, 결과적으로 이 비율은 $1 : 1$이다. 즉 $L \cdot \overline{QR} : \overline{QT}^2 = 1 : 1$이다. 분수식으로 다시 쓰면

$$L = \frac{\overline{QT}^2}{\overline{QR}}$$

이다. 따라서 (식 Ⅶ-6)에서 정의된 구심력은

$$구심력 \propto \frac{\overline{QR}}{\overline{SP}^2 \times \overline{QT}^2} \to \frac{1}{\overline{SP}^2 \times L} \propto \frac{1}{\overline{SP}^2}$$

이다. ■

주어진 쌍곡선 궤도에서 행성이나 혜성 등이 어디에 있든지 수직지름 L은 상수이므로, 어떤 천체가 쌍곡선 궤도를 가지려면, 태양이 천체에 작용하는 구심력은 두 천체 사이의 거리의 제곱에 반비례합니다. 즉 쌍곡선 궤도의 경우도 만유인력은 역제곱의 법칙을 따릅니다.

포물선 궤도일 때의 만유인력 법칙 유도

『프린키피아』제1권 제3장 [명제 13, 문제 8]은 "천체가 포물선 궤도로 움직일 때, 포물선의 초점으로 향하는 구심력이 초점에서 천체까지의 거리의 제곱에 반비례한다"라는 것입니다. 예를 들어 어떤 혜성이 태양을 초점에 둔 포물선 궤도로 운행할 때 태양이 혜성에 작용하는 힘이 혜성과 태양의 거리 제곱에 반비례하는지 알아보자는 것입니다.

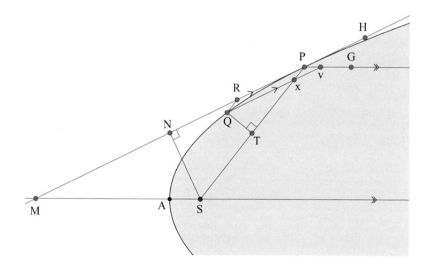

해설

포물선 궤도를 운행하는 행성이 현재 점 P에 있고, 짧은 시간이 흐른 후점 Q로 운행한다고 합시다. 태양은 포물선의 초점 S에서 구심력을 작용합니다. 케플러의 행성 운동에 관한 제2법칙에 의해, 점 P에 있던 천체는 태양이 구심력이 없다면 전 R로 이동하겠지만, 구심력이 작용하면 점 Q로 떨어지므로 $\overline{SP} /\!/ \overline{QR}$입니다. 이 경우도 태양의 구심력은 (식 Ⅶ-6)을 따릅니다.

구심력이 태양과 행성 사이 거리인 $\overline{SP}$의 제곱에 반비례한다는 사실을 증명하기 위해 그림을 살펴봅시다. $\overline{PG}$는 점 P를 지나는 포물선의 지름입니다. 포물선의 지름은 포물선의 축과 평행합니다. 또한 점 P에서 포물선에 접하는 접선이 포물선의 축과 만나는 점을 M이라고 합시다. 점 A는 포물선의 꼭지점입니다.

$\overline{SP}$와 평행하고 점 Q를 지나는 직선을 그립니다. 그 직선이 접선 PM과 만나는 점을 R이라고 합시다. 점 Q를 지나고 접선과 평행인 직선을 그립니다. 그 직선이 $\overline{SP}$와 만나는 점을 x라고 하고, 지름 PG와 만나는 점을 v라고 합시다. 또한 포물선의 초점 S에서 점 P에서의 접선에 내린 수선의 발을 N이라고 합시다.

이 문제를 증명하기 위해 주어진 중요한 조건은 $\overline{MP} /\!/ \overline{Qv}$이고, $\overline{PG} /\!/ \overline{MS}$이며, 그리고 $\overline{QR} /\!/ \overline{SP}$입니다.

증명

(1) $\overline{Px} = \overline{Pv}$

$\overline{Qv} /\!/ \overline{MP}$이므로 ∠Pvx = ∠vPH(엇각)이고 ∠Pxv = ∠xPM(엇각)이다.
포물선의 반사 법칙에 의해 ∠vPH = ∠xPM이다.
그러므로 ∠Pvx = ∠Pxv이다.
따라서 △Pxv는 $\overline{Px} = \overline{Pv}$인 이등변삼각형이다.

(2) $\overline{Px} = \overline{QR}$

$\overline{MP} /\!/ \overline{Qv}$이고 $\overline{QR} /\!/ \overline{SP}$이므로 사각형 PRQx는 평행사변형이다.
따라서 $\overline{Px} = \overline{QR}$이다.

(3) (1)과 (2)에서 $\overline{Pv} = \overline{QR}$이다.

(4) [정리 VI-5]의 (식 VI-10)과 (식 VI-11)에 의해 $\overline{Qv}^2 = 4\overline{SP} \times \overline{Pv}$이다. 또한 (3)에 의해

$$\overline{Qv}^2 = 4\overline{SP} \times \overline{QR}$$

이다.

(5) 행성이 P에서 Q로 운동하는 데 걸리는 시간을 무한히 짧게 하면, 즉 Q → P가 될수록, x → v이다. 그러므로 Qx → Qv이다. 따라서

$$\overline{Qx}^2 : \overline{Qv}^2 \to 1 : 1$$

이다. 그러므로 Q → P가 됨에 따라서 (4)의 식은

$$\overline{Qx}^2 \to \overline{Qv}^2 = 4\overline{SP} \times \overline{QR}$$

이 된다.

(6) [정리 VI-5]에 의해 포물선의 수직지름 $L = 4 \times \overline{SA}$이다.
방정식 $y^2 = 4px$으로 주어지는 포물선이 있을 때, 꼭지점과 초점 사이의 거리인 $\overline{SA} = p$이다. 이 방정식에 $x = p$를 대입하여, y를 구하면, 수직지름 $L = 2y$가 된다. 계산해보면 $L = 4p$가 된다. 즉 수직지름 $L = 4 \times \overline{SA}$이다.

이제 지금까지 살펴본 포물선의 성질을 적용하여 포물선을 그리며 도는 천체에 작용하는 구심력이 역제곱의 법칙에 따르는지 증명해보자. 그림에서 $\overline{Qv} /\!/ \overline{MP}$이므로 $\angle QxT = \angle SPN$(동위각)이다. 또한 $\angle SNP = \angle QTx = 90°$이다. 그러므로 $\triangle QxT \backsim \triangle SPN$이다. 따라서 $\overline{Qx} : \overline{QT} = \overline{SP} : \overline{SN}$이다. 각 항을 제곱해도 비례식이 성립하므로

$$\overline{Qx}^2 : \overline{QT}^2 = \overline{SP}^2 : \overline{SN}^2$$
$$= \overline{SP} : \overline{SA} \quad [\because \text{[따름정리 VI-2]에 의해}]$$
$$= 4\overline{SP} \times \overline{QR} : 4\overline{SA} \times \overline{QR} \quad [\text{각 항에 } 4\overline{QR}\text{을 곱함}]$$

이다. 그런데 (5)에 의해 Q → P일 때, $\overline{Qx}^2 \to 4\overline{SP} \times \overline{QR}$이므로, $\overline{QT}^2 \to 4\overline{SA} \times \overline{QR} = L \times \overline{QR}$이 된다. 여기에 (6)에서 구한 $L = 4 \times \overline{SA}$를 적용하였다. 그러므로 (식 VII-6)에서

$$\text{구심력} \propto \frac{\overline{QR}}{\overline{SP}^2 \times \overline{QT}^2} = \frac{1}{L \times \overline{SP}^2}$$

이다. 주어진 포물선 궤도에서는 행성이나 혜성이 어디에 있든지 수직지름 L은 상수이다. 따라서

$$\text{구심력} \propto \frac{1}{\overline{SP}^2}$$

이 성립한다. ■

즉 초점 S에 있는 태양의 구심력에 의해 어떤 혜성이 포물선 궤도를 운행한다면, 그 구심력은 태양과 혜성 거리인 $\overline{SP}$의 제곱에 반비례합니다. 이것을 중력이 '역제곱의 법칙'을 따른다고 합니다.

케플러의 제3법칙

뉴턴은 운동에 대한 세 가지 공리로부터 두 물체 사이에 작용하는 만유인력(중력)이 두 물체 사이의 거리의 제곱에 반비례한다는

것을 증명하였습니다. 그런 다음 중력이 거리의 제곱에 반비례한다
면 케플러가 발견한 행성 운동에 관한 제3법칙인 '조화의 법칙'이
성립함을 증명하였습니다. 요하네스 케플러는 튀코 브라헤Tycho Brahe
(1546~1601)가 정밀하게 관측한 행성(특히 화성)의 위치 측정 자료
를 철저하게 분석하여 행성의 궤도가 갖는 세 가지 특성을 발견하
였습니다. 제1법칙은 행성의 궤도가 타원이라는 것입니다. 제2법칙
은 행성과 태양을 잇는 선이 같은 시간 간격 동안 휩쓸고 지나간 면
적은 항상 일정하다는 것입니다. 이는 뉴턴의 첫 번째 운동 법칙인
관성의 법칙과 같은 내용으로 현대 물리학에서는 '각운동량 보존 법
칙'이라고 합니다. 제3법칙은 행성의 공전 주기의 제곱이 행성 궤도
의 장반경의 세제곱에 비례한다는 것입니다. 제3법칙은 케플러가
정말로 많은 계산을 해서 간신히 알아낸 것입니다. 우리는 이 법칙
을 '조화의 법칙'이라고 합니다.

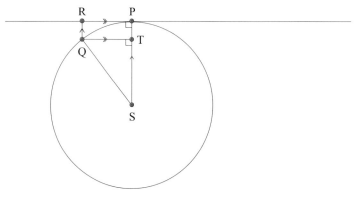

그림 Ⅶ-12. 원 궤도로 운행하는 행성. 점 S에 태양이 있고, 점 P에 행성이 있다. 행성
은 짧은 시간 후 점 Q로 이동한다. 직선 PR은 점 P에서 원에 접하는 직선이며
$\overline{QR} /\!/ \overline{SP}$이고 $\overline{QT} \perp \overline{SP}$이다.

뉴턴은 먼저 행성이 원 궤도로 돌 때를 생각해보았습니다. 이 제부터 다루는 내용은 뉴턴의『프린키피아』와 똑같지 않습니다. 이 해를 돕기 위해 조금 쉬운 방식으로 설명하겠습니다. 행성이 원 궤도를 그린다면 항상 일정한 속력으로 움직이겠지요? 행성이 어디에 있든지 원의 중심을 향해 항상 같은 힘이 작용하므로 그때마다 중심을 향해 떨어지는 거리가 같습니다. 즉 원 궤도일 경우 같은 시간 동안 같은 거리만큼 궤도를 돌게 됩니다. 〈그림 Ⅶ-12〉는 앞에서 살펴본 행성이 타원 궤도로 돌 때를 그린 〈그림 Ⅶ-6〉이나 〈그림 Ⅶ-9〉와 같습니다. 다만 공전 궤도가 타원이 아니라 원인 점이 다릅니다. 원의 중심인 S에 태양이 있고, 점 P에는 행성이 있습니다. 만일 태양이 없다면 행성은 점 P에서 전 R로 운동하겠지만 태양이 끌어당기는 구심력 즉 중력으로 인해 행성은 $\overline{QR}$만큼 태양 쪽으로 떨어져서 결국 점 Q로 운동합니다.

증명

행성이 태양으로 떨어진 거리 $\overline{QR}$은 갈릴레이가 발견한 자유 낙하하는 물체의 이동 거리에 관한 법칙으로 구할 수 있다. 갈릴레이의 낙체 법칙에 따르면 행성에 가해지는 가속도가 g일 때 시간 간격 δt 동안 떨어진 거리는 앞에서 살펴보았듯이

(식 Ⅶ-2)
$$\overline{QR} = \frac{1}{2}g(\delta t)^2 = \frac{1}{2}\frac{F}{m}(\delta t)^2$$

과 같이 주어진다. 마지막 등식에는 F가 행성에 가해지는 중력이고 m이 행성의 질량일 때 가속도 g는 $g = \dfrac{F}{m}$라는 뉴턴의 운동 제2법칙이 적용되었다.

또한 △SPQ의 넓이는 삼각형의 넓이 공식에 따라

$$\triangle SPQ = \frac{1}{2} \times \overline{SP} \times \overline{QT}$$

이다. 원운동을 하는 행성은 항상 균일한 속력으로 운동하므로 단위시간에 태양과 행성을 잇는 직선이 훑고 지나가는 면적을 $\dot{A}$라고 표시할 때, 시간 간격 δt 동안 훑고 지나간 넓이는 $\dot{A}\delta t$가 된다. δt가 매우 작다면, 이 두 면적은 거의 같게 된다. 즉

(식 Ⅶ-14) $$\triangle SPQ = \frac{1}{2} \times \overline{SP} \times \overline{QT} = \dot{A}\delta t$$

이다. (식 Ⅶ-14)를 δt에 대해 풀어서 그것을 (식 Ⅶ-2)에 대입하고 그 결과를 F에 대해서 풀면

$$F = 8m\dot{A}^2 \frac{\overline{QR}}{\overline{SP}^2 \times \overline{QT}^2}$$

이다. 그런데 뉴턴은 앞의 (식 Ⅶ-13)에서 Q → P인 경우 우변이 1로 수렴하기 때문에 $\dfrac{\overline{QT}^2}{\overline{QR}}$이 수직지름 L과 같음을 증명했다. 따라서

(식 Ⅶ-15) $$F = \frac{8m\dot{A}^2}{L} \frac{1}{\overline{SP}^2}$$

이 되는 것을 이미 유도해보았다. 이때 $\dfrac{8m\dot{A}^2}{L}$에 들어 있는 값들은 주어진 궤도에 대해 모두 상수이기 때문에 두 천체 사이에 작용하는 중력이 두 천체 사이의 거리의 제곱에 반비례한다는 것을 증명할 수 있다. 이제 그 비례상수를 κ라고 놓자. 또한 원 궤도의 반지름을 r이라고 하면, 타원의 특수한 경우인 원 궤도의 경우 수직지름 L은 즉 $L = 2r$이 된다. 그러면

$$\frac{8m\dot{A}^2}{L} = \frac{8m\dot{A}^2}{2r} = \kappa = 상수$$

가 되어

(식 VII-16) $$\dot{A} = \sqrt{\frac{\kappa L}{8m}} = \sqrt{\frac{\kappa r}{4m}} = \sqrt{\frac{\kappa}{4m}} \, r^{\frac{1}{2}}$$

이 된다.

이제 이러한 원 궤도를 도는 행성의 주기를 구해보자. 태양과 행성을 잇는 직선이 단위시간 동안 훑고 지나가는 면적이 $\dot{A}$이므로 이 직선이 원 궤도의 전체 면적 $S_{원} = \pi r^2$을 훑고 지나가는 데 걸리는 시간은 공전 주기 T가 된다. 따라서

$$T = \frac{\pi r^2}{\dot{A}}$$

이다. 여기에 (식 VII-16)을 대입하면

$$T = 2\pi \sqrt{\frac{m}{\kappa}} \, r^{\frac{3}{2}}$$

이다. 양변을 제곱하면

(식 VII-17) $$T^2 = \frac{4\pi^2 m}{\kappa} r^3$$

이다. 여기서 원주율 π, 행성의 질량 m, 중력 비례상수 κ 등이 모두 상수이므로 공전 주기 T의 제곱은 공전 궤도 반지름 r의 세제곱에 비례한다. 원 궤도일 때 케플러의 제3법칙이 성립한다. ■

타원 궤도일 때도 원 궤도의 경우와 별반 다르지 않습니다. 뉴턴은 『프린키피아』 제1권 제3장 [명제 14, 정리 6]과 [명제 15, 정리 7]에서 케플러의 제2법칙과 제3법칙을 기하학을 사용하여 증명하였습니다. 그것에 대해서는 조금 뒤에 알아보기로 하고, 우선 원

궤도에서 생각해본 방식으로 타원 궤도에서도 케플러의 제3법칙이 성립함을 알아봅시다. 먼저 찬드라세카르 박사가 설명한 방식을 소개하겠습니다.[14]

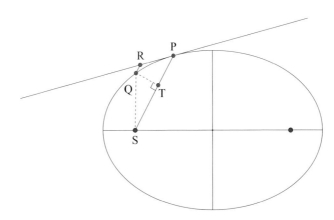

그림 Ⅶ-13. 타원 궤도로 운행하는 행성. 앞에서 살펴본 〈그림 Ⅶ-6〉이나 〈그림 Ⅶ-9〉와 같다. 점 S에 태양이 있고 점 P에 행성이 있다. 행성은 짧은 시간 후 점 Q로 이동한다. 직선 PR은 점 P에서 타원에 접하는 직선이며 $\overline{QR} /\!/ \overline{SP}$이고 $\overline{QT} \perp \overline{SP}$이다.

찬드라세카르의 증명

〈그림 Ⅶ-13〉처럼 타원 궤도의 경우를 생각해보자. 앞에서 살펴보았듯이 갈릴레이의 낙체 법칙에 의해 (식 Ⅶ-2)가 성립하며, (식 Ⅶ-15)를 적용하면

(식 Ⅶ-18)
$$\overline{QR} = \frac{1}{2}\frac{F}{m}(\delta t)^2 = \frac{\kappa}{m}\frac{(\delta t)^2}{2 \times \overline{SP}^2}$$

이다. 여기서 κ는 비례상수이다. 또한 뉴턴이 『프린키피아』 제1권의

---

14 수브라마니안 찬드라세카르Subrahmanyan Chandrasekhar가 쓴 『일반인을 위한 뉴턴의 프린키피아Newton's Principia for the Common Reader』의 103쪽 29절 케플러의 제3법칙에 소개된 내용입니다.

[명제 13, 따름정리 2]로 증명하였듯이, 수직지름 L은

$$L = \frac{\overline{QT}^2}{\overline{QR}}$$

이다. 이는 (식 Ⅶ-13)에서도 살펴보았다. 여기에 (식 Ⅶ-18)을 대입하고 다시 (식 Ⅶ-14)를 대입하면

(식 Ⅶ-19) $$L = \frac{\overline{QT}^2}{\overline{QR}} = \frac{2\overline{SP}^2 \times \overline{QT}^2}{\frac{\kappa}{m}(\delta t)^2} = \frac{8m\dot{A}^2}{\kappa}$$

이다. 여기까지는 앞에서 계산한 원 궤도의 경우와 비슷하다.

이제 『프린키피아』 제1권 제3장 [명제 15, 정리 7]과 그 따름정리로 케플러의 제3법칙이 증명된다. 먼저 타원의 장반경을 a라고 하고 단반경을 b라고 하면 (식 Ⅶ-7)에서 이미 구했듯이 수직지름은

$$L = \frac{2b^2}{a}$$

이다. 이것을 단반경 b에 대해 풀면

$$b = \sqrt{\frac{aL}{2}}$$

이다.

타원 궤도에서 행성의 공전 주기는 앞에서 살펴본 원 궤도의 경우와 마찬가지로, 태양과 행성을 잇는 선이 단위시간 동안 $\dot{A}$만큼의 면적을 훑고 지나간다면 타원 전체의 면적을 훑고 지나가는 데 걸리는 시간이 바로 공전 주기가 된다. 따라서

$$T = \frac{\pi ab}{\dot{A}}$$

와 같이 계산할 수 있다. 분자인 타원의 면적에 단반경 b에 대해 정리한

식을 대입하면

$$\pi a b = \pi a \sqrt{\frac{aL}{2}} = \pi a^{\frac{3}{2}} \sqrt{\frac{L}{2}}$$

이고 여기서 $\dot{A}$ 대신에 (식 Ⅶ-19)를 대입하면

$$T = \frac{\pi a^{\frac{3}{2}}}{\dot{A}} \sqrt{\frac{4m\dot{A}^2}{\kappa}} = 2\pi \sqrt{\frac{m}{\kappa}} \, a^{\frac{3}{2}}$$

이다. 양변을 제곱하면

$$T^2 = \frac{4\pi^2 m}{\kappa} a^3$$

이다. 여기서 원주율 π, 행성의 질량 m, 중력 비례상수 κ 등이 모두 상수이므로 공전 주기 T의 제곱은 공전 궤도 반지름의 세제곱에 비례한다는 케플러의 제3법칙이 증명된다. ■

이제 뉴턴이 『프린키피아』에서 케플러의 제3법칙을 어떻게 증명했는지 알아봅시다.

『프린키피아』 제1권 제3장 [명제 15, 정리 7] 행성이 태양을 타원 궤도로 공전할 때, 중력은 두 천체 사이의 거리의 제곱에 반비례하며 그 행성의 공전 주기의 제곱은 그 행성의 공전 궤도 장반경의 세제곱에 비례한다.

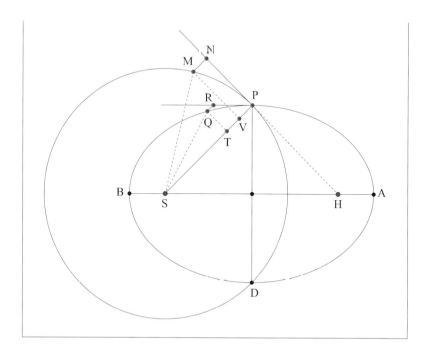

뉴턴의 증명

(a) 태양이 점 S에 있고, 한 행성이 타원 궤도로 운행한다고 하자. 행성의 궤도에서 $\overline{AB}$는 타원의 장축이고 $\overline{PD}$는 타원의 단축이다. 행성이 타원 궤도의 단축 위인 P에 있는 특수한 경우를 생각해보자. 이 타원의 장반경을 a라고 하면 $\overline{AB} = 2a$이고, 단반경을 b라고 하면 $\overline{PD} = 2b$이다. (식 VII-7)에서와 같이 이 타원의 수직지름 L은 $L = \dfrac{2b^2}{a} = \dfrac{\overline{PD}^2}{\overline{AB}}$이다. 타원의 정의에 의해 $\overline{SP} + \overline{PH} = \overline{AB}$이고 P가 단축 위에 있으면 $\overline{SP} = \overline{PH}$이므로 $\overline{AB} = 2\overline{SP}$가 된다. 따라서 $L = \dfrac{\overline{PD}^2}{2\overline{SP}}$이다.

(b) 이제 점 S에 중심을 두고 반지름이 $\overline{SP}$인 원 MPD를 그리자. 이 원의 반지름은 $\overline{SP}$이고, 지름은 $2\overline{SP}$이다.

(c) 이때 점 P에 있는 행성에는 점 S에 있는 태양 방향으로 구심력(중

력)이 작용한다. 이 중력이 없다면, 타원 위를 운행하는 행성은 점 R 로 운행했을 것이다. 그러나 중력에 의해 태양 쪽으로 $\overline{QR}$만큼 낙하하여 점 Q로 운행한다. 마찬가지로 원 궤도를 도는 행성도 태양 쪽으로 중력이 작용하므로, 중력이 없다면 점 N으로 운행하지만 중력에 의해 태양 쪽으로 $\overline{MN}$만큼 떨어져서 점 M으로 운행한다.

이제 원의 반지름과 타원 장반경의 크기가 같다면, 그 원 위를 한 바퀴 도는데 걸리는 시간과 타원 위를 한 바퀴 도는 데 걸리는 시간이 같음을 증명하자. 이와 같이 닫힌 궤도를 운행하는 천체가 궤도를 한 바퀴 돌아 처음의 자리로 돌아오는데 걸리는 시간을 공전 주기라고 한다.

(d) $\overline{PR}$은 점 P에서 타원에 접하는 직선 즉 접선이고, $\overline{PN}$은 점 P에서 원에 접하는 직선이다. $\overline{QR}$과 $\overline{MN}$을 $\overline{SP}$와 평행하게 긋자. 그러면 △SPQ = △SPR(면적)이 되고, △SPM = △SPN(면적)이 되어 케플러의 제2법칙인 '면적 속도 일정의 법칙'이 증명된다.

(e) (식 Ⅶ-13)에서 행성이 매우 짧은 시간 동안에 운행하였다면 호 PQ와 직선 QR과 직선 PR로 이루어진 도형 PQR에서, $L \times \overline{QR} = \overline{QT}^2$임을 증명했다. 마찬가지로 호 PM과 직선 MN과 직선 PN으로 이루어진 도형 PMN에서 원도 타원의 특수한 경우이므로 $L_1 \times \overline{MN} = \overline{MV}^2$이 성립하며, 원의 수직지름 $L_1 = 2\overline{SP}$이므로 $2\overline{SP} \times \overline{MN} = \overline{MV}^2$이 성립한다.

(f) 그런데 앞에서 증명했듯이 점 P에 있는 천체에 점 S에 있는 태양이 작용하는 중력이 두 천체 사이의 거리인 $\overline{SP}$의 제곱에 반비례하고 그 힘의 방향은 $\overline{SP}$와 나란하고 점 S를 향하므로, 행성이 같은 시간 동안 태양 쪽으로 떨어진 거리는 같아야 한다. 즉 $\overline{QR} = \overline{MN}$이다.

(g) 결과적으로

$$\overline{QT}^2 = L \times \overline{QR}$$
$$\overline{MV}^2 = 2\overline{SP} \times \overline{MN}$$

인데, 같은 변끼리 서로 나눠주면, (f)에서 $\overline{QR}=\overline{MN}$이므로

$$\frac{\overline{QT}^2}{\overline{MV}^2} = \frac{L\times\overline{QR}}{2\overline{SP}\times\overline{MN}} = \frac{L}{2\overline{SP}}$$

이다. 이것을 다시 쓰면

$$\frac{\overline{QT}}{\overline{MV}} = \sqrt{\frac{L}{2\overline{SP}}}$$

이다.

(h) 그런데 (a)에서 $L = \dfrac{\overline{PD}^2}{2\overline{SP}}$ 이므로

$$\frac{\overline{QT}}{\overline{MV}} = \frac{\overline{PD}}{2\overline{SP}}$$

이다.

(i) $\triangle SPQ$와 $\triangle SPM$의 넓이는 각각

$$\triangle SPQ = \frac{1}{2}\overline{SP}\times\overline{QT}$$

$$\triangle SPM = \frac{1}{2}\overline{SP}\times\overline{MV}$$

이다. 따라서 두 삼각형의 넓이 비에 (h)에 대입하면

(식 VII-20) $\qquad \dfrac{\triangle SPQ}{\triangle SPM} = \dfrac{\dfrac{1}{2}\overline{SP}\times\overline{QT}}{\dfrac{1}{2}\overline{SP}\times\overline{MV}} = \dfrac{\overline{QT}}{\overline{MV}} = \dfrac{\overline{PD}}{2\overline{SP}}$

이다. 한편 타원의 넓이는

$$S_{타원} = \pi ab = \pi \left(\frac{\overline{AB}}{2} \right) \left(\frac{\overline{PD}}{2} \right) = \frac{\pi}{4} \overline{AB} \times \overline{PD}$$

이고, 원의 넓이는

$$S_{원} = \pi \overline{SP}^2$$

이다. 따라서 전체 타원과 전체 원의 넓이 비에 (a)에서 구한 $\overline{AB} = 2\overline{SP}$를 적용하면

(식 Ⅶ-21)
$$\frac{S_{타원}}{S_{원}} = \frac{\frac{\pi}{4} \overline{AB} \times \overline{PD}}{\pi \overline{SP}^2} = \frac{\overline{AB} \times \overline{PD}}{4\overline{SP}^2} = \frac{\overline{PD}}{2\overline{SP}}$$

이다. (식 Ⅶ-20)과 (식 Ⅶ-21)에서

(식 Ⅶ-22)
$$\frac{S_{타원}}{S_{원}} = \frac{\triangle SPQ}{\triangle SPM}$$

를 구할 있다.

(j) (식 Ⅶ-22)가 의미하는 것은 무엇일까? 먼저 원 궤도에서는 짧은 시간 δt 동안 행성과 태양을 잇는 직선이 훑고 지나간 면적이 $\triangle SPM$이다. 원 궤도에서는 행성의 공전 속도가 균일하므로 원 궤도를 도는 행성의 주기 $T_{원}$은

$$T_{원} = \frac{S_{원}}{\triangle SPM} \times \delta t$$

이다. 타원 궤도에서도 동일한 시간 δt 동안 '면적 속도 일정의 법칙'이 성립하므로, 원의 경우와 마찬가지로

$$T_{타원} = \frac{S_{타원}}{\triangle SPQ} \times \delta t$$

이다. 양변을 나누면

$$\frac{T_{타원}}{T_{원}} = \left(\frac{S_{타원}}{S_{원}}\right)\left(\frac{\triangle SPM}{\triangle SPQ}\right)$$

이다. 그런데 (식 Ⅶ-22)에 의해 우변은 1이 된다. 결론적으로

(식 Ⅶ-23) $T_{타원} = T_{원}$

이다.

(k) 원 궤도일 때는 $T_{원}^2 \propto \overline{SP}^3$임을 앞에서 증명했다. 그런데 원의 반경과
    타원의 장반경이 모두 $\overline{SP}$로 동일하고, (식 Ⅶ-23)이 성립하므로

$$T_{타원}^2 \propto \overline{SP}^3$$

이 동일하게 성립한다. 이로써 타원 궤도일 때 케플러의 제3법칙이
증명된다.(타원이나 원의 공전 주기는 타원이 얼마나 찌그러져 있는지
모양에 상관없이, 타원의 장반경에만 관련이 있다.)　■

에필로그

『프린키피아』의 역사

　1664년은 조선의 현종 5년에 해당합니다. 『조선왕조실록』에 따르면, 그해 음력 10월 대혜성이 나타나 이듬해 음력 1월 6일까지 관측되었다고 합니다. 엄청나게 큰 혜성이 나타나자 조선 사람들은 매우 놀랐다고 합니다. 음력 12월 25일에 부사직 김익렴金益廉이 고대로부터 혜성이 나타났을 때 어떻게 대응했는지를 요약 정리한 『역대요성록歷代妖星錄』이라는 책을 지어 임금에게 올렸습니다. "삼가 역대로 혜성이 출현했을 때의 아름다운 말과 뜻있는 논의를 채집하고 간간이 제 생각을 붙여서 책을 지었습니다. 마침 새봄이 돌아오고 묵은 해는 사라지려 하니 우리 성상께서 묵은 것은 제거하고 새로움을 펴는 교화가 이로부터 비롯될 것입니다."[15] 그런데 사라진 줄 알았던 혜성이 음력 2월 11일에 다시 나타나 음력 2월 29일까지 관측되었습니다. 그런데 혜성이 다시 나타난 지 여러 날이 지났는데도 관상감의 천문학자들이 승정원에 알리지 않았기 때문에 감옥에 하

15　조선왕조실록 현종 5년 12월 25일 조.

옥되어 곤장을 맞는 처벌을 받기도 했습니다. 혜성이 나타나자 국왕 현종은 신하들에게 정치 개선책을 물었습니다. 좌승지 김시진金始振은 "옛날 사람들은 혜성이 나타나는 것을 묵은 폐단을 제거하고 새로운 정사를 펴는 상징으로 여겼으니, 성상께서는 자신을 반성하고 정령을 고쳐서 묵은 폐단을 제거하고 새로운 정사를 펴야 합니다"[16]라고 말하였습니다. 이것은 당시 조선 사람들이 혜성을 어떻게 보았는지를 말해줍니다.

유럽 사람들도 이 대혜성을 보았습니다. 더구나 그 중간에 월식도 일어났습니다. 유럽의 점성술사들은 이것을 기근, 전염병, 전쟁의 조짐이라고 해석하였습니다. 왕자들이 죽게 되고, 왕국에는 엄청난 위기가 몰려오며, 재산을 잃을 거라고 겁을 주었지요. 마침 1665년에 런던에는 흑사병이 엄습했고 그 이듬해에는 대화재가 발생했습니다.

인간은 모르는 것에 대해 공포심을 갖습니다. 그럼에도 불구하고, 그 시대의 현명한 과학자들은 아랑곳없이 지혜의 길을 묵묵히 걸으며 마침내 진리의 빛을 세상에 비추었습니다. 단치히에 살던 천문학자 요하네스 헤벨리우스Johannes Hevelius(1611~1687)는 자기가 개발한 망원경과 관측기구로 이 혜성을 관찰하고 있었습니다. 그는 1668년에 출간된 『코메토그라피아Cometographia』라는 책에 혜성이란 목성이나 토성 같은 행성에서 만들어지는데 따로 튕겨 나와 부메랑처럼 생긴 궤도로 태양을 지나쳐 간다고 주장하였습니다. 당시 몇몇 과학자들이 혜성도 행성처럼 태양 둘레를 공전하는 것이 아니냐는 의심을 갖기 시작했던 것입니다.

16 조선왕조실록 현종 5년 10월 12일 조.

런던에 흑사병이 창궐하자 런던에 이웃한 케임브리지 대학에도 유교령이 벌어졌습니다. 그래서 링컨셔 출신으로 케임브리지 대학에 다니고 있던 젊은이 하나가 자기 고향 집으로 돌아가게 되었습니다. 그 해에 이 청년은 과학사에 있어 놀라운 세 가지 발견을 합니다. 빛은 색깔을 가진 입자라는 학설, 미적분, 그리고 만유인력이 바로 그것입니다. 과학사학자들은 이러한 발견이 일어난 1666년을 '기적의 해', 라틴어로는 '아누스 미라빌리스Annus Mirabilis'라고 부릅니다.[17]

이러한 발견 중에서 가장 중요한 것은 뭐니 뭐니 해도 만유인력입니다. 만유인력과 행성의 운동에 관한 수학적 증명을 서술한 책이 뉴턴의 『프린키피아』입니다. 이 책은 에드먼드 핼리의 도움으로 1687년 7월 5일에 라틴어로 처음 출간되었습니다. 뉴턴은 초판본에 자신의 교정과 주석을 추가하여 1713년과 1726년에 개정판을 출간하였습니다. 뉴턴이 직접 교정 사항과 주석을 적어 놓은 초판본을 현재 케임브리지 대학 도서관에서 이미지로 제공하고 있습니다.[18] 1726년에 출간된 뉴턴의 『프린키피아』 제3판을 앤드루 모티Andrew Motte가 영어로 번역한 책은 1729년에 출간되었습니다.

아인슈타인 이후 가장 영특한 물리학자로 회자되는 리처드 파인먼Richard Feynman(1918~1988)은 1964년 3월 13일에 캘리포니아 과

---

17 또 하나의 기적의 해가 있다. 1905년 스위스 특허국에 다니던 한 젊은이가 현대 물리학에 큰 영향을 끼친 세 가지 이론을 발표했다. 그는 특수상대성이론을 발표했고, 빛이 광자라는 알갱이로 되어 있다고 가정해서 광전 효과를 설명했고, 통계역학과 관련이 깊은 브라운 운동을 밝혔다. 이 청년은 몇 년 후 일반상대성이론을 만들어 뉴턴의 만유인력 이론을 넘어서는 일반적인 중력 이론을 창시하였다. 그는 바로 알베르트 아인슈타인이다.

18 온라인 주소는 http://cudl.lib.cam.ac.uk로 이 사이트에서 Principia를 검색하면 된다.

학기술대학 즉 칼텍에서 천체의 운동에 관해 강의했습니다. 그의 다른 강의들은 나중에 『파인먼의 물리학 강의the Feynman Lectures on Physics』로 출간되었습니다. 이 책은 지금도 물리학도라면 한 번쯤 읽어보는 책이지만, 그의 중력에 관한 강의는 강의 노트와 칠판 사진이 분실되어 이 책에 포함되지 못했습니다. 나중에 운 좋게도 강의 노트를 찾아서 1996년에 『파인먼의 잃어버린 강의Feynman's Lost Lecture』라는 책으로 출간되었습니다.[19] 이 책에서 파인먼은 뉴턴의 『프린키피아』의 주요 개념과 증명을 자기 방식으로 재해석하여 현대 물리학도들이 쉽게 이해하게끔 도와주었습니다.

수브라마니안 찬드라세카르Subrahmanyan Chandrasekhar(1910~1995)는 중력과 양자역학을 적용하여 백색왜성의 한계 질량이 태양 질량의 1.44배임을 계산한 것으로 유명한 인도 출신의 천체물리학자로 별의 진화를 연구한 공로로 1983년도에 노벨 물리학상을 탔습니다. 그는 『항성 내부 구조』, 『복사전달론』, 『항성 역학』, 『플라즈마 물리학』, 『유체역학과 자기유체역학』, 『평형을 이루고 있는 타원체』, 『블랙홀의 물리학』 등과 같은 훌륭한 책을 여러 권 썼습니다. 찬드라세카르를 천체물리학자가 아니라 '천문학에 수학을 적용한 수학자'라고 평하는 사람도 있을 정도로 수학을 잘했습니다. 찬드라세카르는 1995년 시카고 대학 병원에서 급성 심장마비로 갑자기 세상을 떠났습니다. 그 해에 출간된 그의 마지막 책의 제목은 『일반인을 위한 뉴턴의 프린키피아Newton's Principia for the Common Reader』입니다. 현대 천체물리학의 스승인 찬드라세카르는 그의 생애 최후 시기에 뉴

---

19 국내에서는 『파인만 강의: 태양 주위의 행성 운동에 관하여』라는 제목으로 출간되었습니다.

턴의 『프린키피아』를 연구하고 있었던 것입니다! 1999년에 미국항 공부수국은 엑스전 천문관측 위성에 그의 이름을 헌정하였습니다.

나는 2012년에 뉴턴의 모교이자 교수로 일한 케임브리지 대학에서 연구년을 보냈습니다. 뉴턴 이후 수많은 학문이 근대화를 이룩하였고 그의 학문은 과학 자체의 발전에도 엄청나게 기여하였습니다. 뉴턴의 학문적 업적은 너무나 찬란해서 케임브리지 대학에 학파가 형성되었고 수학을 중시하는 학문 풍토가 생겨났으며 뉴턴의 『프린키피아』는 케임브리지의 트라이포스 시험 과목이 되었습니다. 그러한 전통은 지금도 이어져 내려오고 있습니다.

일본은 일찍이 유럽의 나라들, 특히 네덜란드와 무역을 하며 문물을 교류했습니다. 니가사키는 그 무역이 일어나던 중심이었습니다. 이곳에 있던 네덜란드 말에 능통한 일본인 통역사들이 유럽의 지식을 받아들였습니다. 그리하여 나가사키를 중심으로 난학이라는 학문 사조가 발생합니다. 네덜란드를 화란和蘭이라고 하는데, 그 끝 글자를 따서 난학蘭學이라고 한 것입니다. 시즈키 타다오志筑忠雄(1760~1806)도 난학자였습니다. 그는 1800년경에 『역상신서曆象新書』라는 책을 썼는데, 이 책을 통해 케플러의 행성 운동에 관한 법칙과 뉴턴의 만유인력, 원심력, 광학 등의 개념이 일본에 처음으로 소개되었습니다.

중국에는 15세기 말부터 마테오 리치를 비롯한 유럽의 예수회 선교사들이 들어와서 천문학에 종사하고 있었습니다. 마테오 리치가 중국인 서광계와 함께 유클리드의 『원론』을 중국어로 번역한 『기하원본』은 1605년에 출간되었습니다. 또한 그들은 수학, 천문학, 세계 지리 등에 관한 지식을 중국에 전해주었습니다. 뉴턴의 『프린키피아』는 1858년에 중국 근대 수학을 개창한 이선란이 영국 출신의 선교사인 알렉산더 와일리Alexander Wylie(1815~1887)와 함께 번역한 『담천談天』이라는 책을 통해 중국에 처음 소개되었습니다. 이 책은 영국의 천문학자인 존 허셜John Herschel(1792~1871)이 지은 『천문학 개요Outlines of Astronomy』를 중국어로 번역한 것입니다. 이 책을 구입하여 읽은 조선의 최한기崔漢綺(1803~1877)가 그 내용을 『성기운화星氣運化』라는 책에 소개하였습니다. 1852년에서 1866년 사이에 이선란은 와일리와 함께 『기하원론』을 완역하였고, 『원추곡선설圓錐曲線說』, 『나단수리奈端數理』, 『중학重學』등을 번역하고 출간하였습니다. 여기서 '나단奈端'은 뉴턴Newton의 중국식 표기로 『나단수리』는 『프린키피아』를 뜻합니다.

일본에서는 1930년에 오카 쿠니오岡 邦雄(1890~1971)가 『프린키피아』를 일본어로 완역하여 출간하였습니다. 우리나라는 더욱 늦어서 1998년에 이무현 선생이 번역하여 『프린키피아』라는 제목으로 출간하였고 조경철 선생도 번역하여 1999년에 출간하였습니다. 그러나 한글로 번역되었음에도 불구하고, 학생이나 일반인에게 이 책이 매우 어려울 것이라는 생각이 듭니다. 그 까닭은 『프린키피아』가 기하학으로 서술되었고 유클리드 기하학과 아폴로니우스의 원뿔곡선 이론을 잘 이해하고 있어야 하기 때문이 아닐까 생각합니다. 지금까지 『프린키피아』의 내용과 역사를 소개하였습니다. 이 책에 관심이 깊은 독자들은 이어서 소개하는 글을 더 읽어보기 바랍니다.

1. 파인먼의 물리학 강의와 중력 강의
－물리학도라면 한 번쯤 읽어보았을 책이 바로 『파인먼의 물리학 강의』

입니다. 1961년에서 1963년에 파인먼이 캘리포니아 과학기술대학의 1, 2학년 학생들을 대상으로 한 강의는 『파인먼의 물리학 강의』로 출간되었습니다. 이후 중력에 관한 강의만 따로 정리되어 『파인먼의 잃어버린 강의』로 출간되었습니다. 일상적인 사례들로부터 물리학의 정수인 최첨단의 개념을 끌어내는 강의로 유명합니다. 리처드 파인먼은 양자전기역학 이론으로 줄리언 슈윙거, 도모나가 신이치로와 함께 1965년에 노벨 물리학상을 받았습니다.

— Feynman, Richard P., Robert B. Leighton, and Matthew Sands, 1964, *The Feynman Lectures on Physics volume 1~3*. Boston: Addison Wesley. 한국어판은 박병철 외 옮김, 『파인만의 물리학 강의 1~3권』(승산, 2004).

   이 책의 원문은 현재 칼텍에서 운영하는 웹사이트를 통해 인터넷에 무료로 공개되어 있습니다. 온라인 주소는 http://www.feynmanlectures. caltech.edu입니다. 이 강의 중 일부는 YouTube에 동영상으로 제공되고 있습니다. 파인먼이 코넬대학교에서 강의하는 것을 BBC가 녹화한 것입니다.

— Feynman, Richard P., David L. Goodstein, and Judith R. Goodstein, 1996, *Feynman's Lost Lecture: The Motion of Planets Around the Sun*. New York: W. W. Norton & Company. 한국어판은 강주상 옮김, 『파인만 강의: 태양 주위의 행성 운동에 관하여』(한승, 2004). 이 책은 『행성운동에 관한 파인만 강의』(한승, 1996)의 개정판입니다.

   파인먼의 중력 강의에 관한 편저자들의 글은 http://calteches.library. caltech.edu/3822/1/Goodstein.pdf에서 파일로 볼 수 있습니다.

2. Chandrasekhar, Subrahmanyan, 1995, *Newton's Principia for the Common Reader*. New York: Oxford University Press.

   찬드라세카르의 『일반인을 위한 뉴턴의 프린키피아』는 일반인이 읽기에는 굉장히 어렵습니다. 그러나 뉴턴의 『프린키피아』를 현대 물리학 전공자들이 이해할 수 있는 수준으로 잘 설명하고 있습니다.

3. Brackenridge, J. Bruce, 1995, *The Key to Newton's Dynamics: The Kepler Problem and the Principia*. Berkeley: University of California Press.

   뉴턴의 1687년도 『프린키피아』 초판 제1권의 제1장부터 제3장의 내용을 자세히 설명하고 있습니다. 『프린키피아』 초판은 라틴어로 쓰였는데, 메리 앤 로시Mary Ann Rossi가 영어로 번역한 것을 수록하고 있습니다.

4. 大上雅史 & 和田純夫, 2003, 『數學が解き明かした物理の法則』(東京: ベレ出版). 한국어판은 임정 옮김, 『수학으로 풀어보는 물리의 법칙』(이지북, 2005).

   한국어판의 1장과 2장에는 『프린키피아』의 내용 중 타원 궤도를 갖는 경우 구심력이 태양과 행성 사이의 거리의 제곱에 반비례한다는 사실의 증명 과정이 실려 있습니다. 이 책은 현재 절판되었으나 도서관 등에서 구할 수 있습니다.

5. Sugimoto, Takeshi, 2009, "How to Present the Heart of Newton's Principia to the Layperson: A Primer on the Conic Sections without Apollonius of Perga." *Symmetry: Culture and Science*, vol. 20, no. 1-4, pp. 113-144.

   다케시 스기모토가 쓴 「뉴턴의 『프린키피아』의 핵심을 일반인에게 전달하는 법: 페르가의 아폴로니우스 없는 원뿔곡선 입문」이라는 논문입니다. 이 논문은 『프린키피아』의 주요 정리를 증명하는 데 필요

한 여러 가지 기하학 정리를 아핀 기하학으로 먼저 증명하고 이것을
근거로 뉴턴의『프린키피아』의 핵심 부분인 역제곱의 법칙을 증명하
였습니다. 아주 이해하기 쉬운 논문이며, 이 책을 쓰는 데 많은 도움
을 받았습니다.

6. 작도

　이 책은 원뿔곡선과 관련된 작도에 많은 비중을 두었습니다. 작도를
하기 위한 명제들을 증명하면서 원뿔곡선과 관련된 지식을 쌓을 수
있을 뿐만 아니라 작도를 통해 그 지식을 확실하게 자기 것으로 만들
수 있기 때문입니다. 원뿔곡선과 관련된 작도법은 휘슬러 앨리Whistler
Alley의 수학 웹사이트(http://whistleralley.com/math.htm)를 참고하
였습니다. 이 사이트는 수학과 관련된 재미있는 정보를 제공하고 있
습니다. 그중에서 'Conic Sections and Construction' 즉 '원뿔곡선과
작도(http://whistleralley.com/conics)'를 참고하기 바랍니다.

7. 해석기하학으로 원뿔곡선을 다룬 책

　Casey, John, 1885, *A Treatise on the Analytic Geometry of the
Point, Line, Circle, and Conic Sections*. London: Longmands, Green,
& Co.

　존 케이시John Casey(1820~1891) 경이 해석기하학을 도입하여 원뿔
곡선의 성질을 탐구한 책입니다. 오래된 책이라서 다음 웹사이트에서
구해볼 수 있습니다.

http://quod.lib.umich.edu/cgi/t/text/text-idx?c=umhistmath;
idno=ABR0993

https://archive.org/details/atreatiseonanal05casegoog

8. 뉴턴의『프린키피아』

－라틴어 초판(1687년): http://cudl.lib.cam.ac.uk에서 Principia를 검색
어로 입력하여 검색합니다.

『프린키피아』의 라틴어 초판은 케임브리지 대학 도서관에서 인터넷에 공개한 이미지 자료로 볼 수 있습니다. 뉴턴의 후손이 갖고 있던 것으로 뉴턴이 육필로 작성한 노트와 각주가 들어 있습니다.

－영어판: 여러 인터넷 사이트에서 구할 수 있습니다. 1729년 영어 번역본은 구글 북스google books에서 무료로 제공되고 있습니다.

- 프린키피아 제1권 https://books.google.com/books?id＝Tm0FAAAA QAAJ&pg＝PA1
- 프린키피아 제2권 https://books.google.com/books?id＝6EqxPav3v IsC&pg＝PA1
- 프린키피아 제3권 https://books.google.com/books?id＝6EqxPav3 vIsC&pg＝PA200

－한국어판으로는 조경철 옮김, 『프린시피아』(서해문집, 1999)와 이무현 옮김, 『프린키피아』(교우사, 1998)가 있습니다.

9. 유클리드의 『기하원론』

－영어판: http://aleph0.clarku.edu/~djoyce/java/elements

유클리드의 『기하원론』의 영어 번역본을 온라인으로 볼 수 있습니다. 위 사이트는 챕터별로 나누어 게시해 놓았습니다.

－헤이베르 판본: http://farside.ph.utexas.edu/Books/Euclid/Elements.pdf

미국 텍사스 주립대학교 오스틴 캠퍼스 물리학과의 교수인 리처드 피츠패트릭Richard Fitzpatrick이 덴마크의 문헌학자이자 역사학자인 요한 루드비그 헤이베르Johan Ludvig Heiberg(1854~1928)에 의해 1883년부터 1885년 사이에 편집된 그리스어 판본과 현대 영어 번역본을 대조해 놓았습니다. 수학적 증명을 가능한 분명하게 하기 위해 오랜 세월 동안 원본에 추가된 주석과 해설을 제외하고 원본에만 충실하게 실었습니다. 원래 헤이베르의 판본을 토마스 히스 경이 영어로 번역한 것이 있습니다. 구글에서 1908년 판본을 스캔해서 제공하고 있습니다.

－토마스 히스가 번역한 영어판(1908년)

서론 및 제1~2권 http://www.wilbourhall.org/pdfs/heath_euclid_i.pdf

제3~9권 http://www.wilbourhall.org/pdfs/heath_euclid_ii.pdf

제10~13권 및 부록 http://www.wilbourhall.org/pdfs/heath_euclid_iii.pdf

－한국어판도 나와 있어서 마음만 먹으면 읽어볼 수 있습니다.

이무현 옮김, (교우사, 1997)

『기하학원론』 가. 평면기하(제1~4권)

『기하학원론』 나. 비율과 수(제5~8권)

『기하학원론』 다. 무리수(제10권)

『기하학원론』 라. 공간기하(제11~13권)

－유클리드의 기하학이 동양에 전해지는 과정에 대한 지식은 다음과 같
은 문헌에서 찾아볼 수 있습니다.

- 안상현, 2012, 「기하원본의 조선 전래와 그 영향: 천문학자 김영金
  泳의 사례」, 《문헌과 해석》, 통권60호(가을), 132-145쪽.
- 안대옥, 2010, 「마테오 리치와 보편주의:『기하원본』공리계의 東
  傳과 수용을 중심으로」, 《명청사연구》, 제34집, 31-58쪽.
- 안대옥, 2010, 「만문滿文『산법원본算法原本』과 유클리드 초등정수
  론의 동전東傳」, 《중국사연구》, 제69집(12월호), 359-392쪽.
- Jami, Catherine, 2012, *The Emperor's New Mathematics*. Oxford:
  Oxford University Press.

10. 데카르트의 『철학의 원리』

－영어판: http://www.fullbooks.com/The-Principles-of-Philosophy1.html
  『철학의 원리』의 영어 번역본은 인터넷 웹사이트에 공개되어 있습니다.

－한국어판으로는 원석영 옮김, 『철학의 원리』(아카넷, 2002)가 있습니다.

11. 아폴로니우스의 『원뿔곡선』

페르가의 아폴로니우스는 고대 그리스의 기하학자이며 유클리드와
함께 알렉산드리아에서 공부하던 학자입니다. 그의 대표작인 『원뿔곡
선』은 원래 여덟 권의 파피루스 두루마리로 되어 있었습니다. 그중
제1~4권은 동로마의 수도였던 콘스탄티노플의 왕실 도서관에 보관되

고 있던 그리스어 판본이 양피지에 적혀서 전해졌습니다. 이 판본은 6세기 알렉산드리아에 살던 아스칼론Ascalon의 에우토키우스Eutochius 라는 사람이 편집하여 보관하던 것이라고 합니다. 제1~4권은 베네치아의 수학 교수였던 조반니 바티스타 메모Giovanni Battista Memo에 의해 라틴어로 번역되었고 그가 죽은 지 1년 뒤에 베르나르디노 빈도니 Bernardino Bindoni에 의해 1537년 베네치아에서 간행되었습니다. 메모가 사용한 그리스 필사본은 무엇이었는지는 알려져 있지 않습니다.

한편 유럽 학계에는 나머지 네 권은 전해지지 못하고 있었습니다. 그러나 이 책은 아랍 세계로도 전해져서 아랍 수학자들에 의해 아랍어로 번역되었고, 거기에 주석이 추가되기도 하였습니다. 17세기 초반에 베네치아의 메디치 가家가 이 책의 제5~7권의 아랍어 번역본을 구했습니다. 1658년에 마론교도 학자였던 아브라함 에켈렌시스Abraham Ecchellensis[20]의 도움을 받아 조반니 보렐리Giovanni Borelli가 라틴어 번역본을 만들어서 1661년 로마에서 출판하였습니다.

제8권은 잃어버렸으나 그리스의 수학자인 알렉산드리아의 파푸스 Pappus가 저술한 책에 보조 정리로 그중 일부가 남아 있었습니다. 나중에 에드먼드 핼리가 이러한 정보를 수집하여 잃어버린 부분을 복원하기도 하였습니다.

17세기 유럽의 수학자들은 모두 이 책을 공부했으며, 흔히 이 책에 주석을 달거나 잃어버린 내용을 추정하기도 하였습니다. 현재 인터넷에서는 다양한 판본의 이미지를 구할 수 있는데, 가장 쉽게 볼 수 있는 것이 토마스 히스 경이 1896년에 영어로 번역하여 출간한 판본입니다. 그러나 비록 영어를 읽을 수 있는 독자라고 하더라도 이 책은 이해가 쉽지 않고 시간이 많이 걸릴 것입니다. 아직 한국어 번역본도 없으나 조만간 나올 것을 기대해봅니다. 히스 경의 영어 번역본을 공개한 사이트는 다음과 같습니다.

https://www.stmarys-ca.edu/sites/default/files/attachments/files/Conic_ Sections.pdf

---

20 그의 아랍어 이름은 이브라힘 이븐 다우드 알-하킬리Ibrahim ibn al-Haqili이었다.

아이작 뉴턴

아이작 뉴턴[21]은 율리우스력으로 1642년 12월 25일에 영국 링컨셔의 울스소프에서 태어나서 1727년 3월 20일에 런던의 켄싱턴에서 서거했습니다. 뉴턴이 갈릴레오 갈릴레이가 죽은 해에 태어났다는 사실은 유명합니다. 그는 1661년에 케임브리지 대학의 트리니티 칼리지에 수업료 면제생으로 입학하였습니다. 운 좋게도 그 무렵 뉴턴의 일기장이 남아 있어서 그 당시 그가 무엇을 공부하고 무슨 생각을 했는지 엿볼 수 있습니다. 뉴턴은 대학에 들어가기 전에는 수학책을 읽은 적이 없었습니다. 다만 샌더슨Sanderson이 지은 『논리학』이라는 책을 읽었는데, 이 책은 수학을 본격적으로 공부하기 전에 입문서로 읽는 책이었습니다. 뉴턴은 그의 첫 미켈마스 학기[22]가 시작되던 무렵 우연히 스타워브리지 시장Stourbridge Fair에 구경갔다가 천문점성술에 관한 책을 한 권 구했습니다. 그러나 그 책은 이해하기 무척 어려웠습니다. 기하학과 삼각측량 등의 수학 때문이었습니다. 그래서 뉴턴은 유클리드의 『기하원론』을 구해서 읽었는데, 그 책의 매력에 푹 빠져버립니다. 책이 명징한 논리를 따라 서술된 것에 큰 감동을 받았던 것입니다. 그리하여 그는 윌리엄 오트레드

---

21 여기에 소개한 뉴턴의 일대기는 월터 윌리엄 로우즈 볼Walter William Rouse Ball이 1889년 지은 『케임브리지 수학 연구사A History of The Study of Mathematics at Cambridge』(Cambridge University Press, Rev. ed. 2009)에서 발췌한 것입니다.

22 케임브리지 대학은 3학기 제도로 성 미카엘 축일 무렵 시작하는 미켈마스 학기, 사순절에 해당하는 렌트 학기, 그리고 부활절부터 시작하는 이스터 학기로 이루어집니다.

William Oughtred(1574~1660)의 『수학의 열쇠Clavis Mathematica』와 르네 데카르트의 『기하학Géométrie』을 구해 읽었습니다.

이렇게 해서 뉴턴은 다른 학문들보다도 수학에 흥미를 느끼게 되었습니다. 학부 시절 뉴턴이 읽은 책으로는 케플러의 『광학』(1604년 출간), 수학자 프랑수아 비에타François Vieta의 논문들, 프란시스퀴스 판 슈튼Franciscus van Schooten(1615~1660)의 『잡록Miscellanies』, 데카르트의 『기하학』(1637년 출간), 존 월리스John Wallis(1616~1703)의 『무한산술Arithmetica infinitorum』(1656년 출간) 등이 있었습니다. 그리고 그는 루카시안 교수였던 아이작 배로Isaac Barrow 교수의 강의도 들었습니다.

뉴턴은 학부 후반기에 이미 유클리드의 『기하원론』에 통달하게 되었습니다. 그는 "대수학보다 기하학을 먼저 배웠으면 좋았으련만"이라고 푸념하기도 했습니다. 그는 광학 실험을 하고 달무리도 관측하면서 학부 시절을 보냈습니다. 그리고 1663년에 케임브리지 대학의 스칼라쉽을 얻었고, 1664년에는 학사 학위를 받았습니다. 그 이듬해에 그가 작성한 육필 원고는 지금도 남아 있습니다. 1665년 5월 28일자로 기록된 최초로 미분을 증명한 기록입니다. 또한 이 해에 그는 이항정리를 증명하기도 했습니다.

1665년 여름 흑사병이 유행하자 케임브리지 대학에도 휴교령이 떨어졌습니다. 그는 고향으로 내려가 그 후 1년 반 동안 집에 머무르면서 주옥같은 발견을 하게 됩니다. 그는 먼저 만유인력의 법칙을 발견하였습니다. 우주의 모든 물체에는 서로의 질량의 곱에 비례하고 서로의 거리의 제곱에 반비례하는 인력이 작용하고 있다는 것이지요. 이때 그는 미적분에 대한 연구도 거의 완성했습니다. 1665년

11월 13일자 육필 원고를 보면 미분을 사용하여 곡선 위의 임의의 점에서의 접선과 곡률을 계산하고 있고, 1666년 10월에는 그것을 이용하여 몇 가지 문제를 풀고 있었습니다. 뉴턴은 이러한 연구 결과를 1669년부터 친구들이나 학생들과 서신으로 소통하고 있었으나, 그것이 인쇄되어 출간된 것은 여러 해가 지나서입니다. 고향에 머무는 동안 뉴턴은 렌즈를 연마하는 도구를 개발했습니다. 그것으로 빛을 분해하는 실험을 하기도 했지요. 중력, 미적분학, 빛의 입자설 등이 밝혀지면서 근대 물리학은 일대 혁명을 맞게 됩니다. 그래서 이 1666년을 '기적의 해'라고 부릅니다.

1667년에 흑사병이 진정되자 뉴턴은 케임브리지로 돌아왔으며, 곧장 케임브리지 대학의 펜로우로 뽑혔습니다. 1668년에는 석사 학위를 받았습니다. 그의 노트에 따르면, 그 당시 그는 순수기하학이나 해석기하학 문제에도 관심을 가졌지만, 특히 화학과 광학에 빠져 있었습니다. 그 후 2년 동안 스승인 배로 교수의 강의록을 정리하는 것과 같은 자질구레한 일을 하면서, 대부분의 시간은 광학에 몰입하였습니다.

1669년 10월에 배로 교수는 루카시안 교수직을 사임하고 그 자리에 뉴턴을 추천했습니다.[23] 루카시안 교수가 된 뉴턴은 광학을 강의와 연구 주제로 선택했습니다. 그해 말에 그는 백색광이 여러 가

---

23 루카시안 수학 교수직은 케임브리지 대학에 있는 수학 교수 자리입니다. 그 자리를 맡은 사람을 루카시안 교수라고 하지요. 1639년부터 1640년까지 케임브리지 대학의 국회의원이었던 헨리 루카스에 의해 1663년에 설립된 교수직입니다. 1664년 1월 18일에는 국왕 찰스 2세의 공식적인 인정을 받았습니다. 이 자리를 거쳐간 인물들로는 아이작 뉴턴, 조지프 라머Joseph Larmor, 찰스 배비지Charles Babbage, 조지 스토크스George Stokes, 폴 디랙Paul Dirac, 그리고 스티븐 호킹Stephen Hawking 등이 있습니다.(출처: 위키피디아)

지 색의 광선으로 분해된다는 것을 발견했습니다. 스타워브리지 시장에서 산 프리즘을 가지고 실험한 결과였습니다. 이 발견으로 인해 무지개가 어떻게 생기는 것인지 완전히 이해하게 되었습니다. 1669년에서 1671년 사이에 루카시안 교수로서 강의한 내용에는 이런 내용이 들어있었습니다.

뉴턴은 1671년에서 1676년 사이에 이러한 발견들을 논문으로 작성하여 《필로소피컬 트랜잭션스Philosophical Transactions》라는 학술지에 출판하였습니다. 그의 강의록은 사후인 1729년에서야 출간되었는데, 제목이 『광학 강의록Lectiones Opticae』이었습니다. 이 강의록은 모두 두 권입니다. 상권은 네 개의 장으로 되어 있고 하권은 다섯 개의 장으로 되어 있습니다. 상권의 제1장은 햇빛을 구성하는 광선들은 서로 다른 굴절률 때문에 프리즘에 의해 분해된다는 사실을 다루고 있습니다. 제2장에는 여러 가지 물체들의 굴절률을 측정하기 위해 그가 발명한 실험 방법이 적혀 있습니다. 제3장에는 평면에서 일어나는 굴절 현상이 기하학으로 서술되어 있습니다. 제4장은 곡면에서 일어나는 굴절 현상을 다루고 있습니다. 하권은 색깔에 관한 이론과 무지개의 원리를 다루고 있습니다.

갈릴레이나 케플러가 만든 굴절망원경에는 치명적 결함이 있었습니다. 천체를 보면 빛깔이 무지개 색으로 분해되어 천체의 모습이 뿌옇게 보였던 것입니다. 이것을 색수차라고 합니다. 뉴턴은 빛이 프리즘을 통과하면 색깔별로 퍼지거나 다시 합쳐지는 것을 알았습니다. 그래서 뉴턴은 이런 현상을 이용하여 두 개의 프리즘을 가지고 색수차를 없애보려고 온갖 노력을 다했지만 허사였습니다. 그래서 그는 색수차가 없는 굴절망원경을 만드는 일은 포기하고, 굴절 현상 대신에 색수차가 일어나지 않는 반사 현상을 이용해서 반사망원경을 디자인했습니다. 아마도 그가 1668년에 소형으로 만든 반사망원경을 개량하여 발전시킨 것으로 보입니다. 그가 디자인한 망원경은 오늘날에도 뉴턴식 반사망원경이라고 불리며 애용되고 있습니다. 또 1672년에는 반사현미경도 발명했습니다.

1675년에 뉴턴은 빛이 어떻게 생성되는지에 대한 문제에 집중하기 시작했습니다. 그해 말 그는 빛이 입자로 되어 있다는 학설을 제창하였습니다. 그 당시 빛이 생성되는 메커니즘에 대한 세 가지 학설이 있었습니다. 첫째는 고대 그리스 철학자들의 생각으로, 눈에서 빛을 감지할 수 있는 무언가가 뻗어 나와서 빛이 검출된다는 학설이었습니다. 둘째는 뉴턴이 제기한 학설로 물체에서 나오는 무언가가 우리 눈에 닿아서 빛이 감지가 된다는 입자설이었습니다. 셋째는 네덜란드의 크리스티안 하위헌스Christiaan Huygens(1629~1695)가 주장한 것인데, 눈과 물체 사이에 어떤 매질이 있어서 물체가 그 주변에 있는 매질의 성질을 변화시키고 그 변화가 파동이 되어 우리 눈에 전달된다는 파동설이었습니다.

1676년에서 1684년 사이 약 8년 동안 뉴턴이 어떤 주제에 천착했는지는 잘 알려져 있지 않습니다. 그는 화학 실험, 지질학 실험 등을 했고, 전자기학과 관련된 실험과 열 이론에서 냉각 문제 등을 연구하기도 했습니다. 이 기간 동안 나중에 『프린키피아』의 제1권에 들어가게 되는 기하학과 순수 수학 부문을 깊이 연구한 것 같습니다.

그러던 중, 1684년에 에드먼드 핼리가 뉴턴을 방문했습니다. 그때 핼리는 달의 운동에 관심이 있었습니다. 로버트 훅Robert Hooke

(1635~1703), 크리스티안 하위헌스, 에드먼드 핼리, 크리스토퍼 렌 Christopher Wren(1632~1723) 등 당시 최고 수준의 학자들은, 만일 케플러의 행성 운동 법칙이 맞다면 태양과 행성들 그리고 지구와 달 사이에는 거리의 제곱에 반비례하는 인력이 존재할 것으로 추정하고 있었던 모양입니다. 그러나 그들은 어떤 법칙으로 인해 행성의 궤도가 타원이 되는지를 연역적으로 증명해낼 수 없었습니다. 핼리가 뉴턴을 찾아와 바로 이러한 사정을 설명했지요. 핼리가 물었습니다. "만일 중력이 역제곱의 법칙을 따른다면, 행성들의 궤도는 무엇이 될까요?" 뉴턴은 아무것도 아니라는 듯이 짧게 대답했습니다. "타원이지요." 뉴턴은 이미 1679년에 작성해두었던 이 문제에 대한 증명을 보내주겠다고 핼리에게 약속했습니다. 그리고 이 논문은 약속대로 1684년 11월에 핼리에게 발송되었습니다.

핼리의 방문으로 중력에 흥미를 느낀 뉴턴은 중력 문제를 전반적으로 공략하기 시작했습니다. 그래서 태양계 행성들 사이의 거리가 매우 멀면 태양과 행성들을 질점으로 취급할 수 있고 그 질점들은 중력 법칙에 따라 움직인다는 것을 증명했습니다. 이 연구의 요점은 '운동'이라는 뜻의 라틴어인 『데 모투De Motu』라고 불리는 문건으로 엮여서 1684년 미켈마스 학기에 그의 강의 시간에 강독되었습니다. 나중에 그 내용은 『프린키피아』의 제1권 제2장과 제3장으로 들어갔습니다.

우주의 물체들 사이에는 서로 끌어당기는 힘이 작용한다는 그의 생각은 1666년까지 거슬러 올라갑니다. 그는 그 인력이 역제곱의 법칙을 따르면 물체의 궤도는 원뿔곡선이 된다는 것을 1679년에 증명하였습니다. 또한 균일한 구형 물체는 질점으로 볼 수 있다는 것을 1685년에 증명하였습니다. 이것을 구체적으로 태양계 운행에 적용한 것은 1686년 3월에서 1687년 3월 사이의 짧은 기간 동안이었습니다.

뉴턴은 『프린키피아』의 제1권을 1686년 4월 28일에 탈고했습니다. 그는 여기에 만유인력을 중점적으로 논했습니다. 또한 균일한 밀도의 구형 껍질에 의한 중력은 그 구형 껍질을 이루는 물질이 마치 그 구의 중심에 점으로 모여 있는 것과 마찬가지라는 정리를 증명하였습니다. 또한 구각 안에서는 바깥에 있는 구각에 의한 중력을 느끼지 않는다는 것도 증명하였습니다.

그 후 석 달 동안, 즉 1686년 여름까지 뉴턴은 『프린키피아』 제2권을 탈고하였습니다. 그는 제2권에 저항이 있는 매질 안에서의 운동, 유체역학 및 파동, 조석, 음파학에 자신의 물리학 이론을 적용하여 썼습니다. 그 다음 아홉 달에서 열 달 동안 뉴턴은 『프린키피아』 제3권을 저술하였습니다. 이 부분에 대해서는 준비된 원고나 자료가 없었던 것 같습니다. 다만 제1권에서 증명한 정리들을 실제 태양계에서 일어나는 주요 현상에 적용하였고, 행성이나 달의 질량과 거리 등을 결정하였습니다. 특히 달의 운동, 조석 이론을 깊이 연구하였지요. 또한 혜성에 관한 이론도 서술하였는데, 세 번의 관측으로 혜성의 궤도를 구하는 방법이 여기에 소개되었습니다. 이 방법은 지금도 뉴턴의 혜성 궤도 결정법으로 연구되고 있습니다. 그러나 원래 계획했던 연구 주제는 이보다 훨씬 더 많았던 것 같습니다. 그의 노트에 따르면 『프린키피아』 제1판이 출간된 이후에도 그는 계속 이런 여러 가지 문제들을 연구하고 있었습니다.

『프린키피아』 세 권은 차례로 탈고되어 인쇄소로 넘어갔으며,

세 권이 모두 인쇄를 마친 것은 1687년 7월이었습니다. 원래 왕립 학회에서 출판 비용을 대기로 하였으나 여의치 않아서 결국 핼리가 자기 돈을 들여 출간했습니다. 그러나 이 책은 조금 어렵고 삽화도 없어서 그 책을 읽고 가치를 인정할 만한 사람이 드물었습니다. 출간 후 10년이 지나서야 영국 내에서 뉴턴의 이론이 받아들여졌고, 유럽 대륙에서 받아들여진 것은 무려 20년 후 입니다. 애국심으로 데카르트의 이론을 고집하던 프랑스 학자들이 그제서야 항복했던 것이지요. 1738년에 볼테르가 뉴턴의 이론을 옹호하기 시작한 것입니다. 독일의 철학자 임마누엘 칸트Immanuel Kant(1724~1804)도 뉴턴의 물리학을 받아들여 그의 철학의 발판으로 삼았습니다.

1687년에는 국왕 제임스 2세가 로마 가톨릭 사제에게 석사 학위를 수여하도록 케임브리지 대학에 압력을 행사하려 했습니다. 그런데 그 사제는 국왕에 대한 충성 맹세를 거절했습니다. 이것은 영국 왕실과 케임브리지 대학 사이에 맺어진 계약을 위반하는 행위였습니다. 이때 뉴턴은 국왕의 불법적인 간섭을 따지기 위해 앞장섰습니다. 그는 케임브리지를 대표하는 국회의원으로 선발되어 런던으로 갔습니다. 열세 달의 임기를 마치고 뉴턴은 케임브리지 강단으로 돌아왔습니다.

그의 나이 쉰을 넘긴 1692년 말부터 약 2년 동안 뉴턴은 불면증과 신경과민증을 앓았습니다. 병에서 간신히 회복했지만 그의 연구는 예전 같지 않았습니다. 그는 주어지는 문제를 전처럼 풀기는 했지만 더 이상의 독창적인 연구를 하지는 않았습니다.

1694년에 뉴턴은 달의 불규칙한 운동에 관한 자료를 모으기 시작했습니다. 『프린키피아』의 해당 부분을 교정하기 위해서였지요.

천체의 위치를 보다 정밀하게 관측하기 위해 뉴턴은 대기 굴절표를 작성해서 왕실전문학자인 존 플램스티드John Flamsteed(1646~1719)에게 보냈습니다. 이 대기 굴절표는 1721년이 되어서야 핼리에 의해 왕립학회에 논문으로 발표되었습니다. 이 대기 굴절표는 뉴턴의 천재성을 보여주는 사례입니다. 1754년에 수학자 레온하르트 오일러 Leonhard Euler(1707~1783)는 이 문제를 풀려고 했으나 실패했고, 1782년에야 비로소 피에르-시몽 라플라스Pierre-Simon Laplace(1749~1827)가 그 표를 작성하는 원리를 알아내서 계산 결과를 뉴턴의 표와 비교해보니 딱 맞아떨어졌다고 합니다.

병을 앓고 난 뒤, 뉴턴 스스로 주도하는 연구 활동은 줄어들었습니다. 1695년에 그는 영국 왕실 조폐국장[24]에 임명되있고, 일마 후 조폐청 장관이 되면서 사실상 그의 과학자로서의 경력은 거의 끝난 것으로 보입니다. 그는 런던으로 이사하였고, 1701년에 케임브리지 대학의 루카시안 교수직을 사임하였습니다.

그 후에 일어난 일들을 살펴보면 다음과 같습니다. 1703년에 뉴턴은 왕립학회 회장으로 피선되었습니다. 1704년에는 그의 저서 『광학Opticks』이 출간되었습니다. 1705년에는 기사 작위가 수여되었습니다. 이때부터 그는 신학의 문제에 천착하기 시작했습니다. 1707년에 『보편 산술Universal Arithmetic』이 출간되었고, 1711년에는 『무한급수 해석학Analysis by Infinite Series』이 출간되었습니다. 그러나 이러한 책들을 출간하기 위해 뉴턴이 따로 준비한 일은 없었습니다. 이전에 해놓은 연구들이 활자화된 것뿐입니다. 1709년에 『프린키피아』의 개정판을 내자는 제안을 받아들여 1713년 3월에 제2판 개정판을 출

---

24 지금도 영국 조폐청은 영국 국왕이 독점적으로 지배하는 국영기업으로 남아 있다.

간하였습니다. 1726년에는 제3판 개정판이 출간되었습니다.

　1725년에는 그의 건강이 더욱 악화되었고 1727년 3월 20일, 그는 영면에 들었습니다. 뉴턴의 미분에 관한 논문은 그가 죽은 뒤 9년이 지난 1736년에야 출간되었습니다. 그는 죽은 지 8년 후 웨스트민스터 사원에 국장으로 묻혔습니다.

　뉴턴은 키가 작은 편이었지만 말년에는 통통하고 건장하였다고 합니다. 눈은 갈색이었고, 사각턱에 넓은 이마를 가진 다소 날카로운 인상을 가진 사람이었답니다. 머리카락은 서른 살 이전에 이미 세었으며, 죽을 때까지 두꺼운 은발이었습니다. 그의 옷차림새는 조금 지저분한 편이었습니다. 표정과 행동이 다소 나른해 보였고 자기 생각에 침잠해 있곤 했기에 활달한 성격은 아니었습니다. 이러한 성격 덕분에 그는 정신 나간 사람으로 묘사되기도 했습니다. 그가 그랜탐에 살 때의 일입니다. 뉴턴은 말을 타고 가다가 가파른 언덕길을 만나 말에서 내려서 말고삐를 잡은 채로 언덕을 올라갔습니다. 언덕 위에 다다라 다시금 말을 타려니까 말은 온데간데없고 그의 손에는 고삐와 굴레만 남아 있었다고 합니다. 때로는 친구들을 즐겁게 해주려고 자기 시간을 희생하는 경우도 간혹 있었는데, 와인을 더 가져오겠다고 잠시 자리를 뜨더니 나타나지 않아서 친구들이 그를 찾고 보면, 혼자서 문제를 풀고 있었다고 합니다. 초대한 친구들은 깜빡 잊고 말이지요.

　그는 운동은 하지 않았고 놀이도 즐기지 않았습니다. 쉬지 않고 일하기도 했는데, 하루에 열여덟 시간에서 열아홉 시간을 쉬지 않고 글을 쓰곤 했습니다. 그는 겸손한 편이어서 위대한 발견들을 선배들의 공으로 돌렸습니다. "만일 내가 다른 사람들보다 멀리 보앞다면, 그것은 단지 내가 거인들의 어깨 위에 서 있었기 때문이었다"라는 유명한 말을 남겼습니다. 뉴턴은 죽기 전에 자기 인생을 이렇게 관조했습니다. "세상 사람들이 나를 어떻게 생각할지 모르나, 나는 바닷가에서 놀면서 이따금 매끈한 돌멩이나 예쁜 조개껍데기를 찾으면 즐거워하는 어린아이에 지나지 않았다. 그런데 저 큰 진리의 바다는 전혀 발견되지 않은 채 내 앞에 놓여 있다."[25]

　그는 토론에 연루되는 것을 거의 병적일 정도로 꺼렸습니다. 그가 발표한 논문들은 대부분은 1675년에 발표된 두 편의 광학 관련 논문을 제외하면, 그의 뜻을 거슬러가며 친구들이 강권하여 출간된 논문들이었습니다. 또한 몇몇 경우에는 그의 이름을 밝히지 않는 것을 전제로 출간되기도 했습니다.

　그의 성격은 직선적이고 정직했습니다. 라이프니츠, 훅 등과 이견이 있을 때는 그리 관대하지 않았지요. 그는 생애 전반기에 인색하지는 않았지만 검소하게 살았습니다. 돈 문제에 있어서 그는 매우 신중하고 보수적인 편이었습니다.

　그의 업적은 1666년에서 1692년 사이의 약 25년 동안 학계에서 큰 영향력을 갖게 되었습니다. 특히 광학과 중력에 있어서 그랬습니다. 그는 해석학에 있어서도 가장 앞서 있었고 연구 중에는 늘 미적분학을 사용한 것으로 알려져 있습니다. 그러나 그는 외부에 발표하는 논문에는 미적분학이 아닌 기하학으로 서술하곤 했습니다. 『프린키피아』의 경우도 마찬가지였지요. 『프린키피아』의 제1권과 제2권의 끝부분에 나오는 여러 정리들은, 먼저 미적분학으로 정리

---

25 I was like a boy playing on the sea-shore, and diverting myself now and then finding a smoother pebble or a prettier shell than ordinary, whilst the great ocean of truth lay all undiscovered before me.

를 찾고 나서, 그 다음에 고전 기하학으로 이를 증명하는 과정을 거쳤다고 합니다. 그는 왜 길고 복잡한 기하학으로 『프린키피아』를 서술했을까요? 그 까닭은 이렇습니다. 그 당시 수학 실력이 그에 필적하는 수학자는 거의 없었습니다. 그가 발명한 미적분학을 이해하는 학자도 거의 없었을 테지요. 그래서 뉴턴은 『프린키피아』의 내용을 미적분학으로 증명하여 서술할 수도 있었지만, 그 당시 독자들의 이해력을 배려하여 고전 기하학으로 저술했던 것입니다.

케임브리지의 뉴턴 학파와 수학 트라이포스

18세기부터 지금까지 케임브리지 대학 학생들은 학년이 끝날 때마다 '수학 트라이포스Mathematical Tripos'라는 시험을 의무적으로 치릅니다.[26] 트라이포스는 삼발이 의자를 뜻하는 것으로 중세 때부터 수험생이 이 삼발이 의자에 앉아서 시험을 치렀기 때문에 트라이포스가 시험 이름이 되었다고 합니다. 18세기 중반까지는 트라이포스가 구술 시험으로 치러졌습니다. 학생들이 라틴어, 철학, 신학, 논리학 등의 문제에 대해 공개 토론을 하는 것으로 시험을 치렀지요. 학생들은 이런 주제들에 대해 해박한 지식과 신사적인 태도, 그리고 청중을 휘어잡는 언변을 시험받았습니다.

18세기 중엽 이후, 트라이포스에는 두 가지 변화가 일어났습니

---

26 수학 트라이포스 관련 안내문은 다음 사이트의 문서를 확인하기 바랍니다.
http://www.maths.cam.ac.uk/undergrad
http://www.maths.cam.ac.uk/undergrad/course/triposguide.pdf

다. 첫째는 뉴턴의 과학적 업적을 계승하는 뉴턴 학파가 케임브리지에서 학문적 중심을 차지하게 된 것입니다. 둘째는 수험생이 큰 폭으로 증가하였다는 점입니다. 그래서 뉴턴의 『프린키피아』와 미적분학이 여러 분야에 활발하게 적용되기 시작했고, 트라이포스에서 주요 문제로 출제되었습니다. 또한 응시생이 큰 폭으로 늘어나자 일일이 공개 토론으로 시험을 치르는 것이 어려워졌을 뿐만이 아니라 공정성에 대한 시비도 생겨 필기 시험으로 바뀌었습니다.

수학 트라이포스에서 출제되는 문제는 산술, 대수, 기하학, 천문학, 역학, 광학, 유체역학 등 오늘날로 보면 응용수학의 성격이 강한 내용이었습니다. 시험 문제를 내고 채점하는 교수는 당대의 일급 학자들로, 문제가 매우 어려웠습니다. 시험 성적에 따라 등급이 매겨지는데 최우수 등급을 받은 학생을 랭글러wrangler라고 부릅니다. 마지막 학년에 치르는 시험의 결과는 지금까지도 해마다 5월 첫째 목요일 오전 아홉 시에 세네트 하우스senate house 즉 평의원 회관에서 발표됩니다. 이 시험에 응시한 학생들은 수학자나 과학자가 되려는 사람들만이 아니었습니다. 놀랍게도 그들 중 상당수는 나중에 정치인, 법조인, 상인, 금융가 등이 되었습니다. 19세기에 케임브리지 수학 트라이포스의 권위가 높아지자 최우수 랭글러 후보들에 대한 예측 기사나 시험 결과 등에 대한 분석 기사가 《더 타임즈The Times》 신문에 다뤄지기도 했을 정도였습니다.

학생들은 트라이포스를 통과해야만 학년 진급이 되었습니다. 지금도 매 학년마다 15%의 학생들은 진급을 못하고 다른 대학으로 전학을 간다고 합니다. 3년 동안 세 번의 트라이포스를 치르면서 처음 입학한 학생의 절반 정도는 케임브리지 대학에서 졸업을 못하게 되는 것이지요. 엄청나게 어려운 문제를 풀어야만 하니 개인 교사에게 과외 수업을 받기도 한다고 합니다. 학생들은 시험의 무게를 잊기 위해 조정과 같은 운동에 몰두하기도 합니다. 스트레스를 이기지 못해 건강을 해치거나 시험장에서 쓰러지는 학생도 나왔다고 합니다. 요즘 우리나라의 대학수학능력시험과 비슷한 점이 있지요? 다만 우리는 입학시험이고 케임브리지 대학의 경우는 졸업시험이라는 게 다르지만 말입니다.

학생들의 고통에도 불구하고, 케임브리지 대학의 수학 트라이포스는 높은 수준의 수학으로 중무장한 영국의 뛰어난 물리학자들을 키워내는 데 큰 몫을 합니다. 랭글러 출신의 유명한 물리학자로는, 우리가 절대 온도의 단위로 기억하고 있는 켈빈 경Lord Kelvin, 조지 스토크스George Stokes,[27] 제임스 맥스웰James Maxwell, 전자의 존재를 발견한 조지프 톰슨Joseph Thomson 등이 있습니다.

또한 수학 트라이포스 시스템을 통해 케임브리지 대학만의 독특한 학풍이 만들어졌습니다. 케임브리지 학파에서는 뉴턴 물리학을 기반으로 미적분학과 같은 수학이 발전하면서 실제 현상에 응용되는 수학을 추구하는 학풍이 형성되었습니다. 반면 유럽 대륙의 수학은 데카르트의 해석학에서 비롯하여 대수학적 방법이 다채롭게 발전하고 있었으므로 요즘의 순수수학에 가깝다고 볼 수 있습니다.

---

27 대학 1학년 미적분학 시간에 벡터 해석학을 배웁니다. 그때 스토크스의 정리를 배우는데, 이 정리는 스토크스가 트라이포스 문제를 풀면서 발전시킨 정리입니다.
   "경계 $\partial\Sigma$로 제한된 표면 Σ에서 정의된 어떤 벡터장 $\vec{F}$가 있을 때, 벡터장의 curl을 표면 Σ에 대해 면적분한 것은 그 벡터장을 경계 $\partial\Sigma$ 위에서 선적분한 것과 같다. 수식으로 나타내면

$$\iint \nabla \times \vec{F} \cdot d\Sigma = \oint \vec{F} \cdot d\vec{r}$$

이다."

그래서 뉴턴 학파의 역효과도 있었으니, 뉴턴의 업적이 너무나 찬란했던 나머지 케임브리지 학파는 유럽 대륙의 새로운 수학 지식을 빨리 흡수할 수 없었습니다. 요즘 우리는 미적분학에서 독일의 라이프니츠가 개발한 부호와 개념을 사용하고 있는데, 영국은 18세기 말까지도 뉴턴의 방식을 고집하고 있었을 정도입니다. 19세기에 들어 케임브리지에도 변화의 바람이 불어 해석기하학 등의 근대 수학을 받아들이게 되었으나, 여전히 유럽 대륙에서 급격히 발전하고 있던 순수수학과는 약간 노선을 달리했습니다. 이 시기를 대표하는 수학자들로는 프로그래밍이 가능한 컴퓨터의 개념을 창안한 찰스 배비지Charles Babbage(1792~1871), 불Boole 대수학을 창시한 조지 불George Boole(1815~1864), 케일리-해밀턴 정리로 유명한 아서 케일리Arthur Cayley(1821~1895), 드 모르간의 법칙으로 유명한 오거스터스 드 모르간Augustus de Morgan(1806~1871) 등이 있습니다.

오늘날에도 매년 약 250명 정도의 학생이 수학 트라이포스 시험을 치르고 있습니다. 학생들이 공부해야 하는 분야로는 유체역학, 양자역학, 우주론 등의 응용수학 분야와 함께 논리학, 군론 등의 순수수학, 확률론, 통계학, 수치해석, 컴퓨터 과학 등을 포함합니다. 케임브리지의 학부 과정은 3년이고 매년 3학기로 나뉩니다. 1학년 말에 수학 트라이포스 파트 IA를 치르고, 2학년 말에 수학 트라이포스 파트 IB, 3학년 말에 수학 트라이포스 파트 Ⅱ를 치릅니다. 이 과정을 마치면 학사 자격이 주어집니다. 학사를 Bachelor of Arts라고 하여 줄여서 B.A.라고 합니다. 여기의 Arts는 예술이 아니라 기술이나 능력을 나타냅니다. 한편 수학이나 자연과학을 전문으로 공부할 학생들은 4학년에서 수학 트라이포스 파트 Ⅲ을 통과해야 합니다. 그러면 석사 자격이 주어집니다. 석사 학위는 Master of Science 라고 하며 줄여서 M.Sci.라고 합니다. 케임브리지 대학에서 학사 학위를 따지 않은 학생들은 일단 입학해서 1년을 공부하여 수학 트라이포스 파트 III을 통과하고 장학금을 받아야만 계속해서 박사과정에 진학할 수 있습니다. 오늘날에는 수학 트라이포스 이외에 공학, 경제학, 고고학, 역사학, 경영학, 의학 트라이포스도 있습니다.

표 1. 현재 케임브리지 대학의 트라이포스.

트라이포스	1학년	2학년	3학년	4학년	학위
공학	파트 IA	파트 IB	파트 IIA	파트 IIB	B.A. 학사 M.Eng. 공학석사
화학공학 (편입만 가능)		파트 I	파트 IIA	파트 IIB	B.A. 학사 M.Eng. 공학석사
자연과학	파트 IA	파트 IB	파트 II	파트 III	B.A. 학사 M.Sci. 이학석사
경제학 법학	파트 IA	파트 IB	파트 II		B.A. 학사
고고인류학 신학 및 종교학	파트 I	파트 IIA	파트 IIB		B.A. 학사
역사학	파트 I		파트 II		B.A. 학사
경영학 (편입만 가능)			단독 파트	B.A. 학사	
의학 및 수의학 (예과과정)	파트 IA	파트 IB			

석사과정 다음에 들어가게 되는 박사과정은 최소 3년 동안 지도교수의 지도를 받으면서 특정 분야에서 독창적인 연구를 합니다. 케임브리지는 프로비전provision을 운영합니다. 1~3명의 학생이 매주

1~4시간씩 한 교수에게 직접 논문 지도를 받는 것입니다. 교수는 주로 조언을 해주는 역할을 하고 공부는 학생이 주도합니다. 학생의 수준에 맞는 학습이 가능할 뿐만이 아니라, 교수들은 대개 그 학문 분야의 대가라서 직접 대화를 나누면 학문적 시각이 넓어질 수밖에 없습니다. 그리고 가장 중요한 것은 교수가 논문 주제를 강요하거나 학생의 주장을 억누르지 않기 때문에 학생은 기성 권위에 아랑곳하지 않고 독창적이고 도전적으로 연구를 추진할 수 있습니다. 밤을 꼬박 새며 세계적인 석학과의 토론을 준비하노라면 어느덧 그 학생도 괄목할 만한 성장을 하겠지요? 그렇게 독창적으로 연구를 하면 노벨상도 받게 되겠고요.

더구나 능력에 따라 매우 짧은 기간에 박사 학위를 딸 수도 있습니다. 수업의 양이 적어서 총 학위 기간이 짧은 편이기 때문이지요. 학부 3년, 석사 1년, 박사 3년이니까 모두 합하면 최단 7년이니만 25세면 박사 학위를 딸 수 있습니다. 수업의 양이 적은 이유는 우리나라 대학과 달리 케임브리지 대학에는 교양 과목이 별로 없기 때문입니다. 옛날 케임브리지 대학에는 어려서부터 교양을 익힌 귀족이나 권문세가 자제들이 입학했기 때문에 따로 교양 교육을 할 필요가 없었습니다. 하지만 요즘 영국은 민주주의 국가라서 누구나 입학이 가능하기 때문에 교양 교육을 재정비하자는 의견도 나오고 있다고 합니다.

케임브리지 대학은 뉴턴에서 비롯된 수학 중심의 학풍과 독특한 수학 트라이포스 덕분에 19세기와 20세기 초의 물리학과 생물학 발전을 이끌었습니다. 뉴턴이 중력을 발견하였고, 맥스웰이 전기학과 자기학을 통합하여 전자기학을 창안하였으며, 톰슨이 전자를 발견하였고, 러더퍼드가 원자핵을 발견하였고, 채드윅은 중성자를 발견하였으며, 보어가 원자 이론을 만들었고, 디랙은 반입자를 발견하였습니다. 진화론을 창시한 찰스 다윈도 케임브리지 출신이며, DNA 이중나선을 발견한 왓슨과 크릭도 케임브리지 대학에서 연구하였습니다. 오늘날까지도 이러한 전통은 계속되고 있습니다. 노벨상이 절대적인 지표는 아니지만, 케임브리지 대학은 노벨상이 생긴 후 거의 해마다 노벨상 수상자를 배출하였습니다. 케임브리지 대학의 노벨상 수상자 수는 유럽 대륙 전체의 수상자 수보다 많습니다. 20세기 초에는 주로 물리학에서 받았다면, 20세기 후반에는 화학과 생물학에서 노벨상을 많이 받고 있습니다.

생화학자 프레더릭 생어Frederick Sanger(1918~2013)는 DNA 염기 서열을 읽어낸 것으로 유명합니다. 그는 노벨상을 두 번이나 받았고, 그의 이름을 딴 연구소는 현재 인원이 900명이나 되는 세계 최대의 DNA 연구소입니다. 1983년에 은퇴해서 집에서 은거하다가 2013년에 생을 마감했습니다. 생전에 그는 작위를 거절했습니다. 남들과 다르게 취급되고 경Sir이라고 불리기 싫다는 게 그 이유였습니다. 케임브리지의 편의점에서 과일을 고르는 노인이 세계 최고의 석학일 수도 있다고 생각하면 재미있습니다.

케임브리지 대학에는 포멀 홀 디너formal hall dinner라는 독특한 저녁 만찬 제도가 있습니다. 해리포터를 보면 긴 테이블에 학생들이 앉아서 식사를 하는 게 나오는데, 바로 포멀 홀 디너에서 따온 장면입니다. 앞에 앉은 분이 알고 보면 노벨상 수상자일 수도 있고, 세계적인 학자나 유명한 정치가일 수도 있습니다. 저녁 식사를 하면서 그런 사람들과 격 없이 대화를 나눌 수 있는 자리를 마련해 놓은 것입니다.

마지막으로 조선 정조 9년인 1785년과 정조 10년인 1786년도 케임브리지 대학의 수학 트라이포스 문제와 그 풀이를 살펴보겠습니다.[28] 우리가 이 책을 읽으면서 배웠던 유클리드의 『기하원론』, 아폴로니우스의 『원뿔곡선』, 뉴턴의 『프린키피아』에 나오는 문제들과 뉴턴의 미적분학 문제들을 다루고 있습니다. 이 시험 문제가 나왔을 때가 조선의 정조 임금의 치세였음을 상기해보세요. 이때 영국 케임브리지 대학 학생들은 인공위성을 만들려면 물체를 얼마만한 속도로 발사해야 하는지 계산하고 있었던 것입니다. 물론 그렇게 빠른 속도로 물체를 쏘는 기술은 약 150여 년이 지난 1950년경에 로켓이 발명되면서 가능해졌습니다.

이와 같은 이야기들은 과학이 무엇인지 또한 과학에 있어서 학풍과 전통이 어떤 영향을 미치는지 보여주는 사례가 아닐까요? 우리나라에도 이런 독특한 학풍과 전통이 하루 빨리 생겨났으면 좋겠습니다. 이 책에서 『프린키피아』, 『원뿔곡선』, 『기하원론』 등을 공부하면서 독자들이 그런 맛을 조금이라도 느낄 수 있으면 좋겠습니다.

1785년도 수학 트라이포스 문제

[1] 정다면체가 몇 가지나 있는지 증명하라. 그 각각의 이름은 무엇인가? 또 왜 정다면체가 더 많이 존재하지 않는가?

풀이 정다면체란 정다각형이 모여서 이루어진 입체 도형을 말합니

---

28 Ball, W. W. Rouse, 1889, *A History of The Study of Mathematics at Cambridge*. Cambridge: Cambridge University Press. Rev. ed. 2009. pp. 195-196.

다. 정다각형에는 정삼각형, 정사각형, 정오각형, 정육각형 등이 있습니다. 이런 정다각형이 정다면체를 이루려면 첫째, 한 꼭지점에서 적어도 세 개 이상의 정다각형의 꼭지점이 만나야 합니다. 두 개이면 다면체의 면이 만들어지지 않으니까요. 둘째, 한 꼭지점에서 모인 정다각형의 각들의 합이 360°보다 작아야 볼록하게 오므릴 수 있습니다. 즉 각들을 합했을 때 360°가 되면 평면이 되어 버리고, 360°보다 크면 볼록한 게 아니라 오목해져 버리기 때문입니다. 이 두 조건을 만족하는 경우를 하나씩 찾아 봅시다.

첫째, 정다면체의 꼭지점에 정삼각형이 모일 때를 생각해봅시다. 정삼각형의 꼭지각은 60°이므로, 정삼각형 세 개의 꼭지점이 모이면 180°, 네 개가 모이면 240°, 다섯 개이면 300°인데, 여섯 개이면 360°가 되어 안됩니다. 따라서 정삼각형으로 세 가지 종류의 정다면체를 만들 수 있습니다. 각각 정사면체, 정팔면체, 정이십면체라고 합니다.

둘째, 정다면체의 꼭지점에 정사각형이 모일 때를 생각해봅시다. 정사각형의 꼭지각은 90°이므로, 정사각형 세 개가 모이면 꼭지각의 합은 270°, 네 개이면 360°가 됩니다. 그러므로 정사각형으로 이루어진 정다면체는 하나가 존재합니다. 이것을 정육면체라고 합니다.

셋째, 정다면체의 꼭지점에 정오각형이 모일 때를 생각해봅시다. 정오면체의 꼭지각은 108°입니다. 그러므로 세 개가 모이면 324°이고, 네 개이상은 꼭지각의 합이 360°를 넘으므로 정다면체를 만들 수 없습니다. 그러므로 정오각형으로 이루어진 정다면체도 하나만 존재합니다. 이것을 정십이면체라고 합니다.

넷째, 정다면체의 꼭지점에 정육각형이 모일 때를 생각해봅시다. 정육면체의 꼭지각은 120°이므로 정육각형 세 개가 모이면 꼭지각의 합이 이미 360°가 되어 정육면체를 만들 수 없습니다. 그 이상의 정다각형도 마찬가지입니다.

그러므로 정다면체는 다섯 가지만 존재하며 그 이름은 다음과 같습니다.

정다면체를 구성하는 정다각형	정다면체 우리말 이름	정다면체 영어 이름
정삼각형	정사면체	테트라헤드론 Tetrahedron
정삼각형	정팔면체	옥타헤드론 Octahedron
정삼각형	정이십면체	아이코사헤드론 Icosahedron
정사각형	정육면체	헥사헤드론 Hexahedron 또는 큐브 cube
정오각형	정십이면체	도데카헤드론 Dodecahedron

[2] 쌍곡선의 점근선은 항상 쌍곡선 바깥에 있음을 증명하라.

풀이 이 책을 읽은 독자라면 풀 수 있을 것입니다.

[3] 어떤 물체를 언덕에서 던질 때 그 물체가 지구의 두 번째 위성이 되려면 어느 정도의 속도로 던져야 하는가?

풀이 낮은 언덕에서 물체를 지평선에 평행으로 던질 때, 공기에 의한 마찰은 없어서 물체가 지구 둘레를 원운동한다고 생각봅시다. 이 경우는 구심력과 원심력이 크기는 같고 방향은 반대입니다. 그러므로

$$구심력 = -원심력$$

입니다. 구심력은 뉴턴의 만유인력이므로

$$구심력 = -\frac{GMm}{R^2}$$

입니다. 여기서 G는 중력상수로서 $G = 6.7 \times 10^{-11} \, m^3 kg^{-1} s^{-2}$이고, 지구의 질량 $M = 6.0 \times 10^{24} kg$이며, m은 물체의 질량, 지구의 반지름 $R = 6,400 km = 6.4 \times 10^6 m$입니다. 또한 원심력은

$$원심력 = \frac{mV^2}{R}$$

입니다. 여기서 V는 물체의 속력입니다. 둘을 대입하여 방정식을 V에 대해서 풀면

$$V = \sqrt{\frac{GM}{R}}$$

입니다. 물리량을 대입하면

$$V = \sqrt{\frac{(6.7 \times 10^{-11}) \times (6.0 \times 10^{24})}{6.4 \times 10^6}} = \sqrt{63} \times 10^3 = 7.9 \times 10^3 m/s$$

입니다. 즉 물체를 약 $8km/s$보다 빠르게 던지면 지구 둘레는 도는 위성이 됩니다.

[4] 원뿔곡선 궤도를 갖는 모든 경우, 초점을 향하는 힘은 거리의 제곱에 반비례한다.

풀이 이 책에서 증명한 것입니다.

[5] 공통의 힘의 중심을 축으로 하여 다른 타원 궤도를 공전하는 경우 공전 주기가 평균 거리의 3 : 2 비율로 변한다고 하면, 그러한 평균 거리에서는 힘이 거리의 제곱에 반비례함을 증명하라.

[6] 뉴턴의 『프린키피아』의 제3장과 제7장 사이의 관계는 무엇인가? 제3장의 법칙들이 어떻게 제7장에 적용되는가?

[7] 4차 방정식 $x^4 + qx^2 + rx + s = 0$을 3차 방정식으로 환원하라.

풀이 $x^4 + qx^2 + rx + s = (x^2 + ux + v)(x^2 - ux + v')$으로 놓으면

$$(x^2 + ux + v)(x^2 - ux + v') = x^4 + (v + v' - u^2)x^2 + u(v' - v)x + vv'$$

입니다. 그러므로

$$v + v' - u^2 = q$$
$$u(v' - v) = r$$
$$vv' = s$$

입니다. 따라서

$$v + v' = u^2 + q$$
$$v - v' = -\frac{r}{u}$$
$$vv' = c$$

입니다. 즉

$$v' = \frac{1}{2}\left(q + u^2 + \frac{r}{u}\right)$$
$$v = \frac{1}{2}\left(q + u^2 - \frac{r}{u}\right)$$

이고 따라서

$$vv' = \frac{1}{4}(q + u^2)^2 - \frac{r^2}{u^2} = c$$

입니다. u^2을 w로 정의하면 바로 위의 식은

$$w^3 + 2aw^2 + (a^2 - 4c)w - b^2 = 0$$

이 됩니다.

[8] $\dot{x} \times \sqrt{a^2 - x^2}$ 의 유량fluent을 찾아라.

풀이 뉴턴 미적분학에서 유량은 적분하라는 뜻이고 유율fluxion은 미분하라는 뜻입니다. 편의상 라이프니츠의 적분기호를 사용하면

$$\int \dot{x} \sqrt{a^2 - x^2} \, dt = \int \frac{dx}{dt} \sqrt{a^2 - x^2} \, dt = \int \sqrt{a^2 - x^2} \, dx$$

를 구하라는 문제입니다. 이런 부정적분 형태는 $x = a \sin \theta$로 치환하여
적분합니다. 이것을 적분식에 대입하면

$$\int \sqrt{a^2 - x^2}\, dx = \int \sqrt{a^2 - a^2 \sin^2\theta}\,(a \cos\theta\, d\theta)$$

$$= \int a\sqrt{1 - \sin^2\theta}\,(a \cos\theta\, d\theta)$$

$$= a^2 \int \cos^2\theta\, d\theta$$

입니다. 그런데

$$\cos^2\theta = \frac{1 + \cos 2\theta}{2}$$

이므로

$$a^2 \int \cos^2\theta\, d\theta = \frac{a^2}{2} \int (1 + \cos 2\theta)\, d\theta = \frac{a^2}{2}\left(\theta + \frac{\sin 2\theta}{2}\right)$$

$$\sin 2\theta = 2 \sin\theta\cos\theta$$

그러므로

$$\frac{a^2}{2}\left(\theta + \frac{\sin 2\theta}{2}\right) = \frac{a^2}{2}\left(\sin^{-1}\left(\frac{x}{a}\right) + \frac{x}{a}\sqrt{1 - \frac{x}{a}}\right)$$

입니다.

[9] 어떤 수를 제곱한 것과 그 수의 차가 최대가 되는 수를 찾아라.

풀이 어떤 수를 x라고 합시다. 그 수를 제곱하면 x^2이 됩니다. 두 수
의 차를 $f(x)$라고 하면

$$f(x) = x - x^2$$

입니다. 따라서 이 함수의 최댓값을 구하기 위해 미분하면 $f'(x) =$
$1 - 2x = 0$에서 $x = \dfrac{1}{2}$을 얻습니다. 이 점에서 극대인지 극소인지를 알기

위해 $f''(x)$를 구하고 $x = \dfrac{1}{2}$을 내입합니다. $f''\left(x = \dfrac{1}{2}\right) = -2 < 0$이므로 $f(x)$는 $x = \dfrac{1}{2}$에서 극댓값을 갖습니다. 따라서 문제에서 구하고자 하는 값은 $\dfrac{1}{2}$입니다.

[10] 원 DBRS의 호 DB의 길이를 구하라.

1786년도 수학 트라이포스 문제

[1] 지평선에 평행하게 물체를 던질 때 얼마의 속도로 던져야 지구의 제 2의 위성이 되는가? 또 포물선 궤도를 그리며 다시는 돌아오지 않게 되려면 얼마의 속도로 던져야 하는가?

(중간 생략)

[7] $x^r \times (y^n + z^m)^{\frac{1}{q}}$의 유율을 구하라.

풀이 y, z도 모두 x에 대한 함수이며, 유율을 구하라는 것은 x에 대해 미분하라는 뜻입니다. 미분을 배운 사람은 쉽게 풀 수 있습니다.

[8] 다음의 유량을 구하라.

$$\frac{a\dot{x}}{a + x}$$

풀이 t에 대해 적분하라는 뜻입니다. 즉 치환 적분을 하여

$$\int \frac{a\dot{x}}{a + x} dt$$

를 풀면 됩니다. H $= a + x$로 치환하면

$$\frac{d\mathrm{H}}{dt} = \dot{\mathrm{H}} = \dot{x} = \frac{dx}{dt}$$

이므로

$$\int \frac{a\dot{x}}{a+x}dt = \int \frac{a\dot{\mathrm{H}}}{\mathrm{H}}dt = a\int \frac{d\mathrm{H}}{\mathrm{H}} = a\log\mathrm{H} + c = a\log(a+x) + c$$

입니다. 여기서 c는 적분상수입니다.

[9] $(\log x)^m$의 유율을 구하라.

풀이 x에 대한 미분을 구하라는 뜻입니다. 미분을 배운 사람에게는 어렵지 않은 문제입니다. 답은

$$m(\log x)^{m-1}\frac{1}{x}$$

입니다.

[10] 넓이가 일정한 직각삼각형들 가운데 두 다리의 길이의 합 AB + BC 가 최소가 될 때를 찾아라.

풀이 직각삼각형의 다리란 직각을 낀 두 변을 말합니다. 그 길이를 각각 x와 y라고 하면, 직각삼각형의 넓이 S는

$$S = \frac{1}{2}xy = c = 일정$$

입니다. 두 다리의 길이의 합은 $f(x, y) = x+y$입니다. 여기에 위의 식을 대입하면

$$f(x) = x + \frac{2c}{x}$$

입니다. 이 함수의 최솟값은 $f'(x) = 0$을 만족하는 $x = x_0$에서 $f''(x_0) > 0$이므로 $x = x_0$이 최솟값이 됩니다.

$$f'(x) = 1 - \frac{2c}{x^2} = 0$$

이므로 $x = \sqrt{2c}$ 입니다.

$$f''(x) = \frac{4c}{x^3}$$

이므로, $f''(\sqrt{2c}) = \sqrt{\frac{2}{c}} > 0$ 이다. 따라서 $x = \sqrt{2c}$ 일 때, 직각삼각형의 두 다리의 길이의 합은 최솟값을 갖습니다. $y = \frac{2c}{x} = \sqrt{2c}$ 이고 두 변의 길이는 $2\sqrt{2c}$ 입니다.

[11] 원뿔 ABC의 표면적을 구하라.(원뿔은 밑면이 원인 수직 원뿔이다.)

풀이 원뿔 밑면의 지름은 $\overline{BC}$ 이고 빗변의 길이는 $\overline{AB} = \overline{AC}$ 라고 합시다. 원뿔의 전개도를 그리면 밑면의 면적은

$$S_1 = \pi \left(\frac{\overline{BC}}{2} \right)^2$$

이고, 빗면의 면적은

$$S_2 = \frac{1}{2} \times 빗변의 길이 \times 호의 길이 = \frac{1}{2} \times \overline{AB} \times (\pi \times \overline{BC})$$

입니다. 따라서 원뿔의 표면적은

$$S_1 + S_2 = \pi \left(\frac{\overline{BC}}{2} \right)^2 + \frac{\pi}{2} \overline{AB} \times \overline{BC}$$

입니다.

[12] 반원 DBV의 호 DB의 길이를 구하라.